Photoshop CC 网店视觉设计（第2版）

张枝军　编著

北京理工大学出版社

BEIJING INSTITUTE OF TECHNOLOGY PRESS

内 容 简 介

本书以 Photoshop CC 为背景，以实际工作内容为题材，内容由浅入深，循序渐进地讲解了网店视觉设计的方法与技巧，以网店商品图像的拍摄，图像的编辑、修饰、美化到整体视觉设计这一完整实际工作过程为主线，展开编写。主要内容包括：网店视觉营销概述、网店视觉图像的拍摄准备、网店视觉图像的拍摄技巧、网店视觉设计基础、网店视觉图像处理的图层应用、网店视觉图像的修饰与美化、网店视觉图像的色彩调整、网店促销广告的视觉设计、网店商品详情图的视觉设计等内容。

本书图文并茂、层次分明、重点突出、内容翔实、步骤清晰、通俗易懂，可以作为电子商务、市场营销、国际贸易、移动商务、数字媒体、计算机应用、动漫设计等专业涉及网店商品图像信息制作、网店视觉设计等相关专业必修课程与专业选修课程的教学用书或参考书，也可以作为网店美工、修图员、网店运营岗位人员、个体从业人员的自学与培训用书。

版权专有 侵权必究

图书在版编目（C I P）数据

Photoshop CC 网店视觉设计 / 张枝军编著. -- 2 版.
--北京：北京理工大学出版社，2022.1（2022.7 重印）
ISBN 978-7-5763-0971-3

Ⅰ. ①P… Ⅱ. ①张… Ⅲ. ①图像处理软件-高等学
校-教材 Ⅳ. ①TP391.413

中国版本图书馆 CIP 数据核字（2022）第 028990 号

出版发行 / 北京理工大学出版社有限责任公司		
社　　址 / 北京市海淀区中关村南大街 5 号		
邮　　编 / 100081		
电　　话 / （010）68914775（总编室）		
（010）82562903（教材售后服务热线）		
（010）68944723（其他图书服务热线）		
网　　址 / http://www.bitpress.com.cn		
经　　销 / 全国各地新华书店		
印　　刷 / 北京广达印刷有限公司		
开　　本 / 787 毫米×1092 毫米　1/16		
印　　张 / 19.75		责任编辑 / 王晓莉
字　　数 / 464 千字		文案编辑 / 王晓莉
版　　次 / 2022 年 1 月第 2 版　2022 年 7 月第 2 次印刷		责任校对 / 刘亚男
定　　价 / 80.00 元		责任印制 / 施胜娟

前　言

随着互联网在各行各业的普遍应用，其作为一种思维、一种手段、一种模式已经逐步融入国民经济的各个领域，商品交易、商业服务等企业商务活动的信息化、网络化、智慧化已经是一种不可逆转的发展趋势，电子商务将回归商品交易的本质，逐步向线上线下全面融合的方向发展，网络购物、消费体验将成为一种消费方式与生活方式。

众所周知，凡是开展网络销售的组织或个人，其首要工作就是商品信息的数字化，目前静态图像与动态图像是描述商品数字化信息的主要手段，而商品数字化信息的品质直接影响网上销售商品的点击率与转化率，网店视觉设计与视觉营销显得比较重要。笔者认为视觉设计与视觉营销的根本目的就是促进商品的销售，不管是实体店范围的视觉营销，还是网店范围的视觉营销，其目的、理念、原理是一致的，但两者的技术手段、实现方法、表现形式是不一样的，而且随着"互联网＋"的进一步深入发展，线上线下进一步融合，视觉营销必定走向统一，预计将来会需要大量的既懂得线上视觉营销策划与实施，又懂得线下视觉营销策划与实施的复合型人才。

鉴于上述背景，笔者根据十几年来在图形图像处理领域的教学经验与网店商品详情页制作的实际工作经验编写了本书。

本书的编写思想是结合实际工作，以企业工作为主要内容构建教材内容体系，在总体结构上力求做到由浅入深、循序渐进，理论与实践并重，突出实践操作技能；以简明的语言、清晰的图示以及精选的项目来描述完成具体工作的操作方法、过程和要点，并将实际工作中处理图像、编辑图像、视觉设计的基本思想贯穿在每个具体的项目中，让学习者能从课堂训练走向实战水平。本书所用的图像处理软件为 Photoshop CC 版本。

本书共分为九章，全部由浙江商业职业技术学院张枝军编著。本书自出版以来，深受教师和学习者欢迎，很多学校将其选为教材。2022 年第 2 版的修订，一是根据行业需求和软件变化更新了部分内容和数据，增加了一些素材，及时反映了行业发展和岗位变化，体现新知识、新技术、新方法；二是在每一章前面增加了"本章导语"，将思政元素融入专业技能，凸显新时代精神和核心价值观；三是配套了微课资源，便于学生提前预习或课后复习。由于笔者水平有限，书中难免有不足之处，欢迎广大读者批评指正。

作　者

目 录

第一章

网店视觉营销概述

 **本章导语**

"营销的宗旨是发现并满足需求。"

——菲利普·科特勒
网店视觉营销概述

1.1　视觉营销的内涵

视觉营销（Visual Marketing）的概念从形成之初的本意上讲是为达成营销的目标而存在的，是将展示技术和视觉呈现技术与对商品营销的彻底认识相结合，与采购部门共同努力将商品提供给市场，加以展示贩卖的方法。品牌（或商家）通过其标志、色彩、图片、广告、店堂、橱窗、陈列等一系列的视觉展现，向顾客传达产品信息、服务理念和品牌文化，达到促进商品销售、树立品牌形象之目的。

起初，视觉营销的研究范畴主要集中在实体零售终端卖场的商品视觉展示设计领域，当时对于视觉营销的含义，有着不同的表述，大致可以归纳为三类观点。一类观点着重强调的是商品的陈列和展示对视觉的冲击，并以此促进商品的销售。认为视觉营销就是利用色彩、造型、声音等造成的冲击力吸引潜在顾客来关注产品。另一类观点则糅合了商品展示技术、视觉呈现技术和市场营销策略，强调了商品展示技术和视觉呈现技术的运用必须与商品营销策略相结合。这类观点虽然强调了商品展示技术和视觉呈现技术的运用必须与商品营销策略相结合的重要性，但仍然只将视觉营销界定在"商品的终端卖场"这一领域。还有一类观点则是在上述两类观点的基础上，将视觉营销由"商品的终端卖场"领域扩展到其他领域，并深入对消费者心理层面的影响方面研究。

在实际应用领域，视觉营销也用"VMD"来表示，是"Visual Merchandise Design"的缩写，有时也称为商品计划视觉化。实际应用当中的 VMD，涉及商品的陈列、装饰、展示、销售、企业理念以及经营体系等，需要跨领域的专业知识和技能，并不是通常意义上理解的商品展示与陈列，而是包含环境以及商品的店铺整体表现。

视觉营销作为一种营销技术，是一种视觉呈现，大众最直观的视觉体验表现方法，最初起源于 20 世纪 70—80 年代的美国，通过大众直观的视觉广告进行产品的营销，从而发展到"视觉营销"。视觉营销是将 MD（Merchandising，商品或商品企划）、SD（Store Design，卖场设计与布局）、MP（Merchandise Presentation，陈列技法，包括 VP、PP、IP）有机结合而营造的一种店铺氛围，完美地展示给目标群体的一种视觉表现手法。这种氛围是明确地传达出品牌风格与定位，同时迎合目标消费者的心理需求与消费需求，达到品牌宣传与商品销售目的的一种过程。

MP（陈列技法）中主要包含三个内容：VP、PP、IP。

VP（Visual Presentation）视觉陈列，其作用是表达店铺卖场的整体印象，引导顾客进入店内卖场，注重情景氛围营造，强调主题。VP 是吸引顾客第一视线的重要演示空间。VP 一般由设计师布置在橱窗、卖场入口、中岛展台、平面展桌等场所。

PP（Point of Presentation）售点陈列，其作用是表达区域卖场的印象，引导顾客进入各专柜卖场深处，展示商品的特征和搭配，展示与实际销售商品的关联性。是顾客进入店铺后视线主要集中的区域，是商品卖点的主要展示区域。一般是由售货员、导购员等布置在展柜、展架、模特、卖场柱体等区域。

IP（Item Presentation）单品陈列，其作用是将实际销售商品进行分类、整理，以商品摆放为主。是清晰、易接触、易选择、易销售的陈列。IP 是商品主要的储存空间，是顾客最后形成消费必须触及的空间，也叫作容量区，设置的空间区域为展柜、展架等。由售货员、导购员负责管理。

从以上内容可以看出 VP 是卖场中展示效果最好的，其次是 PP，接下来是 IP；但在不同的产品类别、不同的品牌中 VP、PP、IP 所占的比例各不相同，主要根据品牌类别及定位的不同而各有不同，例如休闲类服装通常 PP 在店铺中占比例比较大，JACKJONES、ONLY 都属于 PP 展示比较大的陈列模式，而中高档女装通常 IP 中侧挂占比较大。国内的品牌例外，江南布衣等都属于 IP 展示比较大的陈列模式；但 VP 展示现在越来越得到品牌的重视，很多品牌在原有卖场内的 PP 和 IP 展示的基础上加入更多的 VP 展示，例如韩国品牌 E.LAND 依恋及其下品牌都是属于 VP 展示较多的陈列模式。其实 VMD 的统筹就是品牌形象的定位的统筹，而陈列模式的定位就是形象定位中的一环，不同风格、不同类别的产品陈列的模式各有不同，如何让产品在卖场得到最好的表现同时又有与众不同的风格是品牌需要研究的课题。

因此，VMD 的理念就是达到顾客与导购员双方在买与卖之间均可获得方便的效果，目的是打造一个让目标顾客容易看、容易选、容易买的卖场空间环境，让商品与销售额产生直接连动。从顾客的角度来讲，VMD 的实施要使顾客容易看到、看懂，容易选择、容易购买，也是直接与容易购买相关联。从品牌店铺的角度来说，VMD 就是容易在终端产生销售的意思。从导购员的角度来看，VMD 就是使商品容易看、容易拿取、容易尝试，也是直接与容易销售相联系的。由此可见，VMD 一般要注意以下三点：

（1）VMD 是根据企业理念决定的。

（2）VMD 把店铺想要传达给顾客的信息以所见即所得的形式表现出来。

（3）VMD 要考虑如何发出商品信息。

从长远看，VMD 将成为今后大力发展的一个领域。在国内的实际应用中 VMD 还包括三大部分：

SD（Store Design）：店铺空间设计与规划布局。

MP（Merchandise Presentation）：商品陈列形式。

MD（Merchandising）：商品计划、商品策略。

在视觉化商品营销中，Merchandising（商品计划）的比例占 80%，Visual（视觉）占 20%，从比例中可以看出，VMD 非常强调商品的重要性。

从本质上讲，视觉营销是将视觉这一心理现象对商品个别属性的反映，作为影响消费者行为的主要因素，结合视觉呈现技术和商品展示技术，制定出不同于其他营销理念的营销组合策略。以此对目标顾客及潜在顾客形成强大的视觉冲击力，并对其产生心理层面的影响，从而带动商品的销售，达到营销目的，它是一种新的营销策略和一种新的营销方式。视觉营销结合了市场营销学、心理学、视觉识别设计、视觉传达设计、零售卖场设计及商品展示等学科知识。作为市场营销的一个新概念与新领域，视觉营销注重的是在产品设计、传播策划和空间设计三个领域（而非仅限于终端卖场）中有关视觉对市场营销影响的研究，讨论的是如何将视觉识别设计与视觉传达设计原理、零售卖场设计与商品展示技术运用于产品设计、传播策划和空间设计领域，在产品造型、产品包装、广告策划、卖场设计、商品展示甚至企业整体识别管理等方面对目标消费者形成整体的视觉冲击，并以此来吸引消费者注意力，争取目标消费者、挖掘潜在消费者而获取经济利益。市场营销学和消费心理学是它的基础理论，视觉识别设计与视觉传达设计、零售卖场设计与商品展示是它的核心技术。

作为一种新的营销策略和一种新的营销方式，视觉营销在实践中，已经从百货、服装服饰、广告等行业的运用，发展、拓宽到其他行业，如医药、互联网行业等；从商品展示技术和视觉呈现技术在销售领域（主要是终端卖场）的运用，发展、拓宽到传播策划、空间设计，甚至企业的整体识别管理等方面。

视觉营销是近年才兴起的一个学术概念，视觉就是我们所看到的，传达则是通过某种形式表达出来。视觉传达是人与人之间利用"看"的形式所进行的交流，是通过视觉语言进行表达传播的方式。不同的地域、肤色、年龄、性别，说不同语言的人们，通过视觉及媒介进行信息的传达、情感的沟通、文化的交流，视觉的观察及体验可以跨越彼此语言不通的障碍，可以消除文字不同的阻隔，凭借对"图"——图像、图形、图案、图画、图法、图式的视觉共识获得理解与互动。

视觉设计是以视觉媒介为载体，利用视觉符号表现并通过视觉形象传达信息给受众的设计，它主要以文字、图形、色彩等为艺术创作的基本要素。体现着设计的时代特征和丰富的内涵，其领域随着科技的进步、新能源的出现和产品材料的开发应用而不断扩大，并与其他领域相互交叉，逐渐形成一个与其他视觉媒介关联并相互协作的设计新领域。从发展的角度来看，视觉设计是科学、严谨的概念名称，蕴含着未来设计的趋向。

1.2 视觉营销的演变

视觉营销不是在某一个时期突然出现的，作为一种营销理念和营销方式，它的演变发展可以划分为以下四个阶段。

第一阶段，视觉营销的雏形。随着人类文明的发展，劳动生产率的提高，出现了人类第三次社会大分工，商业开始从农业、手工业中分离出来，产生了专门从事贸易的商人阶层，交换才得到了长足的进展。交换的不断发展和扩大，使商品生产出现并发展。特别是资本主义生产完成了从工场手工业向机器大工业过渡的产业革命，以机器取代人力，形成了大规模工厂化的生产。而大规模的生产需要大规模的交换与之相适应，从而又促进了商业的发展。

在这个过程中，作为专门从事贸易的商人为了尽早将商品销售出去，就要向顾客介绍和展示商品，这种对商品的展示过程可以说是视觉营销的雏形。

第二阶段，视觉营销的成长。视觉营销随着大批量销售（大型商场、超市、专卖店、多品牌店等）的来临而出现，最先是在食品行业，为了满足提高自选式货架陈列的有效性这一需求，进而产生了技术性的视觉营销。接着服装行业对视觉营销发生浓厚兴趣，并将相关技术加以改造，使之适合了服装商品的特点。在这个过程中，服装商品销售形式的改变是促成视觉营销发展的重要因素之一。19 世纪中后期，随着纺织工业的发展，服装不再以一对一的形式进行制作、销售，而是按照现代尺码分类，进行大批量的生产、成规格的销售，人们开始通过对服装店铺陈列、展示的服装进行选购。从此，商业性服饰视觉陈列技术——视觉营销开始出现，并不断得以完善。

第三阶段，视觉营销的成熟。伴随着社会经济以及零售业的不断发展，大型百货商店不断涌现，使得视觉营销得到进一步发展。特别是在整个欧洲范围内的大商场和百货商店，都强烈地意识到了视觉营销在市场营销战略中举足轻重的地位，他们越来越重视空间的设计和店铺的陈列。在空间的设计上，注重卖场布置设计中对天然材料、颜色、照明、装备道具的运用以及环境的改造等。在店铺的陈列方面，关注商品的分类和货架的饱和度。以主题进行商品分类，通常用于体现以线条为目的的服装专卖店。这样的分类实际上是更具组织性的视觉营销的体现，是更富于心力的"系列化"。货架饱和度是视觉营销战略中的一个商品指数标准，一个高的货架饱和度表明商品更重视量，同时传递给消费者的信息是"我们提供尽可能多的选择"，这个战略并不把产品放在第一位；而一个低的货架饱和度表明产品的价值希望被最大化，整体空间饱和度呈现越来越低的发展态势，这样的选择特别适用于高档商品品牌。

第四阶段，视觉营销的完善。视觉识别与视觉传达理论的产生，促使视觉营销由"商品的终端卖场"领域扩展到产品设计、传播策划以及企业的整体识别管理等领域。使视觉营销从一种展示商品的手段提升成为视觉战略和视觉营销体系，并成为当前众多企业经营与管理的日常工作，从而得到了飞跃式的发展与完善。

现代视觉营销走过了一百多年的历史，发展到今天作为一种新的营销策略和营销方式，是企业营销战略必不可少的组成部分之一，其重要性是不容置疑的。随着视觉营销的深入发展，会越来越受到理论界和实业界对它的关注并进行更加深入、全面的研究。

21 世纪初，中国的专家学者马大力明确地提出了"视觉营销"这一概念。他在《视觉营销》一书中首先提出："视觉营销是借助无声的语言，实现与顾客的沟通，以此向顾客传达产品信息、服务理念和品牌文化，达到促进商品销售、树立品牌形象的目的。"他从视觉传达的原理和 VM 的原则入手，系统、全面地介绍了服饰商品的陈列设计、展示设计、系统陈列设计、VMD 设计等。这一观点在服饰行业有着非常大的影响，而且在代表着潮流设计的服饰行业终端卖场得到了集中的运用。

随后，在许多网站的策划中也引入"视觉营销""视觉策划"这一观点，并针对网站的特点，逐渐形成了网站视觉营销（Web Visual Marketing，WVM）。也就是利用色彩、图形、声音、文字、动画、视频等数字化内容造成的视觉冲击力吸引访问者的关注，加深访问者对网站的兴趣，并不断点击了解网站信息，增强访问者对企业的好感及信任度，从而促成交易的过程。

1.3　视觉营销的分类

现在的视觉营销功能与范围已经有了很大的拓展，主要是延伸到了电子商务领域。但两者所依附的媒介完全不同，根据视觉营销所依附的媒介可分为传统视觉营销和网络视觉营销，网络视觉营销也称网店视觉营销，传统视觉营销也就是在现实生活中消费者在实体店中所见商品的视觉摆设；网络视觉营销则是在虚拟的互联网购物平台所见商品的视觉摆设，它是现实生活中视觉营销的拓展，因此，与现实中的视觉营销在很多方面的类似特征都可以进行分析和研究。

根据视觉营销的冲击程度可分为无冲击型、冲击型、强烈冲击型。其冲击程度取决于购物网络平台在视觉上给消费者带来的心理冲击，包括需求的产生和波动以及它们的幅度。

有学者也把视觉营销分为狭义的视觉营销与广义的视觉营销。在服装行业视觉营销还有特定的指向，有学者认为视觉营销应用在服装企业中时，广义的服装视觉营销是为达成营销的目标而存在的，是企业将展示技术和视觉呈现技术与产品的研发设计部门、采购部门和市场推广部门共同努力将商品提供给市场，加以展示贩卖的方法。从这个定义分析，广义的服装视觉营销贯穿于服装企业的全部营销活动中，包括从服装风格的定位、产品的款式、颜色设计、品牌推广环节的广告宣传设计，产品包装和产品展示、零售环节的店面、橱窗设计、卖场的空间设计和商品表现形态等。狭义的服装视觉营销指的是服装终端零售环节中准确并有魅力地提供商品及其信息的一种销售和展示的手法，是针对所有卖场视觉陈列因素的展示计划，包括店面、柜台、橱窗、货架等展示空间的设计，商品、道具、装饰品的摆放和陈列方法，卖场色彩、灯光、照明以及其他所有视觉传达元素的运用等。服装零售终端视觉营销的目的在于提高卖场货品的视觉表现力，提高消费者的进店率、试穿率和成交率。

也有人认为狭义的视觉营销只涉及现实生活中的实体店范围，而广义的视觉营销不仅包括现实的视觉营销，还包括虚拟网络下基于互联网购物平台的视觉营销。在当今网购市场环境下，视觉营销对网店产品销售的重要意义和作用已经成为网民的共识。可以说，视觉营销是迅速和消费者进行交流的最有效的方法之一。

本书作者认为实际上视觉营销的根本目标就是促进商品的销售，不管是广义的还是狭义的，不管是实体店范围的，还是网店范围的，其目的、理念、原理是一致的，但两者的技术手段、实现方法、表现形式是不一样的，而且随着O2O的进一步深入发展，线上线下进一步融合，视觉营销必定走向统一，将来必定需要大量的既懂得线上视觉营销策划与实施，又懂得线下视觉营销策划与实施的复合型人才。

1.4　网店的视觉营销与类型

网店的视觉营销与传统的视觉营销其本质与目的是一致的，但形式、结构、实施方式、对象等是不一样的。网店的视觉营销也可以理解为计算机视觉效果的商品计划，网店的视觉营销以网页为空间表现基础，通过色彩、图形、声音、文字、动画、视频等数字化内容造成的视觉冲击，增强消费体验，激发消费者购买欲望，达到销售商品或服务的目的。网店视觉的冲击程度一般可分为：无冲击型、冲击型、强烈冲击型。

无冲击型的网络购物平台给消费者的整体感觉是结构一般却功能齐备，虽然具备网站设计的一切要素，但无法吸引人的眼球。这类网站在结构上千篇一律，在颜色搭配上毫无生气，再加上没有创新型的设计元素，因此往往很难引起消费者的注意。这样的网站制作成本低廉，但顾客数量很少。此类网站的顾客需求是现实条件下自然形成，与网络无关，因此是自然需求曲线。

冲击型的网络购物平台给消费者的整体感觉是新颖别致，并且能带给消费者小小的需求波动和购买欲望的加深。这种冲击型的产生因素来自很多方面：

（1）整体布局的设计新颖。整个网站就足以吸引人的眼球，消费者的典型行为是愿意在自己感兴趣的商品上点击并拖动滑轮了解进一步的信息。网站整体的新颖包括布局结构的新颖、设计元素的多样化、色彩搭配的和谐等。

（2）图片的精细化处理和信息的广度与深度。消费者在购买商品时往往对第一印象最注重，而图片往往是消费者最先接触的视觉信息。图片的精细化处理并不意味着将图片夸张化，而是深化像素的精度。信息的广度与深度则体现了网络商家自身对商品的了解程度以及对消费者的最大诚信与专业负责的服务态度。

（3）其他模块的添加。比如音乐播放器、Flash 模块、相关视频等，都能在一定程度上让消费者体会到商家的用心程度。

（4）商品自身因素的冲击，包括质量和价格等。质量和价格的冲击对上述四类网络消费者都适用，也是消费者决定是否购买的最基本条件，但是在接下来的分析中，我们将会剔除这类因素，而只针对网络视觉冲击程度这一影响因素展开探讨。

强烈冲击型的网络购物平台带给人强烈的购物欲望，是冲击型的加深版，而这类网站的制作成本也比较高，因此，只有少数商家或本身具有技术优势的商家会采用此类网站。由于各种因素，大部分的网站都属于冲击型。

1.5　网店视觉营销的功能

根据众学者在消费心理学研究成果可见，消费者在网络购物环境中期望得到一种视觉享受。所以在网店页面设计时，视觉效果影响着消费者的潜意识与情绪。人的大脑分为显意识与潜意识，显意识是我们在日常的生活当中容易察觉到的。比如我们有明确目的的时候要做某件事，那么所有的一切主导全部为显意识，而潜意识是不易察觉到的。

心理学研究表明，人们在所获知的外界信息中，有 87%是靠眼睛获得的，75%～90%的人体活动由视觉主导。而网店视觉营销是将"视觉"这一心理现象对网店商品个别属性的反应，作为影响消费者行为的主要因素，结合不同的视觉呈现技术和商品展示技术，制定出不同于其他营销理念的营销组合策略。以此对目标顾客及潜在顾客形成强大的视觉冲击力，并对其产生心理层面的影响，从而带动商品的销售，达到营销目的。

视觉营销对消费者的影响有以下几方面的体现：

（1）吸引消费者眼球：不论是实体店销售环境还是网络购物市场，企业竞争能力的重要体现都需要懂得如何去吸引消费者的眼球，而网店视觉营销是电商企业提升竞争力的重要措施。卖家要将自己的产品、品牌、文化理念完美地呈现在用户眼前就必须在页面设计时合理安排文字、色彩、图像、排版、功能模块、多媒体等，让其中某些亮点会跳进消费者的视野，让消费者的眼睛为之一亮，从而对消费者造成直观的视觉冲击力。特别是在一些首页海报展示中往往会展示一种生活理念与态度，这种生活理念会引发消费者进行与之相关的相似联想，当二者产生共鸣时，就会引发消费者跃跃欲购的冲动。可以说，视觉营销是迅速打开消费者心灵窗户与消费者进行交流的有效方法。

（2）激发消费兴趣：在网店的终端销售环节中，消费者往往会凭视觉获得的信息来做出喜欢或不喜欢的判断，最终决定是否购买。对消费者来说，色彩鲜明、款式独特、时尚新颖、具有整体性和容易理解的形象，往往会吸引他们更多的注意力进而对其产生兴趣。要想让消费者产生兴趣，视觉营销策略不仅要新、奇、特，而且要清晰地传达网店所要表达的内涵，避免烦琐和怪异的设计，这样会让消费者百思不得其解，反而不会产生兴趣。

（3）激发购买欲望：一个缺少视觉营销的店铺会缺少生机与活力，再好的产品也会显得平淡无奇，而且消费者身在其中也会产生视觉疲劳，缺乏购买的冲动与激情。通过视觉营销可以将不同品类的产品搭配相关的图像、文字等一系列元素，创造一种生活情调与意境，展现给消费者，这样能够启发、引导消费者的联想与想象，使得网店页面设计理念得到更好的诠释。成功的视觉营销是消费者产生购买欲望的催化剂。

（4）引导时尚消费潮流：消费者需求的经常变动性决定了需求的可诱导性，只要产品能与消费者的情感产生共鸣，消费者很容易做出冲动购买决策，而这种情感是经营者可以引导与创造的。网店视觉营销很好地迎合了消费者的这种感性消费心理。它利用视觉刺激手段通过对网店页面精心设计向消费者传播产品和品牌的形象。同时，这也向消费者展示了一种生活方式，传递产品在生活中的意义和价值，使顾客产生心理上的共鸣，从而引导时尚消费流向。

1.6　网店视觉营销的实施原则

视觉营销是利用文字、图像、色彩等造成视觉的冲击力来吸引潜在顾客的关注。因此要增加产品和店铺的吸引力，达到营销制胜的效果，视觉营销在电子商务营销服务中是必不可少的营销手段之一。

视觉营销的作用是多吸引顾客关注从而提升网店的浏览量，并刺激消费者的购买欲望，使目标流量转变为有效流量。当然，卖家在考虑吸引消费者眼球的情况下可别忘了塑造自己网店形象和品牌形象，这样就可以让你的有效流量转变为忠实流量。

网店视觉营销实施的基本原则如下：

（1）目的性原则。网店本身就是虚拟的商店，主要吸引消费者购买兴趣的也就那么几点，其中视觉上的冲击力是整个环节最重要的部分。所以第一步就需要合理的图片摆放，例如宝贝主图应选择简单明了的图片，而图片上最好不要出现"牛皮癣"现象。如果第一印象很好，促成消费者购买就比较简单了。然后要分析目标客户的需求，针对品牌的特色和产品的属性用最明确的图片展示出来，让消费者一眼就能看出产品的特性而产生购买的欲望。

（2）审美性原则。在设计店铺页面时我们始终要注重视觉感受，如果一个店铺页面自己看起来都不舒服，更不要想会吸引顾客来下单购买了。然而网店不能只管做好一次的视觉设计就不再管页面了，那样即使你第一次的视觉设计效果比较好，产生了购买，但久而久之店铺页面也会给人造成一种审美疲劳，让人无心再次购买，一个店铺应该要定期进行活动更换，让顾客每次进入网店都有好的心情。产生购买的良性循环。

（3）实用性原则。在视觉营销的实用性上我们应注意视觉应用的统一，不要将网店页面设计得五花八门。然后利用巧妙的文字或图片说明让顾客容易熟悉网店操作和了解产品。

1.7　视觉营销在网店建设中的应用

网店视觉营销的根本目的在于塑造网络店铺的良好形象和促进销售。当前互联网上店铺林立，网货非常丰富，顾客的选择余地很大，而且"货比三家"只需点几下鼠标即可，这些都容易造成顾客的注意力不会轻易集中在一件商品或一个网店上，这对卖家来讲是一个不小的挑战。那么，视觉营销在网店装修与商品展示中的运用，则旨在形成一个网店引力"磁场"，从而吸引潜在客户的关注，唤起其兴趣与购买欲，不但延长客户的网店停留时间，更能促进销售，并在客户心目中树立起良好的店铺形象。

那么视觉营销如何提高店铺的吸引力呢？网店不同于实体店铺，从目前的网络技术发展水平来看，客户对网上商品主要还是通过文字描述和图片展示来了解，而不能像在实体店铺里一样与商品进行"亲密接触"。因此，网店的引力主要通过色彩、图像、文字、布局在店铺"装修"和商品描述中的合理运用来打造。而店铺"装修"主要涉及色彩、店铺招牌、商品分类、促销设置等重要内容，商品描述主要是关于内容和布局。

（1）视觉营销在店铺装修中的运用。

色彩在网店视觉形象传递中起着关键作用。因为色彩是有语言的，能唤起人类的心灵感知，例如红色代表着热情奔放，粉色代表着温柔甜美，绿色代表着清新活力，所以在确定网店主题色调时，应该要与商品特性相符合，或者与目标消费群体的特性相符合。如果网店主营 18～30 岁的女性时尚服饰，那么比较适合的主题色就应选偏粉色、红色的柔和浪漫色系，如果网店主营手机、MP4 等数码类产品，那么蓝色、黑色或灰色系往往会给顾客理智、高贵、沉稳的感觉。

店铺招牌就是显示在网店最上面的横幅，它通常也会显示在每个商品页面的最上面，是传达店铺信息、展示店铺形象的最重要部分。如果招牌设置合理，既能"传情达意"，又让客户"赏心悦目"，就会给客户留下美好的第一印象，才有可能让客户继续停留在网店里浏览、选择商品。反之，可能会给客户不专业的感觉，从而会降低客户对店铺和商品的信任度，结果导致客户不敢轻易下单。因此，店铺招牌要真正发挥招揽顾客的作用，在设置时需要遵循"明了、美观、统一"原则。明了就是要把主营商品用文字、图像明确地告知给顾客，而不是过于含蓄或故弄玄虚；美观主要指图片、色彩、文字的搭配要合理，要符合大众审美观；统一就是招牌要与整个网店的风格一致。

商品分类，顾名思义就是把网店里的商品按一定标准进行分类，就像超市里有食品区、日用品区、家电区一样，对网店来讲，合理的分类一方面便于顾客查找，另一方面有利于卖家促销。合理分类的主要原则是标准统一，例如女性饰品店，可按商品属性如发夹、项链、戒指等来分类；化妆品店可按使用效果如美白系列、祛痘系列、抗皱系列等来分类。此外，在分类排列时，可把新品、特价等较易引起顾客兴趣的重要信息放在相对上面的位置，这样容易受到顾客的关注。

网店促销是指以免费、低价或包邮等形式出现的商品促销活动，对有效提升人气、推广商品、拉动销售有一定促进作用。但在现实中，卖家的商品促销活动没有有效投射给客户的现象却并不少见。究其原因，主要还是在于"卖点"不够凸显，没有吸引客户的眼球。因此，为了让客户能即时了解到网店的促销活动，我们可以运用强烈的对比色或突兀的字体在网店首页最引人注目的区域把客户利益"呐喊"出来。

（2）视觉营销在商品描述中的运用。

完整的商品描述通常包括：介绍商品的文字、商品图片、售后服务、交易条款、联系方式等内容。在网络上，商品描述是客户详细了解一件商品的最主要方式，因为网店与实体店铺不同，在实体店里，客户若对某件商品感兴趣，可以用眼睛去看，用手去摸，用鼻子去闻，而网店里的商品具有虚拟性。因此，为了能全面地传达商品信息，商品描述在内容上应尽可能详细，在表现手段上除了常用的文字、图片，还可用声音、视频等。

此外，商品描述信息内容的合理布局也很重要，根据对大部分客户思维习惯的调研分析，较容易接受的布局方式是：先是用一段简短的文字来描述商品的品名、性能及相关属性等，然后是一张产品的整体图片，接着是细节图片，细节图片可以多张，但展示的是必要的、不同的信息，其主要作用在于帮助客户从不同的局部来进一步了解产品。例如饰品类，可以从大小、尺寸、厚度、色泽、质地、细节做工、搭配效果等角度来展示；鞋类，可以从大小、尺寸、质地、细节做工、鞋跟高度、上脚效果等角度来展示：箱包类，可以从大小、尺寸、质地、细节做工、搭配效果、内衬展示、五金配件等角度来展示。

细节图忌讳相同角度的多张堆砌，因为这样既不能传达更丰富的信息，又容易影响网页运行速度。除了细节图片、售后服务、交易条款、联系方式、注意事项等信息也应详细描述，这有助于树立店铺的专业、诚信形象，从而增强客户的信任感。

网店视觉营销的出现是互联网技术发展的必然，它是一个建立在网络营销学和消费心理学基础上的新概念，它通过将色彩、图像、文字在网店设计中的合理运用来营造强烈的视觉冲击力，从而来吸引客户的关注，唤起客户的兴趣和购买欲望，并最终达到营销制胜的效果。

1.8　网店视觉信息设计的内容

现在网络上有关网店装修的各种教程和相关资料已经相当多了，淘宝也针对卖家更好地设计自己的店铺开放了卖家服务装修市场，可以使卖家方便地学习到新的技术和技巧，也可以让卖家很方便地一键装修自己的店铺。可是，运用店铺模板会遇到很多人都购买了相同的模板，没有特色的问题。而且有关网店的页面设计，比如设计灵感的实现、风格的确定、产品形象的树立、视觉营销的运用等方面的内容却比较少。

1.8.1　文字设计

文字显示要自然流畅。网店页面的每一部分都是在为销售产品而服务的，网店中海报的文字与广告牌上的文字一样，文字要在页面上突出，周围应该留有足够的空间展示产品的其他信息。文字部分不能出现拥挤不堪的现象，紫色、橙色和红色的文字会让人眼花缭乱，这些会让人的心情感觉压抑，反而不利于用户浏览。

文字的字体使用统一规范。设计时用一种能够提高文字可读性的字体是最佳选择。一般都会采用 Web 通用的字体，因为这样最易阅读，也适合消费者的浏览习惯。而特殊字体则用于标题效果较好，但不适合正文。如果字体复杂，阅读起来就会很费力，也会让顾客的眼睛很快感到疲劳，不得不转移到其他页面。除了字体的选择重要之外，文字颜色的设置也很重要。因为在不同的显示环境下颜色会存在一定的色差，就算你在设计时发现在自己的电脑里面看上去很舒服、很好看，但并不代表用户在另外的浏览环境下也有相同的效果。所以在设置字体颜色的时候，要将不同的浏览器和不同的显示器对颜色的显示有不同的效果考虑进去。

文本是网页内容最主要的表现形式，它是网页中最基本和必不可少的元素，而网店的文字内容又是一个店铺页面的灵魂。一般来讲，网店页面中的文字内容主要有海报广告语、宝贝文字标题、分类导航类目文字标题等。

海报广告语是依据广告活动的内容来设定字体的样式大小。一般分类导航类目的文字如果要用个别特殊的文字来体现网页的风格和美感，可以将文字做成图片格式，但一般不用太大的字。而宝贝的文字标题和分类导航类目使用的字体一般是宋体 12 磅或 9 磅，因为这种字体可以在任何操作系统和浏览器中能正确显示。产品文字标题也就是我们常说的关键词，卖家在设置文字标题的时候要构建一个完整的关键词，也就是当下最为流行的关键词营销。对于关键词营销，卖家们都知道很重要，却往往没有抓住要领。其实，关键词关键在于如何设置，这是有径可循的。

第一，要确定核心关键词。每种产品的名称都是关键词，例如"蕾丝裙、连衣裙、迷你裙"的核心关键词就是"裙"，因此，确定核心关键词之后产品主题才不会漂移。如果找不到核心关键词可以参考同类产品销量高信誉好的加以借鉴。

第二，核心关键词定义上要扩展。汉语词汇的丰富多变让一个词语能扩展出很多不同的相关词汇，例如"装"就可以扩展成"男装、女装、装饰品、装修、装饰画"。然后通过不同行业的专有名词又能继续扩展，例如"装饰品、春装新品"。其次还可以通过品牌名称来扩展，例如"2013 欧时力夏装新品、现代简约装饰画"等。

第三，站在客户角度扩展关键词。换位思考是做营销策划时常用到的，这个道理现在也可以用在选择关键词上。根据客户、销售人员的反馈，然后站在客户的角度去确认关键词也是相当重要的。

第四，利用关键词工具。使用搜索引擎提供的工具不失为另一种好办法，例如谷歌的关键词工具、百度的竞价排名提供的指数，等等。

第五，参考竞争者的关键词。优秀的竞争对手的网站有的时候是最好的关键词顾问。同行业里一般有效的关键词是相对固定的，可以参考竞争对手的网站的关键词制作列表进行分析，最终形成本企业特有的关键词。

第六，关键词里的长尾词。很多时候，长尾词往往是最有效的关键词。例如"刘德华演唱会门票"就不如"购买刘德华演唱会门票、刘德华演唱会门票价格"转化率高。而实际工作中长尾词往往是被忽略的部分。

最后，运用词干技术。词干技术只适用于英文网站。所谓词干技术是指对同一个词干所衍生的不同的词，搜索引擎都会认为是同一个意思。

1.8.2 图像设计

图像在网店中是非常重要的部分，视觉冲击力相对文字要强很多。它能够在瞬间吸引顾客的注意，让他们知道你产品的基本信息。在多媒体的世界，它的作用比文字要大。在网店中优秀的产品图像更是增加浏览量和促进购买的关键。应使图片在视觉信息传达上能辅助文字，帮助理解。因为图片能具体而直接地把信息内容高质量、高境界地表现出来，使本来平淡的事物变成强而有力的诉求性画面，体现出更强烈的创造性。图片在版面构成要素中，充当着形成独特画面风格和吸引视觉关注的重要角色，具有烘托视觉效果和引导阅读两大功能。

网店的图像主要有广告图、产品主图、实拍图等。如何打造和美化这些图片呢?

（1）广告图。一个网店的广告图是为网店的推广服务的，一般都包括产品海报、焦点图、促销海报、钻展、直通车图片。做好了这些图你的推广费从此不再打水漂。首先要主题明确，不要出现多个主题现象；其次是风格切忌挂羊头卖狗肉，简单地说就是表里如一；再次就是构图忌讳的是整齐划一、主次不分、中规中矩；最后就是细节了，细节决定成败，一切的效果都要在细节中实现。

（2）产品主图。一张好的宝贝主图能决定 50% 的购买欲望。主图可以放的内容：品牌 LOGO、产品价格（如 2 折、仅 99 元等）、促销词汇（如包邮送礼、仅限今日等）。从 2012 年 10 月 1 日开始在类目客服的支持下，主搜图是否有牛皮癣将作为搜索展现的重要权重，多个类目将进行整改，以恢复主搜图的美观形象。主图的设计优美能给卖家带来一定的流量和转化率。

（3）实拍图。面对实拍图买家会有这样的要求：图片要是实物拍摄图；细节图要清楚展示；颜色不能失真，要有色彩说明；图片打开的速度不能太慢；图片要清楚等。这些问题都是买家平时关注的。卖家在展示产品实拍图时要关注买家的需求。

1.8.3　色彩设计

Web 上色彩丰富，怎么才能知道哪些颜色放在一起会好看呢?可以看看其他设计人员在印刷品和网上使用的颜色。倘若有一些颜色组合很引人注目，可以把这些例子保存下来。如果别人使用这些颜色组合的效果不错，你使用这些颜色时看上去也会很棒。任何一种颜色组合都已经使用无数次了，因此不必担心你剽窃别人的想法。记住：大多数设计人员并不是使用一种科学的方法来选择颜色，而只是进行试验，反复尝试，直到发现他们认为让人满意且有效的结果。颜色的千变万化，让人们的感觉也会受到影响，不同的颜色有它特定意境。所以在设计网店页面时颜色因素也非常重要。不同的颜色对人的感觉有不同的影响，不同的产品和品牌也会有它适合的颜色。很多淘宝卖家在装修自己的店铺的时候，喜欢把一些很酷很炫的色块堆砌在一起，让整个页面色彩凌乱，实际上优秀的页面视觉一定要有自己的主色调，辅助一些搭配的颜色，这样整体效果才会更好。考虑到你的产品形象、品牌形象以及你希望顾客在浏览页面的时候产生什么影响，请为你的网店选择合适的颜色。

好的色彩设计可以给顾客以强烈的视觉冲击力，能引发情感共鸣。一个成功的网店装修在色彩处理上必须做到：

第一，确定自己的品牌主色调，店铺页面要与店铺品牌和产品主题一致。主色调不是随意选择的，而是系统分析自己品牌受众人群心理特征，找到这部分群体易于接受的色彩，确定色彩后如果在后期的运营过程中感觉到定位不正确，可以适当做些调整。

第二，主色调确定后，需要合理搭配辅色，使其能和谐统一并吸引顾客。店铺的主色调是网店主题的体现，是页面色彩的总趋势，其他配色不能超过该主色调的视觉面积。不同店铺所适用的主色调是有区别的，可以从品牌形象、产品特性和消费人群特征等方面来考虑。通常定义了主色调后，需要在"总体协调，局部对比，突出特点"的原则上确定辅色调。网店的辅色调是仅次于主色调的视觉面积的辅助色，用来烘托主色调，加强主色调的感染力，使页面更加和谐生动。

1.8.4 版式设计

网店页面设计就像传统的报纸杂志一样，我们可以把网店的页面看作是一张报纸或一本杂志来进行页面排版布局。网店页面设计是否成功，不仅取决于文字、图像、色彩的搭配和选择，同时也取决于其版式的排布是否得当。如果网店页面中的文字和图像排列不当，会显得拥挤杂乱，不单单影响到字体和图像本身的美感，不利于顾客进行有效的浏览，更难以产生良好的视觉传达效果。为了构成生动的页面视觉效果，网店的版式布局要有一定的平衡性，可以从 4 个方面来看版式布局的平衡性，分别是留白、颜色、文字和节奏。

1.8.5 功能模块设计

淘宝店铺的模块主要是根据客户心理起到一个良好的交互作用，优化店铺的用户体验。目前可选择的功能模块有轮播页面、搭配套餐、成交地图、分类模块、产品推荐模块、促销模块等。除此之外，还有收藏、客服、微博、QQ 等互动性的模块。

功能性模块：

（1）轮播模块有全屏海报轮播，有 950 px 和 750 px 的轮播。它不仅减少了海报的占屏率，而且增添了店铺的动态感，顾客点击所放海报就可以停止轮播，点击就可以直接链接到相关页面。

（2）搭配套餐模块。这是一个卖家精心搭配的关联销售产品的模块，往往其中还增添了打折让利成分，以增加顾客购买率。

（3）成交地图模块。近期在许多店铺都应用起来了，买家可以在这款动态地图上看到当前有哪些人在哪里购买了产品。此模块与产品好评模块类似，通过其他人的购买刺激新顾客的消费，同时也提高了产品的信任度和店铺的趣味性。

（4）分类模块功能性很强，尤其在产品种类很多的时候，顾客会从哪几个方面查找产品需要卖家进行考察，然后再通过分类模块进行划分。

（5）促销模块一般植入在首页、详情页中，在最合适与最不经意的时候向消费者推销产品。

模块的设计要做到的是让页面的加载速度更快，让版式设计更加合理。一般店铺活动和优惠信息都会放在比较重要的位置，通常卖家都会选择用海报、轮播图或活动导航类的图片位置来展示这些信息。因为这样活动的图片和内容就会让买家一目了然。

互动性模块：

（1）收藏模块。一般出现在首页头部店招、左侧或底部区域。这个模块的应用可以增加店铺的黏性。提高买家的二次浏览概率。

（2）客服模块。客服模块有固定的商家信息栏内客服，左侧客服栏，自由客服。特别是当店铺页面很长的时候，在模块之间自由加入客服模块，可以让顾客能够很快找到客服以便咨询。有些店铺甚至会在详情页内也可以通过超链接来实现直接介入客服咨询。

（3）微博、QQ 等互动平台的外链接。在产品的模块中为了实现买家间的互动，可以加入例如微博、QQ、美丽说、蘑菇街等外链接分享宝贝。增加产品的曝光率，是顾客互动的销售利器。

1.8.6　导航设计

导航就像是一组超链接，用来浏览网页的工具。它可以是按钮或者是文字超链接。在每个页面上显示一组导航，顾客就可以很快又很容易地到达他想浏览的网页。导航是网页设计中的重要部分，也是整个 Web 站点设计中的一个独立部分。

现在有些卖家都有一个误区，以为导航就是分类。其实不然，导航是一个功能型按钮，在店铺页面中的作用是引导买家快速查看需要的产品。而分类是属于包含与被包含的关系，但是我们可以理解为分类是导航的一种。设计出自己的导航后，我们会根据目标用户群的搜索点击对导航进行优化，这绝不仅仅是只把分类重新整理下就可以了，而应从产品导航入口入手，进行优化。

通常按位置可以将导航划分为三个区域：

（1）顶部导航：产品分类、搜索栏、自定义页面（如品牌故事、会员专区、购物须知等）。

（2）左侧栏导航：产品分类、在线客服、收藏店铺按钮、热销产品列表、商品推荐、其他超链（如手机店铺、加入帮派等）。

（3）自由导航：是随意地自由地编排导航，让导航更具个性，有种耳目一新的感觉。一般很多设计师会把自由导航设计成产品类目图片（文字）+超链（可以指向某一分类或自定义页面），进行详情页跳转等。

尽管导航的位置和形式都不同，但是目的都是给顾客提供更直接的购买路径。导航承载的信息内容有：基本营销信息（如新品、热卖、折扣等）、搭配套餐、主题营销、官方活动（如淘金币、聚划算、淘画报等）；产品分类（如功能、材质、季节、价格、人群归属等维度等）；交互模块（如帮派、微博、手机店铺、店铺收藏等）；辅助信息（如品牌故事、帮助中心、信用评价、会员中心、客户承诺等）；客服支持（如客服旺旺、服务说明等）；搜索控件（如搜索框、关键词推荐等）。

导航在店铺中承载着举足轻重的作用，顾客进入店铺能停留多久基本全靠它。当顾客进入店铺时如果找不到方向的话，是不会继续浏览网店的。其实网店导航并不复杂，就是通过让产品的层次结构可视化，告诉我们店铺里有什么。在设计导航时应该遵循"快为先"的原则，不要为了页面的美观，特意将导航复杂化，设计为"精美图片+文本+超链接"形式。从用户体验的角度来讲，大多数买家已经习惯了简单明了的导航，如果导航设计让买家花时间去思考下一步该点什么，那么这个导航就是失败的。所以导航的设计不要过于浮夸，应从用户体验出发，以最快速的方式让顾客找到自己想要的东西。

1.9　网店视觉信息设计的总体要求

1. 要遵守消费者使用周期

每个网店都需要面对一系列的共同的门槛，无论你的网店销售的是什么产品，消费者从尚未接触卖家的产品到深入使用，都需要经过一个普通的周期，跨越这些门槛。

使用周期是指买家从选择商品到使用商品时会经过的一系列阶段，各阶段之间的门槛是让买家进入下一阶段时要面对的主要挑战。通过发现买家所处的不同阶段，及其面对的不同门槛，可以有针对性地做出更好的设计决策。

消费者网购经历的使用周期的 5 个阶段：

（1）未发现。处于这个状态的消费者有很多，他们从未使用过你的产品也没有关注过你的店铺。此时我们要想要做的事情是用一个令人信服的故事打动消费者，吸引他们的注意。

（2）感兴趣。这个阶段消费者已经通过不同的渠道（朋友介绍、广告、微博等）知道了你的店铺和产品，并对其产生兴趣。但是他们会想要了解更多的信息，也存在疑问。只要弄明白了他们才会进行下一步。

（3）首次使用。这时的消费者首次尝试使用你的产品，他们会对产品的价值进行判断，判断正确他们会决定购买产品，并尝试使用。

（4）再次使用。这时消费者会有规律地花时间浏览你的店铺，进行再次购买。你也开始从中获利，这时你要做的是抓住老顾客，让他们成为忠实顾客。

（5）热衷使用。当消费者信任你的店铺和产品时，他们会热切地向他人分享关于你的产品和你的店铺。

2. 要遵循消费者心理

在淘宝网上开店的有成千上万商家，也有很多卖的是相同的产品，开店时间一样很久，销量却有好有坏，有的店铺可以卖到成千上万的销售额，也有些店铺连一件产品也销售不出去。

要实现对细节的重视，就必须关注顾客购物过程消费者心理变动的不同阶段对视觉表现进行调整。按消费者心理学理论，顾客购物过程的心理变动可分为 5 个阶段，分别为：引起注意、产生兴趣、购买欲望、记忆认同、决定购买。在这 5 个阶段的网店视觉设计上要把握心理波动的阶段性差异，充分调动各种视觉表现要素，使消费者被网店页面吸引，最终促使顾客产生实际的购买行动。

3. 页面要易读

网店设计要想到的是正在浏览和使用你的网店浏览商品时，消费者是使用完全不同的电脑、显示器、网络连接，以及浏览器。因此作为一个通用的规则，网店页面中每个点都需要在主要的浏览器和两种电脑上清晰易读。要使网店页面易读需要关注以下细节：

（1）针对文本的字体设置不宜太小也不宜太大。文字也不宜太多，太多反而杂乱。很多买家在设计自己的店铺页面时往往一味想充分利用网页的版面，总想在设计过程中把文字和图像排得满满的，他们想充分利用页面，不让画面出现空白现象，让产品信息充分展示在消费者面前。其实烦琐的页面排版反而会使页面主次不分，让目标用户容易产生视觉疲劳，对产品信息产生抵触情绪。

（2）所有图片都应该清晰易读。高对比度的颜色，以及字体与字样的选择对于图片的易读性是非常重要的。图文排版设计应运用单纯、统一的方式去安排丰富多彩的商品，突出商品的主要特征。

（3）文字的颜色和字体也很重要。不要让背景的颜色冲淡了文字的视觉效果，一般来说，淡色的背景上用深色的文字效果为佳。提高文字可读性的因素是所选择的字体，通用的字体让用户最易阅读，特殊字体用于标题效果较好，但是不适合正文。特殊字体如果在页面上大量使用，会使得阅读颇为费力。

（4）为方便顾客快速阅读商品信息，应根据商品的实物拍摄的效果合理设计产品图片的摆放。

（5）广告语以及商品文字标题要正确得当。不应出现错别字和语法混乱的现象，更要考虑到文字的鼓动性和吸引性。

（6）动画效果不宜太久或太长，那样会使目标客户无法快速阅读。

4. 页面要容易浏览

网店页面要让买家清楚的是，现在在哪儿，怎么可以找到想要的商品，之前去过哪儿看到过同类商品。这就要求我们的网店页面要做到"容易浏览"，这意味着目标顾客在任何时候访问店铺页面时都知道他们所处的位置。如果迷路了，他们也能通过导航、站内搜索、分类等类目找到自己想要去的页面。页面设计师通常会考虑到店铺的目标客户。如果你自己在浏览店铺时遇到了困难，你的目标用户很有可能也会在浏览你的网店时遇到同样的问题。由于人们习惯于从左到右、从上到下阅读，所以页面导航要明确、导向要清晰、让用户使用起来方便。

5. 页面要方便查找

网店提供的特有产品、服务，以及信息应该要很容易让你的目标顾客进入店铺后找到想要的产品。一般来说，你的目标客户不想再进入你的店铺后要四处寻找，才能找到想了解的信息。如果他们不能直接找到自己想要的产品，他们往往会很不情愿要通过七八次的点击才找到想要的产品。如果目标用户点击很多次，可能会灰心，然后离开网店去别的店铺找。

6. 页面风格布局要保持一致

网店的风格和布局应该保持一致。布局意味着在你的网店中导航、产品摆放、留白的位置。这是你摆放产品图片、浏览内容的地方，是你屏幕中"真正的财产"。布局设计的一致性能够帮助你的顾客在浏览你的店铺时，感到和你做生意很舒服。这个一致性就体现在你的文字、图片和样式的特殊效果，以及整体颜色在网店页面设计中有很多方面是重复的。也就是说网店中的每个页面的主体文本、超链接，以及标题中使用的字体、样式、颜色等都应该是一样的。

7. 页面要能快速下载

我们都知道，页面下载速度是网页留住浏览者的关键因素。如果 10 秒内还不能打开一个网页，很多用户就会失去耐心。页面快速下载可以保证顾客能以最快的速度进出网站。如今我们生活在一个高节奏的时代，没有人愿意花时间干等，互联网也不例外。即使互联网发展迅速，技术进步快，也赶不上消费者的要求。所以在设计网店页面时千万别试图挑战访问用户的耐性。如果顾客须等 30 多秒，才能完全下载网页进入网店的话，一般人很有可能会离开。一个网页如果需要很长时间下载，就必须通过图片处理技术缩减图片文件大小，避免链接信息过多。保证你的网店页面简单而快速通常要遵循以下原则：

（1）尽量减少 Flash 动画的使用。仅在最重要且很需要的地方使用，即使要用，动画的数据也应尽可能地减少。

（2）遵循简洁设计原则。因为网店是为了给顾客提供产品信息的，一切设计都是为了更好地展现产品。

（3）产品图应选择适当区域的最佳大小。而不是用大图在 HTML 语言中来重新调整大小。

第二章

网店视觉图像的拍摄准备

网店视觉图像的
拍摄准备

本章导语

"工欲善其事，必先利其器。"

——《论语》

　　网店商品图片信息的编辑与设计首先必须拍摄相关商品的图片素材，这一过程就是商品图片的拍摄与素材的采集，商品图片信息的拍摄不同于艺术摄影，重点在于用数字化的图片来描述商品的属性与商品的特征，但是商品图片拍摄的设备与拍摄的技法还是借助于传统的摄影技巧，所以要做好商品图片的拍摄工作，首先必须了解摄影的基本知识、常用术语、设备的操作技巧、拍摄的技法等，本章着重讲解相关的内容。

2.1　数码相机的类型与性能

1. 按光/电转换器件分

　　数码相机与传统相机的区别在于数码相机采用光/电转换器件感光成像，现有的光/电转换器件主要有 CCD 和 CMOS 两大类。CCD 是电荷耦合器件的英文缩写，由于其技术相当成熟，因此，目前应用也非常普遍。CMOS 为互补金属氧化物半导体的英文缩写。它始用于 1997年，比 CCD 有一些优点，但应用还较少，价格也较高。

图 2.1　CCD

　　CCD 又分为面 CCD 和扫描线性 CCD，图 2.1 所示为一种 CCD。面 CCD 具有拍摄速度快，对拍摄过程及应用普通闪光灯无特殊要求的特点；扫描线性 CCD 分辨率极高，但由于有一个拍摄过程，曝光时间较长，因此，无法拍摄运动物体，也不能用闪光灯拍摄。

2. 按使用独立性分

　　可分为联机型和脱机型。脱机型在机体内有影像存储媒体（可以是内置式或移动式），文件存于存储媒体，无须与计算机相连；联机型机内无存储媒体，需与计算机相连，它结构简单，造价较低，但由于有计算机硬盘的支持，其像素水平相当高，可方便地拍摄高清晰度的数字影像文件。

3. 按结构分

按结构可分为单反数码相机、轻便数码相机和数字机背。

单反数码相机又称为单镜头反光式数码相机，是采用单反取景器的数码相机，它具有镜头可卸可换、功能多、手动和自动兼有的特长，通常为专业机，品种极有限。

轻便数码相机采用结构简单的光学取景器取景或利用彩色液晶显示器显示取景，其结构紧凑，小巧轻便，价格相对较低，便于携带，参数调整由自动电路完成，不可手调。总的来说，这种相机像素水平较低，因而文件难以制成高清晰度的大画面。

数字机背也叫数字后背。它是将 CCD 芯片数字处理装置附加于其他传统机身，可以将大型或中型相机数字化，由于其装卸方便，可以轻松地实现数码与传统摄影方式的转换。这种机型灵活性差，价格高，但像素水平很高，主要用在要求非常苛刻的商品摄影和广告摄影中。

4. 按感光谱分

按感光谱分可以分为两类，一类是感受可见光的，类似于可感受普通彩卷的感光范围，绝大多数数码相机属于这一类；另一类可感受红外光，专门用于红外摄影，在医学、考古、航测方面有广泛用途。

5. 按存储媒体分

按存储媒体分，可以分为内置固化式、内置可移动式及不带存储媒体的联机工具。

6. 按消费市场分

现在的消费市场上数码相机的种类大致分为卡片相机、长焦相机和数码单反相机三种。

（1）卡片相机。卡片相机在业界内没有明确的概念，一般用外形小巧、相对较轻、设计超薄时尚来衡量此类数码相机。其中索尼 T 系列、奥林巴斯 AZ1 和卡西欧 Z 系列等都应划分于这一领域。图 2.2 所示为卡片机。

图 2.2　卡片机

卡片相机的主要特点：卡片相机因体积较小可以随身携带；功能并不强大，但是最基本的曝光补偿功能还是超薄数码相机的标准配置，再加上区域或者点测光模式，这类相机有时候还是能够完成一些摄影创作的。卡片相机的主要优点是：时尚的外观、大屏幕液晶屏、小巧纤薄的机身，操作便捷。卡片相机的主要缺点是：手动功能相对薄弱、超大的液晶显示屏耗电量较大、镜头性能较差。

（2）长焦相机。长焦相机，顾名思义，就是拥有长焦镜头的数码相机，如图 2.3 所示。所谓长焦相机，就是具有较大光学变焦倍数的机型，而光学变焦倍数越大，能拍摄的景物就越远。代表机型为：美能达 Z 系列、松下 FX 系列、富士 S 系列、柯达 DX 系列等。

关于镜头要注意：根据"1/像距=1/物距+1/焦距"的公式，不同的底片，其标准镜头是不同的。120 胶卷的幅面大于 135 胶卷的幅面，所以 120 相机的标准镜头是 75 毫米。目前数码相机的镜头划分一般参照 35 毫米系统。一般情况下焦距小于 35 毫米的称为广角镜头，而焦距大于 35 毫米的称为长焦镜头；另外，还有很多变焦镜头，通过镜头各组件之间的变化来改变焦距。小于 20 毫米为超广角镜头，在 24 毫米到 35 毫米为广角镜头，50 毫米为标准镜头，80 毫米至 300 毫米为长焦镜头，大于 300 毫米为超长焦镜头。由于目前的镜头一体化数码相机较容易做出焦距较大的镜头，因此，数码相机的长焦划分标准要相应提升，指拥有 200 毫米以上焦段镜头的数码相机。如果以光变倍数来计算的话，则为七倍光学变焦以上的数码相机。

　　一些镜头越长的数码相机，内部的镜片和感光器移动空间更大，所以变焦倍数也更大。市面上的一些超薄型数码相机，一般没有光学变焦功能，因为其机身内部不允许感光器件的移动。图 2.3 所示为一款长焦相机。

　　（3）数码单反相机。数码单反相机就是使用了单反新技术的数码相机。单反就是指单镜头反光，即 SLR（Single Lens Reflex），这是当今最流行的取景系统，大多数 35 毫米照相机都采用这种取景器。在这种系统中，反光镜和棱镜的独到设计使得摄影者可以从取景器中直接观察到通过镜头的影像。因此，可以准确地看见胶片即将"看见"的相同影像。该系统的心脏是一块活动的反光镜，它呈 45° 安放在胶片平面的前面。进入镜头的光线由反光镜向上反射到一块毛玻璃上。早期的 SLR 照相机必须以腰平的方式把握照相机并俯视毛玻璃取景。毛玻璃上的影像虽然是正立的，但左右是颠倒的。为了校正这个缺陷，现在的眼平式 SLR 照相机在毛玻璃的上方安装了一个五棱镜。棱镜将光线多次反射改变光路，将其影像送至目镜，使影像上下正立，且左右校正。取景时，进入照相机的大部分光线都被反光镜向上反射到五棱镜，几乎所有 SLR 照相机的快门都直接位于胶片的前面，取景时，快门闭合，没有光线到达胶片。当按下快门按钮时，反光镜迅速向上翻起让开光路，同时快门打开，使光线到达胶片，完成拍摄。然后，大多数照相机中的反光镜会立即复位。图 2.4 所示为一款数码单反相机。

图 2.3　长焦相机　　　　　　　　　图 2.4　数码单反相机

2.2　数码单反相机的功能与特征

2.2.1　数码单反相机的工作原理

　　在数码单反相机的工作系统中，光线透过镜头到达反光镜后，折射到上面的对焦屏并结成影像，透过接目镜和五棱镜，就可以在观景窗中看到外面的景物。与此相对地，一般数码相机只能通过 LCD 屏或者电子取景器（EVF）看到所拍摄的影像。显然直接看到的影像比通过处理看到的影像更利于拍摄。在 DSLR 拍摄时，按下快门钮，反光镜便会往上弹起，感光元件（CCD 或 CMOS）前面的快门幕帘同时打开，通过镜头的光线便投影到感光元件上感光，感光后反光镜便立即恢复原状，观景窗中再次可以看到影像。单镜头反光相机的这种构造，确定了它是完全透过镜头对焦拍摄的，它能使观景窗中所看到的影像和胶片上完全一样，取景范围和实际拍摄范围基本上一致，十分有利于直观地取景构图。

数码单反相机只有一个镜头，这镜头既负责摄影，也用来取景。这样一来就能基本上解决视差造成的照片质量下降的问题。而且用单反相机取景时来自被摄物的光线经镜头聚焦，被斜置的反光镜反射到聚焦屏上成像，再经过顶部起脊的"屋脊棱镜"反射，摄影者通过取景目镜就能观察景物，而且是上下左右都与景物相同的影像，因此取景、调焦都十分方便。在摄影时，反光镜会立刻弹起来，镜头光圈自动收缩到预定的数值，快门开启使胶片感光；曝光结束后快门关闭，反光镜和镜头光圈同时复位。这就是相机中的单反技术，现在的数码相机采用这种技术后就成为专业级的数码单反相机，图 2.5 所示为一组镜头。

图 2.5　镜头

专业级的数码单反相机，用其拍摄出来的照片，无论是在清晰度还是在照片质量上都是一般相机不可比拟的。但是单反技术也带来了一些其他问题：

（1）拍摄照片的瞬间，取景器会被挡住。由于被遮挡的时间只是刹那间的事情，因此这对于立即复位的反光镜来说并不是什么主要问题。但是，又引出了一些偶然性问题。例如，在使用频闪光拍摄时，将不能通过取景器看到频闪装置是否闪光正常。

（2）反光镜运动的噪声。在需要安静的场所这可能会成为重要问题。由于测距取景式照相机中没有突然阻挡光路的移动反光镜，所以不会产生这种噪声。

（3）相机的震动，即由反光镜的翻起动作所造成的照相机整体的运动。假设用 1/500 秒的快门速度进行拍摄，那么不必担心。这种震动不至于被察觉。但是，如果以较低的快门速度拍摄一幅精确照片的话，比如在微弱的光线下使用远摄镜头进行拍摄时，这种震动对成像就可能很成问题。

除此之外，使用 SLR 取景还存在另一个问题。比如使用 f/32 这样的小光圈进行拍摄时，光圈 f/32 允许进入镜头的光线是非常微弱的，这会导致取景器中看到的影像也很暗淡，可能会难以聚焦，甚至根本无法进行聚焦。实际上，SLR 的解决方案也相当巧妙，它会先使用镜头的最大孔径让操作人员完成取景和聚焦，按下快门时，镜头的光圈会立刻收缩到预置的孔径，完成胶片曝光，在曝光完成的瞬间，光圈又会开到它的最大孔径，准备下一次拍摄。

2.2.2　数码单反相机的主要特点与优势

数码单反相机的一个很大的特点就是可以更换不同规格的镜头，这是普通数码相机不能比拟的。另外，数码单反相机一般都定位于数码相机中的高端产品，因此，在影响数码相机摄影质量的感光元件（CCD 或 CMOS）的面积上，数码单反相机的面积远远大于普通数码相机，这使得数码单反相机的每个像素点的感光面积也远远大于普通数码相机，因此每个像素点也就能表现出更加细致的亮度和色彩范围，使数码单反相机的摄影质量明显高于普通数码相机。

数码单反相机的优势在于数码单反相机的专业定位，总体上讲，可以把数码单反相机的专业特色归结成如下几个方面：

1. 图像传感器的优势

对于数码相机来说，感光元件是最重要的核心部件之一，它的大小直接关系到拍摄的效果，要想取得良好的拍摄效果，最有效的办法其实不仅仅是提高像素数，更重要的是加大 CCD 或者 CMOS 的尺寸。无论是采用 CCD 还是 CMOS，数码单反相机的传感器尺寸都远远超过了普通数码相机。因此，数码单反的传感器像素数不仅比较高（目前最低 600 万像素），而且单个像素面积更是民用数码相机的四五倍，因此，拥有非常出色的信噪比，可以记录宽广的亮度范围。600 万像素的数码单反相机的图像质量绝对超过采用 2/3 英寸 CCD 的 800 万像素的数码相机的图像质量。

2. 丰富的镜头选择

数码相机作为一种光、机、电一体化的产品，光学成像系统的性能对最终成像效果的影响也是相当重要的，拥有一支优秀的镜头对于成像的意义绝不亚于图像传感器的选择。同时，随着图像传感器、图像引擎和存储器件的成本不断降低，光学镜头在数码相机成本中所占的比重也越来越大。对于数码单反来讲更是如此，在传统单反相机的选择中，镜头群的丰富程度和成像质量就是影友选择的重要因素，到了数码时代，镜头群的保有率顺理成章地成了品牌竞争的基础。佳能、尼康等品牌都拥有庞大的自动对焦镜头群，从超广角到超长焦，从微距到柔焦，用户可以根据自己的需求选择配套镜头。同时，由于传感器面积较大，数码单反相机比较容易得到出色的成像。更重要的是许多摄影发烧友手里，一般都有着一两只，甚至多达十几只的各种专业镜头，这些都是影友用自己的血汗钱购买的，如果购买了数码单反相机机身，一下子就把镜头盘活了，而且和原来的传统胶片相机构成了互相补充的胶片和数码两个系统。

3. 迅捷的响应速度

普通数码相机最大的一个问题就是快门时滞较长，在抓拍时掌握不好经常会错过最精彩的瞬间。响应速度正是数码单反的优势，由于其对焦系统独立于成像器件之外，它们基本可以实现和传统单反一样的响应速度，在新闻、体育摄影中让用户得心应手。目前佳能的 EOS 1D MARK II 和尼康的 D2H 均能达到每秒 8 张的连拍速度，足以媲美传统胶片相机。

4. 卓越的手控能力

虽然现在的相机自动拍摄的功能是越来越强了，但是拍摄时由于环境、拍摄对象的情况是千变万化的，因此，一个对摄影有一定要求的用户是不会仅仅满足于使用自动模式拍摄的。这就要求数码相机同样具有手动调节的能力，让用户能够根据不同的情况进行调节，以取得最佳的拍摄效果。因此，具有手动调节功能也就成为数码单反必须具备的功能，也是其专业性的代表。而在众多的手动功能中曝光和白平衡是两个重要的方面。当拍摄时自动测光系统无法准确地判断拍摄环境的光线情况和色温时，就需要用户根据自己的经验来进行判断，通过手动来进行强制调整，以取得好的拍摄效果。这也是数码单反专业性的体现，如 EOS 10D 能够以每次 100 K 为基准调整色温值，帮助使用者得到最佳的效果。

5. 丰富的附件

数码单反和普通数码相机一个重要的区别就是它具有很强的扩展性，除了能够继续使用偏振镜等附加镜片和可换镜头之外，还可以使用专业的闪光灯，以及其他的一些辅助设备，以增强其适应各种环境的能力。比如大功率闪光灯、环型微距闪光灯、电池手柄、定时遥控器，这些丰富的附件让数码单反可以适应各种独特的需求，而普通的数码相机则大大逊色。

2.3　数码单反相机的选择

数码单镜头反光相机能给用户带来更大的动态范围（信噪比），可换镜头，更加优秀的成像画质，更短的快门时滞，更快的操作和处理速度，更真实的取景，更快的连拍速度和更专业的操控等，这些都有无可比拟的优势；但是，其体积、重量比一般消费级别的数码相机要大很多，其附件（如镜头、闪光灯、滤色镜等）都增加了设备整体的体积与重量，导致携带不是很方便。另外，数码单反相机的 CCD/CMOS 芯片容易沾染灰尘，大多数品牌的 CCD/CMOS 芯片表面的灰尘难以清除，严重影响成像质量和使用寿命。数码单反相机的选购不仅要考虑使用的适合性、设备的重量与寿命，还要从性能与可操控性上注意以下几个方面：

（1）测光与曝光。这个方面主要存在技术细节上一些"卖点"上的差别，实质上不同品牌的数码单反差别不大，不必细究。

（2）对焦速度、快门时滞、连拍速度，这些指标对于新闻摄影、体育摄影、野生动物摄影、快照摄影、服装商品模特着装拍摄等都非常重要。对数码单反相机来说，性能的提高是伴随着价格的急剧上升的。

（3）机身寿命。一般的单反相机快门寿命为 5 万次，中高档单反相机的寿命可达 8 万～10 万次，专业单反相机寿命最长可达 15 万次以上。实际使用中，如果经常使用高速连拍功能，快门寿命将会降低。LCD 液晶屏的使用寿命大概在 1 000 个小时。影响数码单反相机寿命的部件还有反光取景系统，频繁的高负荷的使用，容易引发反光取景系统的故障。

（4）机身可靠性。高级的相机会做防尘、防水处理，而且能抗撞击（冲击）。由于采用了金属机身和特殊材料，这样的相机价格也会很高昂。

（5）色彩空间。除了作为 Windows 和喷墨打印机标准色彩空间的 sRGB，还可以选择应用更加广泛的 Adobe RGB。根据摄影目的可以选择最佳的色彩空间。这个对商品拍摄比较重要。

（6）闪光灯系统。对专业摄影师来说，闪光灯测光与曝光系统是非常重要的，各家厂商在闪光灯系统自动化方面都有各自的独门绝招，没有最好，也没有最差，只有最合适。

（7）镜头群。数码单反相机的优势就在于可更换镜头，原厂的镜头系列支持及独立镜头，厂商的产品是否丰富到满足您的需要是一个值得关注的问题。

（8）是否支持 W/A 读写加速技术。现在的数码单反相机一般会支持 W/A 读写加速技术，采用此技术，可以读写 CF 卡达到 40 倍速以上的速度。

（9）传输接口。数码单反相机应该同时具备 USB2.0 和 1394 火线端子。某些相机还应该支持蓝牙等无线网络传输。

（10）感光灵敏度与杂讯抑制。更高的感光度、更好的杂讯抑制有利于照片的拍摄。

（11）快门。最高快门速度和最慢快门速度（B 门），是数码单反相机快门的两个关键指标。快门的可靠性以及精确度也是需要关心的。最高闪光灯同步速度，是衡量一部数码单反相机是否高级的标志。

（12）手感、外形和重量。机身设计是否合心、是否合手，这往往是决定选购一部单反相机最重要的方面。在不考虑价钱的情况下，专业数码单反相机的体积和重量也并不是每一个人都能接受的。体积小巧、重量较轻的业余数码单反相机更适合普通人使用。

（13）心理因素。最终起决定作用的往往还是心理作用，理性消费至关重要。

数码单反相机目前被少数几个厂商垄断生产，一分钱一分货的道理在数码单反相机这个领域是绝对真理。为了满足高负荷、高强度的专业摄影用途，最好是选择价格昂贵的高端数码单反相机。如果只是平时爱好，一般的兴趣而已的话，选择价格便宜的型号是上策。

2.4 商品拍摄常用术语

拍摄网络上销售的商品图片信息，实际上与常规的摄影手法、技术是一样的，都会运用到光圈、景深、快门、感光度等摄影基本知识与基本术语，所以要想拍摄好商品图片信息，首先要学习并掌握摄影的基本知识与基本术语，这是必不可少的，下面主要讲解摄影技术的基本知识。

2.4.1 焦距

焦距（Focal Length）：从镜头的中心点到胶片平面（其他感光材料）上所形成的清晰影像之间的距离。焦距通常使用毫米来标示，但仍然可能看见一些使用厘米或英寸标示的老镜头，一般会标在镜头前面，例如最常用的是 27～30 毫米、50 毫米（也是通常所说的"标准镜头"，指对于 35 毫米的胶片）、70 毫米等（长焦镜头）。

当将摄影镜头调整到无限远时，其实是一个有名无实的焦距。在设计上，是将透镜的主平面与底片或成像传感器的距离调整为焦距的长度，然后，远离镜头的影像就能在底片或传感器上形成清晰的影像。当镜头要拍摄比较接近的物体时，是镜头的实际焦距被改变了。视野的大小取决于镜头的焦距和底片大小的比例。由于最大众化的是 35 毫米规格，镜头的视野经常是根据这种规格标示的。其中标准镜头（50 毫米）、广角镜头（24 毫米）、望远镜头（500 毫米）视野都是不一样的。对于数码相机，它们的感光器比一般传统的 35 毫米底片还要更小，所以相对的只要更短的焦距，就可以得到相同的影像。

由焦距可以衍生出以下相关的概念：

（1）变焦：拍摄时对于焦点和焦距的相应调整。

（2）对焦：调整焦点，使被拍摄物位于焦距内（In Focus），成像清晰。

（3）失焦（Out of Focus）：被拍摄物偏离出焦距以外，成像模糊。

（4）选焦：选择景深中的某一个层面清晰对焦，其他层面成像模糊（失焦）。

（5）跟焦（Follow Focus）：改变焦点，使移动的人物位于焦距之内。

（6）拉焦（Rack Focus 或 Focus Pull）：焦点由一处重点移到另一处，速度相当突然。

镜头焦距分类：较常见的有 8 毫米，15 毫米，24 毫米，28 毫米，35 毫米，50 毫米，85 毫米，105 毫米，135 毫米，200 毫米，400 毫米，600 毫米，1 200 毫米等，还有长达 2 500 毫米超长焦望远镜头。镜头根据其焦距的长短，也即拍摄时的视角，可分为标准镜头、广角镜头和长焦镜头等。

1. 标准镜头

标准镜头的视角为 50° 左右，这是人单眼在头和眼不转动的情况下所能看到的视角，从标准镜头中观察的感觉与平时所见的景物基本相同。35 毫米相机的标准镜头的焦距多为 40 毫米、50 毫米或 55 毫米。120 毫米相机的标准镜头焦距一般为 80 毫米或 75 毫米，相机片幅越大则标准镜头的焦距越大。而数码相机由于其成像介质（CCD 或 CMOS）有大有小，标准镜头的焦距也不一致。为了方便直观，DC 镜头经常采用等效于 35 毫米相机的等效焦距，这个等效就是指视角上的等效。

2. 广角镜头

广角镜头，顾名思义就是其摄影视角比较广，适用于拍摄距离近且范围大的景物，有时用来刻意夸大前景表现、强烈远近感以及透视。135 毫米相机的典型广角镜头为焦距 28 毫米，视角为 75°。常用的还有比 28 毫米略长一些的 35 毫米、38 毫米的所谓小广角（多见于傻瓜机）。比一般广角镜头视角更大的是超广角镜头（如焦距为 24 毫米，视角 84°）以及所谓的鱼眼镜头，其焦距为 8 毫米，视角可达 180°。

3. 长焦镜头

长焦镜头俗称"望远镜头"，长焦距镜头适于拍摄远距离景物，景深较小，因此容易使背景模糊，主体突出。35 毫米相机长焦距镜头通常分为三级，135 毫米以下称中焦距，如 85 毫米，视角 28°；105 毫米，视角 23°；135 毫米，视角 18°。中焦距镜头经常用来拍摄人像，有时也称为人像镜头。135～500 毫米称长焦距，如 200 毫米，视角 12°；400 毫米，视角 6°。500 毫米以上的称为超长焦距，其视角小于 5°，适用于拍摄远处的景物。如球场上的特写以及野生动物的拍摄，因无法靠近被摄物，超长焦距镜头就大有用武之地。

2.4.2　光圈

光圈（Aperture）：相机镜头内有一组重叠的金属叶片，其所围成的孔径大小和开放的时间决定了一次成像的曝光量，也产生了相机的光圈和速度。光圈就是控制镜头通光量大小的装置。开大一挡光圈，进入相机的光量就会增加一倍，缩小一挡光圈光量将减半，如图 2.6 所示。

光圈大小用 f 值来表示，光圈 f 值=镜头的焦距/镜头口径的直径，从以上的公式可知要达到相同的光圈 f 值，长焦距镜头的口径要比短焦距镜头的口径大。完整的光圈值系列如下：f/1，f/1.4，f/2，f/2.8，f/4，f/5.6，f/8，f/11，f/16，f/22，f/32，f/44，f/64。

其中 f 值越小，光圈越大，在同一单位时间内的进光量便越多，而且上一级的进光量则是下一级的 2 倍，例如光圈从 f8 调整到 f5.6，进光量便多一倍，也说光圈开大了一级。多数非专业数码相机镜头的焦距短、物理口径很小，f8 时光圈的物理孔径已经很小了，继续缩小就会发生衍射之类的光学现象，影响成像。所以一般非专业数码相机的最小光圈都在 f8

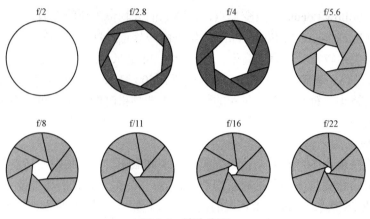

图 2.6　镜头光圈

至 f11，而专业型数码相机感光器件面积大，镜头距感光器件距离远，光圈值可以很小。对于消费型数码相机而言，光圈 f 值常常介于 f2.8～f16。此外，许多数码相机在调整光圈时，可以做 1/3 级的调整。

2.4.3　快门与快门速度

　　快门（Shutter）：控制曝光时间长短的装置。一般可分为镜间快门和点焦平面快门。

　　快门速度（Shutter Speed）：快门开启的时间。它是指光线扫过胶片（CCD）的时间（曝光时间）。例如，"1/30"是指曝光时间为 1/30 秒。1/60 秒的快门是 1/30 秒快门速度的两倍。目前很多相机的快门速度都由相机自身的电脑片控制。在传统相机或一些半专业以上级的相机中，相机的快门速度仍需手动，主要包括以下几挡，1、1/2、1/4、1/8、1/15、1/30、1/60、1/125、1/250、1/500、1/1 000 秒，在一些更专业的相机中，还有比这些更长或更短的快门速度设置。同样地，快门速度每向上或向下跳一格，曝光量加倍或减半。

　　快门类型：数码相机快门基本上有电子快门、机械快门和 B 门三种。电子快门和机械快门两者不同之处在于它们控制快门的原理不同，电子快门是用电路控制快门线圈磁铁的原理来控制快门时间的，齿轮与连动零件大多为塑料材质；机械快门控制快门的原理是齿轮带动控制时间，连动与齿轮为铜与铁的材质居多。B 门是专门为长曝光设定的快门，当需要超过 1 秒曝光时间时，就要用到 B 门。使用 B 门的时候，快门释放按钮按下，快门便长时间开启，直至松开释放钮，快门才关闭。

　　完善的优质的快门通常必须具备以下几个方面的功能：

　　（1）必须具备能够准确调控曝光时间的作用，这一点是照相机快门的最基本的作用；

　　（2）必须具备足够高的快门速度，以利于拍摄高速运动的物体或有效控制景深；

　　（3）必须具有长时间曝光的作用，即应设有"T"门或"B"门；

　　（4）具有闪光同步拍摄的功能；

　　（5）具有自拍功能，以便自拍或无快门线的情况下进行长时间曝光时，使快门开启。

　　通常普通数码相机的快门大多在 1/1 000 秒之内，基本上可以应付大多数的日常拍摄。快门不单要看"快"，还要看"慢"，就是快门的延迟，比如有的数码相机最长具有 16 秒的快门，用来拍夜景足够了，然而快门太"快"也会增加数码照片的"噪点"，就是照片中会出现杂条纹。另外，主流的数码相机除了具有自动拍摄模式外，还必须具有光圈优先模式、快门优先模式。光圈优先模式就是由用户决定光圈的大小，然后相机根据环境光线和曝光设置等情况计算出光进入的多少，这种模式比较适合拍摄静止物体。而快门优先模式，就是由用户决定快门的速度，然后数码相机根据环境计算出合适的光圈大小来。所以，快门优先模式就比较适合拍摄移动的物体，特别是数码相机对震动是很敏感的，在曝光过程中即使轻微地晃动相机都会产生模糊的照片，在使用长焦距时这种情况更明显。

2.4.4 感光度

感光度（ISO）：一般的，胶片的主要参数是指胶片的感光度，用 ISO 值来标示（International Standards Organization 的简称）。ISO 值越大，胶片/感光传感器的感光度越高，越容易曝光。

在传统胶卷相机上 ISO 代表感光速度的标准，在数码相机中 ISO 定义和胶卷相同，代表着 CCD 或者 CMOS 感光元件的感光速度，ISO 数值越高就说明该感光材料的感光能力越强。ISO 的计算公式为 $S=0.8/H$（S 为感光度，H 为曝光量）。从公式中我们可以看出，感光度越高，对曝光量的要求就越少。ISO 200 的胶卷的感光速度是 ISO 100 的两倍，换句话说，在其他条件相同的情况下，ISO 200 胶卷所需要的曝光时间是 ISO 100 胶卷的一半。在数码相机内，通过调节等效感光度的大小，可以改变光源多少和图片亮度的数值。因此，感光度也成了间接控制图片亮度的数值。

在传统 135 毫米胶卷相机中，等效感光值是相机底片对光线反应的敏感程度测量值，通常以 ISO 数码表示，数码越大表示感光性越强，常用的表示方法有 ISO 100、ISO 400、ISO 1000 等，一般而言，感光度越高，底片的颗粒越粗，放大后的效果较差，而数码相机也套用此 ISO 值来标示测光系统所采用的曝光，基准 ISO 越低，所需曝光量越高。

但是，由于数码照相机与普通照相机不同，感光器件是使用了 CCD 或者 CMOS，对曝光多少就有相应要求，也就有感光灵敏度高低的问题。这也就相当于胶片具有一定的感光度一样，数码相机厂家为了方便数码相机使用者理解，一般将数码相机的 CCD 的感光度（或对光线的灵敏度）等效转换为传统胶卷的感光度值，因而数字照相机也就有了"相当感光度"的说法。从通常衡量胶片感光度高低的角度来看，目前数字照相机感光度分布在中、高速的范围，最低的为 ISO 50，最高的为 ISO 6400，多数在 ISO 100 左右。对某些数字照相机来说，感光度是单一的，加之 CCD 的感光宽容度很小，因而限制了它们在光线过强或过弱条件下的使用效果。另外，一些数字照相机感光度有一定的范围，但即使在所允许范围内，将感光度设置得高或低，拍摄效果亦有所区别，平时拍摄应将它置于最佳感光度上这一挡上。和传统相机一样，低 ISO 值适合营造清晰、柔和的图片，而高 ISO 值却可以补偿灯光不足的环境。

在光线不足时，闪光灯的使用是必然的。但是，在一些场合下，例如展览馆或者表演会，不允许或不方便使用闪光灯的情况下，可以通过 ISO 值来增加照片的亮度。数码相机 ISO 值的可调性，使得我们有时仅可通过调高 ISO 值、增加曝光补偿等办法，减少闪光灯的使用次数。调高 ISO 值可以增加光亮度，但是也可能增加照片的噪点。

2.4.5 噪点

噪点（Noise）：数码相机的噪点也称为噪声，主要是指 CCD（CMOS）将光线作为接收信号并输出的过程中所产生的图像中的粗糙部分，也指图像中不该出现的外来像素，通常由电子干扰产生。看起来就像图像被弄脏了，布满一些细小的糙点。

一般情况下不太容易注意到，但如果将图像放大，就会出现本来没有的颜色（假色），这种假色就是图像噪点。ISO 越高，则产生的噪点越多。除了噪点外，还有一种现象很容易与噪点相混淆，即坏点。

在数码相机同一设置条件下，如果所拍的图像中杂点总是出现在同一个位置，就说明这台数码相机存在坏点，一般厂家对坏点的数量有质量规定范围。假如杂点并不是出现在相同的位置，则说明这些杂点是由于使用时形成的噪点。噪点产生的原因通常有以下几种情况：

1. 长时间曝光产生的图像噪声

这种现象主要大部分出现在拍摄夜景，在图像的黑暗的夜空中，出现了一些孤立的亮点。其原因是 CCD 无法处理较慢的快门速度所带来的巨大的工作量，致使一些特定的像素失去了控制。

为了防止产生这种图像噪声，部分数码相机中配备了被称为"降噪"的功能。如果使用降噪功能，在记录图像之前就会利用数字处理方法来消除图像噪声，在保存图像过程中需要花费一点额外的时间。

2. 用 JPEG 格式对图像压缩而产生的图像噪声

由于 JPEG 格式的图像在压缩图像尺寸后，图像仍能保持较好的品质，因此，大多数数码相机利用此方法来减小图像数据。

压缩时会以上下左右 8×8 个像素为一个单位进行处理。通常在 8×8 个像素边缘的位置与下一个 8×8 个像素单位会发生不自然的结合。由于 JPEG 格式压缩而产生的图像噪声也被称为马赛克噪声（Block Noise），压缩率越高，图像噪声就越明显。

3. 模糊过滤造成的图像噪声

模糊过滤造成的图像噪声和 JPEG 一样，是在对图像进行处理时造成的图像噪声。有时是在数码相机内部处理过程中产生的，有时是利用图像润色软件进行处理时产生的。

对于尺寸较小的图像，为了使图像显得更清晰而强调其色彩边缘时就会产生图像噪声。

清晰处理就是指数码相机具有的强调图像色彩边缘的功能和图像编辑软件的"模糊过滤（Unsharp Mask）"功能。

在不同款式的数码相机中也有一些相机会对整个图像进行色彩边缘的强调。而处理以后就会在原来的边缘外侧出现其他颜色的色线。

2.4.6　曝光模式

曝光模式（Exposure Mode）：曝光英文名称为 exposure，曝光模式即计算机采用自然光源的模式，通常分为多种，包括：快门优先、光圈优先、手动曝光、AE 锁等模式。

照片的好坏与曝光量有关，也就是说应该通多少的光线使 CCD 能够得到清晰的图像。曝光量与通光时间（快门速度决定）、通光面积（光圈大小决定）有关。图 2.7 所示为数码相机曝光模式调节旋钮，旋转调节按钮可以选择不同的曝光模式。

通常的数码单反相机中有以下曝光模式：

1. 快门优先和光圈优先模式

快门优先通常称为"S 门"，有些数码相机上的标识为"Tv"；光圈优先通常称为"A 门"，有些数码相机上的标识为"Av"。

图 2.7　曝光模式调节旋钮

一般情况下，为了得到正确的曝光量，就需要正确的快门与光圈的组合。快门快时，光圈就要大些；快门慢时，光圈就要小些。快门优先是指由机器自动测光系统计算出曝光量的值，然后根据选定的快门速度自动决定用多大的光圈。光圈优先是指由机器自动测光系统计算出曝光量的值，然后根据选定的光圈大小自动决定用多少的快门。拍摄的时候，用户应该结合实际环境使曝光与快门两者调节平衡，相得益彰。

较慢的快门速度则会营造流动的效果，在拍摄夜景的时候也经常会用到。在快门速度设置好后，半按快门，在对焦过程中如果发现光圈值显示为红色，表示图像曝光不正确。这时需要更改快门速度值，直至光圈值显示为白色为止，这是因为光圈值也是有一定范围的。

光圈优先模式（A）是事先设置好所需要的光圈大小，数码相机会根据拍摄条件自动调节其他参数。利用这种模式，可以有效地控制景深的大小。选择较低的光圈值（开大光圈），景深变小，使背景柔和。选择较高的光圈值（缩小光圈），景深变大，使整个前景和背景都清晰。如果快门速度在液晶显示屏上以红色显示，即表示图像曝光不正确需要更改光圈值，直至快门速度以白色显示为止。

光圈和快门的组合就形成了曝光量，在曝光量一定的情况下，这个组合不是唯一的。例如当前测出正常的曝光组合为 f5.6、1/30 秒，如果将光圈增大一级也就是 f4，那么此时的快门值将变为 1/60，这样的组合同样也能达到正常的曝光量。不同的组合虽然可以达到相同的曝光量，但是所拍摄出来的图片效果是不相同的。

快门优先模式（S）是在手动定义快门的情况下通过相机测光而获取光圈值。快门优先多用于拍摄运动的物体上，特别是在体育运动拍摄中最常用。如果在拍摄运动物体时发现拍摄出来的主体是模糊的，这其中的一个主要原因就是快门的速度不够快。因为快门快了，进光量可能减少，色彩偏淡，这就需要增加曝光来加强图片亮度。物体的运行一般都是有规律的，那么快门的数值也可以大概估计，例如拍摄行人，快门速度只需要 1/125 秒就差不多了，而拍摄下落的水滴则需要 1/1 000 秒。

2. 手动曝光模式（M）

手动曝光模式每次拍摄时都需手动完成光圈和快门速度的调节，其优点是方便摄影师制造不同的图片效果。如需要运动轨迹的图片，可以加长曝光时间，把快门加快，曝光增大；如需要制造暗淡的效果，快门要加快，曝光要减少。虽然这样的自主性很高，但是操作不是很方便，需要有较高的操作水平；对于抓拍瞬息即逝的景象，时间更不允许。

手动曝光模式（M）因为需要以手动的方式调节快门与光圈的参数，所以没有相当丰富的摄影经验是难以正确曝光的。但在此种模式下学摄影是进步最快的。一般情况下，相机的自动曝光功能会根据所选择的测光方式自动计算标准曝光量。半按快门按钮时，液晶显示屏上会出现标准曝光及所选曝光的差值，如果其差值超过正负 2 级，"–2""+2"会以红色显示。这时必须修改快门或光圈的值，直至曝光正确为止。

3. 自动曝光模式（AUTO）

自动曝光模式也称 AE 模式，全称为 Auto Exposure，即自动曝光。自动曝光模式大约可分为光圈优先 AE 式、快门速度优先 AE 式、程式 AE 式、闪光 AE 式和深度优先 AE 式。光圈优先 AE 式是由拍摄者人为选择拍摄时的光圈大小，由相机根据景物亮度、CCD 感光度以及人为选择的光圈等信息自动选择合适曝光所要求的快门时间的自动曝光模式，也即光圈手动、快门时间自动的曝光方式。这种曝光方式主要用在需优先考虑景深的拍摄场合，如拍摄风景、肖像或微距摄影等。

对于一般的拍摄者来说，全自动模式是最省事的拍摄模式。只要取景、对焦、按下快门即可拍照。至于白平衡、快门、光圈、ISO 值等，其都交给照相机自动处理。在此种模式下，由于参数设置的不精确，成像很一般，毫无特色可言。

4. 程序自动曝光模式（P）

程序自动曝光模式可以让相机自动设置快门速度和光圈大小，与 AUTO 模式相同。如果不能取得正确曝光，液晶显示屏上的快门速度与光圈值便会以红色显示。这时可以手动调节许多参数。例如，在曝光不正确的情况下，可以通过开启闪光灯、手动更改 ISO 值、改变测光方式、进行曝光补偿等方式使图像正确曝光。还可以通过白平衡的设置以表现更真实的图像色彩。另外，照片特殊效果（如黑白）和连拍模式在 AUTO 模式下是不能调节的。但在程序自动曝光模式下是可以的。程序自动曝光模式与 AUTO 模式的区别在于 AUTO 模式同时也会控制是否启动闪光灯，而程序自动曝光模式不对闪光灯进行控制。

5. 人像拍摄模式

拍摄人像时，如果想使拍得的主体清晰而背景模糊，可使用此模式。要获得背景逐渐柔和的最佳效果，在构图时把拍摄主体身体的上半部分尽量占满取景器或液晶显示屏。将变焦倍率设置为最大则效果更明显。

6. 风景拍摄模式

在风景拍摄模式下进行拍摄，光圈和快门值都比较适中，能让人物和风景都成像清晰。

7. 夜景拍摄模式

夜景拍摄模式也叫"慢速快门闪光同步模式"，最适合于拍摄包含前景人物的夜景照片。相机会用较慢的快门速度配合闪光灯闪光来拍摄，使主体和背景都得到合适的曝光。为了防止照片模糊，一定要使用三脚架，以保持机身的平稳，保证有足够的曝光和画质。另外，在闪光灯闪了以后，人物不能马上移动，否则会使图像模糊。如果只是拍摄夜景，就不要使用闪光灯。因为闪光灯的有效距离比较短，很容易忽略掉主体后面的景物。

8. 高速快门拍摄模式

高速快门拍摄模式用于拍摄快速移动的物体，例如抓拍水滴或运动的物体。

9. 慢速快门拍摄模式

慢速快门拍摄模式用于拍摄移动主体，使其模糊显示，用以制造柔和效果，如溪水、河流等。

10. 特殊场景模式（SCN）

特殊场景模式用于特殊环境下的拍摄，一般有植物、雪景、海滩、焰火、潜水、室内六种模式供选择。

11. 全景图拍摄模式

全景图拍摄模式主要用于宽视域的风景拍摄。可以把拍摄的若干个画面合并为全景图像。为画面构图时，要使各相连的画面重叠 30%～50%，并把垂直误差限制在图像高度的 10% 以内。 当拍摄完第一幅图像后，相机的液晶屏上会保留第一幅图像，允许你再构图拍摄第二幅图像。用同样的方法可以完成全景图像的拍摄。为了获得最好的效果，一般采用水平移动（旋转）相机来拍摄连续图像。当然，三脚架是不可少的。在拍摄时不可改变焦距，否则会造成相邻的画面变形而无法连接。要创建全景图像，需要在计算机上进行拼接。有些相机可使用随机附送的 Photo titch 软件来进行。

12. 摄像模式

此模式可以拍摄有声短片，以 AVI 格式记录，最高分辨率为 640×480。因为存储卡的容量有限，所以拍摄的图像品质较低，只能用来体验一下拍摄动态图像的快乐。

2.4.7　景深

景深（Depth of Field）：所谓的景深，就是在拍摄的场景中，被摄主体呈现出清晰的范围，理论上讲相片中只有被准确对焦的部分（焦点）清晰，焦点前及焦点后的景物会因在焦点以外而显得模糊。不过，基于镜头、拍摄距离等因素，在焦点前、后仍然会有一段距离的景物能够被清晰显示，不至于落入模糊地带，这个清晰的范围便称为景深。

景深可能很长，也可能很短、很浅，可以根据需求调整摄影的模式来控制景深的长短。景深的长短取决于三个因素：焦距、摄距和光圈大小。它们之间的关系是：① 焦距越长，景深越浅；焦距越短，景深越长；② 摄距越长，景深越长；③ 光圈越大，景深越小。在拍摄距离不变的拍摄情况下，使用大光圈来拍摄时，因为景深变浅，被摄体的前后景物会变得比较模糊。而使用小光圈时，被摄体前后景物清晰的距离就会变长。镜头的焦距越长，景深越浅；镜头的焦距越短，景深越长，在光圈、快门都不变时，拍摄同一个场景，使用长镜头会让景深变浅；而使用广角镜时，景深就会变长。距离拍摄体越近时，景深越浅；距离拍摄体越远时，景深越长，在光圈、快门、镜头焦距都不变的情况下，拍摄同一场景，离被摄体越近时，景深就会越浅；离被摄体越远时，景深就会越长。

景深预览（Depth of Field Preview）：为了看到实际的景深，有的相机提供了景深预览按钮，按下按钮，把光圈收缩到选定的大小，看到的场景就和拍摄后胶片（记忆卡）记录的场景一样。

2.4.8　测光方式

测光方式：数码相机的测光系统一般是测定被摄对象反射回来的光亮度，也称为反射式测光。

测光方式按测光元件的安放位置不同一般可分为外测光和内测光两种方式。

（1）外测光：在外测光方式中，测光元件与镜头的光路是各自独立的。这种测光方式广泛应用于平视取景镜头快门照相机中，它具有足够的灵敏度和准确度。单镜头反光照相机一般不使用这种测光方式。

（2）内测光：这种方式是通过镜头来进行测光，即所谓 TTL 测光，与摄影条件一致，在更换相机镜头或摄影距离变化、加滤色镜时均能进行自动校正。目前几乎所有的单镜头反光相机都采用这种测光方式。

在单镜头反光相机中，测光元件的放置主要有两种方案：一是放置在取景光路中目镜附近，这种测光方式称为 TTL 一般测光；二是放置在摄影光路中，光线从辅助反光镜或由胶片平面、焦平面快门的叶片表面反射到测光元件上进行测光，这种测光方式称为 TTL 直接测光。

目前相机所采取的测光方式根据测光元件对摄影范围内所测量的区域范围不同主要包括点测光模式、中央部分测光模式、中央重点平均测光模式、平均测光模式、多区测光模式等。

点测光模式：测光元件仅测量画面中心很小的范围。摄影时把照相机镜头多次对准被摄主体的各部分，逐个测出其亮度，最后由摄影者根据测得的数据决定曝光参数。

中央部分测光模式：这种模式是对画面中心处约占画面 12%的范围进行测光。

中央重点平均测光模式：这种模式的测光重点放在画面中央（约占画面的 60%），同时兼顾画面边缘。它可大大减少画面曝光不佳的现象，是目前单镜头反光照相机主要的测光模式。

平均测光模式：它测量整个画面的平均光亮度，适合于画面光强差别不大的情况。

多区测光模式：它对画面分区域，由独立的测光元件进行测光，由照相机内部的微处理器进行数据处理，求得合适的曝光量，曝光正确率高。在逆光摄影或景物反差很大时都能得到合适的曝光，而无须人工校正，如图 2.8 所示。

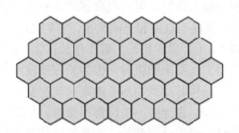

图 2.8　蜂窝型的多区测光感应模块

2.4.9　曝光补偿

曝光补偿：曝光补偿也是一种曝光控制方式，一般常见在±2～3 EV，分为正（＋）补偿和负（－）补偿两种，在相机上用"＋／－"符号表示。简单来说，在逆光摄影时，用正（＋）补偿（或以取景器中较暗处为测光标准）能适当表现出被摄体的细节，虚化背景，获得高调的照片；用负（－）补偿（或以取景器中较亮处测光标准）则获得剪影效果，获得低调的照片，表现光与影的关系。如果环境光源偏暗，即可增加曝光值（如调整为+1 EV、+2 EV）以凸显画面的清晰度。

数码相机在拍摄的过程中，如果按下半截快门，液晶屏上就会显示和最终效果图差不多的图片，对焦，曝光。这个时候的曝光，正是最终图片的曝光度。图片如果明显偏亮或偏暗，说明相机的自动测光准确度有较大偏差，要强制进行曝光补偿，不过有的时候，拍摄时显示的亮度与实际拍摄结果有一定出入。数码相机可以在拍摄后立即浏览画面，此时，可以更加准确地看到拍摄出来的画面的明暗程度，不会再有出入。如果拍摄结果明显偏亮或偏暗，则要重新拍摄，强制进行曝光补偿。

拍摄环境比较昏暗，需要增加亮度，而闪光灯无法起作用时，可对曝光进行补偿，适当增加曝光量。进行曝光补偿的时候，如果照片过暗，要增加 EV 值，EV 值每增加 1.0，相当于摄入的光线量增加一倍，如果照片过亮，要减小 EV 值，EV 值每减小 1.0，相当于摄入的光线量减小一半。按照不同相机的补偿间隔可以以 1/2（0.5）或 1/3（0.3）的单位来调节。

被拍摄的白色物体在照片里看起来是灰色或不够白的时候，要增加曝光量，简单地说就是"越白越加"，这似乎与曝光的基本原则和习惯是背道而驰的，其实不然，这是因为相机的测光往往以中心的主体为偏重，白色的主体会让相机误以为环境很明亮，因而曝光不足。

一般情况下，拍摄人像时，白色的衣服在白色背景下，相机判断为了不拍的过亮而决定曝光，这样整体显得很暗。这时，加一点补偿，白色的衣服也很白，脸的亮度也准确了。黑色的衣服在黑暗的背景下，相机判断为黑暗场所，结果脸拍得很白。这时减点补偿，黑色的衣服更黑，脸的亮度刚刚好。

由于相机的快门时间或光圈大小是有限的，因此并非总是能达到 2 EV 的调整范围，因此曝光补偿也不是万能的，在过于暗的环境下仍然可能曝光不足，此时要考虑配合闪光灯或增加相机的 ISO 感光灵敏度来提高画面亮度。

几乎所有的数码相机的曝光补偿范围都是一样的，可以在正负 2 EV 内加、减，但是加减并不是连续的，而是以 1/2 EV 或者 1/3 EV 为间隔跳跃式的。早期的老式数码相机比如柯达的 DC 215 就是以 1/2 EV 为间隔的，于是有−2.0、−1.5、−1、−0.5 和+0.5、+1、+1.5、+2 共 8 个档次，而目前主流的数码相机分档要更细一些，是以 1/3 EV 为间隔的，于是就有−2.0、−1.7、−1、−1.0、−0.7、−0.3 和+0.3、+0.7、+1.0、+1.3、+1.7、+2.0 等共 12 个级别的补偿值。

一般来说，景物亮度对比越小，曝光越准确，反之则偏差加大。相机的档次有高有低，档次高的，测光就比较准确，低的则偏差也会加大。如果是传统相机，胶卷的宽容度是比较大的，曝光的偏差在一定范围内不会有大问题，但是数码相机的 CCD 宽容度就比较小，轻微的曝光偏差都可能影响整体的效果。

总而言之，曝光补偿的调节是经验加上对颜色的敏锐度所决定的，用户一定要多比较不同曝光补偿下的图片质量，清晰度、还原度和噪点的大小，这样才能拍出最好的图片。

2.4.10　对焦方式

对焦方式（Focus）：对焦的英文学名为 Focus，通常数码相机有多种对焦方式，分别是自动对焦、手动对焦和多重对焦、全息自动对焦方式。

自动对焦：传统相机，采取一种类似目测测距的方式实现自动对焦，相机发射一种红外线（或其他射线），根据被摄体的反射确定被摄体的距离，然后根据测得的结果调整镜头组合，实现自动对焦。这种自动对焦方式直接、速度快、容易实现、成本低，但有时候会出错（相机和被摄体之间有其他物体，如玻璃时，就无法实现自动对焦，或者在光线不足的情况下，精度也差），如今高档的相机一般已经不使用此种方式。因为是相机主动发射射线，故称主动式，又因它实际只是测距，并不通过镜头的实际成像判断是否正确结焦，所以又称为非 TTL

式。这种对焦方式相当于主动式自动对焦，后来发展了被动式自动对焦，也就是根据镜头的实际成像判断是否正确结焦，判断的依据一般是反差检测式，具体原理相当复杂。因为，这种方式是通过镜头成像实现的，故称为 TTL 自动对焦。也正是由于这种自动对焦方式基于镜头成像实现，因此，对焦精度高，出现差错的比率低，但技术复杂，速度较慢（采用超声波马达的高级自动对焦镜头除外），成本也较高。

手动对焦：手动对焦是通过手工转动对焦环来调节相机镜头，从而使拍摄出来的照片清晰的一种对焦方式，这种方式很大程度上依赖人眼对对焦屏上的影像的判别以及拍摄者的熟练程度甚至拍摄者的视力。早期的单镜反光相机与旁轴相机基本都是使用手动对焦来完成调焦操作的。现在的准专业及专业数码相机，还有单反数码相机都设有手动对焦的功能，以配合不同的拍摄需要。

多重对焦：很多数码相机都有多点对焦功能，或者区域对焦功能。当对焦中心不设置在图片中心的时候，可以使用多点对焦，或者多重对焦。除了设置对焦点的位置，还可以设定对焦范围，这样用户可拍摄不同效果的图片。常见的多点对焦为 5 点、7 点和 9 点对焦。

全息自动对焦：全息自动对焦功能（Hologram AF），是索尼数码相机独有的功能，也是一种崭新的自动对焦光学系统，采用先进激光全息摄影技术，利用激光点检测拍摄主体的边缘，就算在黑暗的环境亦能拍摄准确对焦的照片，有效拍摄距离达 4.5 米。

2.4.11　白平衡

白平衡是数码相机的一个非常重要的概念。白平衡（White Balance），就是数码相机对白色物体的还原。当人用肉眼观看这大千世界时，在不同的光线下，对相同的颜色的感觉基本是相同的，比如在早晨旭日初升时，看一个白色的物体，感到它是白的；而在夜晚昏暗的灯光下，看到的白色物体，感到它仍然是白的。这是由于人类在出生以后的成长过程中，人的大脑已经对不同光线下的物体的彩色还原有了适应性。但是，作为数码相机，可没有人眼的适应性，在不同的光线下，由于 CCD 输出的不平衡性，数码相机彩色还原失真。一般情况下，习惯性地认为太阳光是白色的，已知直射日光的色温是 5 200 K 左右，白炽灯的色温是 3 000 K 左右。用传统相机的日光片拍摄时，白炽灯光由于色温太低，所以偏黄偏红。通常拍摄现场光线的色温低于相机设定的色温时，往往偏黄偏红，拍摄现场光线的色温高于相机设定时，就会偏蓝。

传统胶片相机拍摄时，色温问题不容易掌握，通常用不同类型的胶片来解决，例如有日光型、灯光型胶片之分，或者用转换多种色温滤镜的方法来调整，操作起来较麻烦。数码相机的白平衡装置就是根据色温的不同，调节感光材料（CCD）的各个色彩强度，使色彩平衡。由于白色的物体在不同的光照下人眼也能把它确认为白色，所以，白色就作为确认其他色彩是否平衡的标准，或者是说当白色正确地反映成白色时，其他的色彩也就正确了、平衡了。这就是白平衡的含义。

数码相机就是预设了几种光源的色温，来适应不同的光源要求。一般家用数码相机有白炽灯（约 3 000 K 色温）、荧光灯（4 200 K 色温）、直射日光（约 5 200 K 色温）、闪光灯（约 5 400 K 色温）、多云（约 6 000 K 色温）、阴影（约 8 000 K 色温）几种模式。当在拍摄的时候，只要设定在相应的白平衡位置，就可以得到自然色彩的准确还原。而且一般数码相机还有自动白平衡设置，可以适应大部分光源色温。但是遇到现场光源复杂时，相机自动白平衡判断也容易失误，这可以通过 CCD 观看结果，用手动来调节。当用手动白平衡设定时，最准确的方法就是用一张白纸，让相机取景完全充满白纸，设定在手动白平衡功能上，按相机说明书操作一遍就可以设定完成，在现场特定的光源下就可以把白色还原正确了。

一般白平衡有多种模式，适应不同的场景拍摄，如：自动白平衡、钨光白平衡、荧光白平衡、室内白平衡、手动调节。白平衡与色温的对应关系如表 2.1 所示。

表 2.1　白平衡与色温的对应关系

白平衡模式	色温差
自动	3 000～7 000 K
日光	约 5 200 K
阴影	约 7 000 K
阴天	约 6 000 K
钨丝灯	约 3 200 K
荧光灯	约 4 000 K
闪光灯	约 6 000 K
自选*1	2 000～10 000 K
自选*2	2 800～10 000 K

自动白平衡：自动白平衡通常为数码相机的默认设置，相机中有一结构复杂的矩形图，可决定画面中的白平衡基准点，以此来达到白平衡调校。这种自动白平衡的准确率是非常高的，但是在光线下拍摄时，效果较差，而在多云天气下，许多自动白平衡系统的效果极差，可能会导致偏蓝。

钨光白平衡：钨光白平衡也称为"白炽光"或者"室内光"。设置一般用于由灯泡照明的环境中（如家中），当相机的白平衡系统知道将不用闪光灯在这种环境中拍摄时，它就会开始决定白平衡的位置，不使用闪光灯在室内拍照时，一定要使用这个设置。

荧光白平衡：适合在荧光灯下作白平衡调节，因为荧光的类型有很多种，如冷白和暖白，因而有些相机不止一种荧光白平衡调节。各个地方使用的荧光灯不同，因而"荧光"设置也不一样，摄影师必须确定照明是哪种"荧光"，使相机进行效果最佳的白平衡设置。在所有的设置当中，"荧光"设置是最难决定的，例如有一些办公室和学校里使用多种荧光类型的组合，这里的"荧光"设置就非常难以处理了，最好的办法就是"试拍"。

室内白平衡：室内白平衡或称为多云、阴天白平衡，适合把昏暗处的光线调至原色状态。并不是所有的数码相机都有这种白平衡设置，一般来说，白平衡系统在室外情况时处于最优状态，无须这些设置。但有些制造商在相机上添加了这些特别的白平衡设置——这些白平衡的使用依相机的不同而不同。

手动调节：这种白平衡在不同地方有各不相同的名称，它们描述的是某些普通灯光情况下的白平衡设置。一般来说，用户需要给相机指出白平衡的基准点，即在画面中哪一个"白色"物体作为白点。但问题是什么是"白色"，譬如不同的白纸会有不同的白色，有些白纸可能稍微偏黄些，有些白纸可能稍稍偏白，而且光线会影响人的视觉对"白色"色感，那么怎样确定"真正的白色"？解决这种问题的一种方法是随身携带一张标准的白色纸，拍摄时拿出来比较一下被摄体就行了。这个方法的效果非常好，那么在室内拍摄中很难决定此种设置时，不妨根据"参照"白纸设置白平衡。在没有白纸的时候，让相机对准眼球认为是白色的物体进行调节。

2.4.12 其他术语

1. 红眼（Red Eye）

数码相机在闪光灯模式下拍摄人像时，在照片上人眼的瞳孔呈现红色斑点的现象。在较暗的环境中，人眼的瞳孔会放大，此时强烈的闪光灯光线会通过人的眼底反射入镜头，眼底有丰富的毛细血管，这些血管是红色的，所以就形成了红色的光斑。防红眼是闪光灯的一种功能，是在正式闪光之前预闪一次，使人眼的瞳孔缩小，从而减轻红眼现象。

2. 光学变焦（Optical Zoom）

光学变焦是远距离拍摄时放大物体，因为取决于镜头的焦距，所以成像不影响画面清晰度。与数字变焦相反。

3. 数字变焦（Digital Zoom）

数字变焦只能将原先的图像尺寸裁小，让图像在 LCD 屏幕上变得比较大，但并不会有助于使细节更清晰。

4. 炫光

所有镜头在它们传输影像的过程中都会受到某些非理想性因素的影响，其中的一种像差叫作炫光。

照相机镜头是由许多片单独的玻璃透镜安装在一起组合而成的，这些单独的玻璃透镜叫作透镜单元。明亮的光线通过照相机镜头时，一部分光线就会被这些透镜单元的各个表面反射回去。这种内部的反射能够引起一种幻影，并像影像一样出现在最后的照片上。

为了降低炫光，几乎所有现代镜头在其每个单元的每个表面上都镀上了极薄层的化学物质膜，以降低这些表面的反射率。镀膜虽然可以减弱炫光，却不能完全消除炫光；当镜头直接对准像太阳或泛光灯等非常明亮的光源时，尤其如此。既然已经了解到照相机镜头的前后表面或许都是镀膜的，那么在清洁镜头的任何一端时都要格外小心。粗糙的擦拭会将镀膜除去。

在镜头的前面安装滤光镜时，尤其要当心炫光。因为此时已经增加了两个额外的表面，它们可能会反射明亮的光线并产生炫光。

在单反相机取景器里看到的炫光都会记录在胶片上。一定要警惕在取景器中出现的任何光斑和炫光，并要避免镜头面对阳光的直射。

一般情况下可以用以下措施消除炫光：

使用遮光罩：如果亮光恰好在影像的边上，那么在镜头上安装遮光罩会消除掉这种炫光（但如果亮光就在正前方，遮光罩就无能为力了）。

调整镜头的瞄准方向：寻找可以消除炫光的拍摄方向。有时，只要稍微偏离光源方向，某些点上的炫光就可能会消除。但是，如果所拍摄的被摄体不允许照相机移动或转动方向，就没法应用此方法。

遮挡光源：在镜头前的某个位置用手（或帽子、纸板）遮挡住光源方向。要确保遮挡物足够高，否则它们会出现在取景器中。

2.5　拍摄商品的常用器材

2.5.1　拍摄环境设计

照片拍摄光源是一个非常重要的因素。在户外拍摄取景的光源一般依靠自然光，来源方便，但光量不能任意自我调节，因此，完全依靠外景来拍摄商业照片图像是不够的，也是非常不方便的。因此，要拍摄出好的图片除了上述描述的单反相机、镜头等设备以外，还需要一批专业的辅助设备，构建一个合理的摄影棚。在摄影棚里，光源操控、背景设计以及道具运用等，相对比较方便与实用，拍摄时最重要的采光问题能在摄影棚内完全可以根据需要进行控制。图 2.9 所示为一个简易的摄影棚。

图 2.9　简易的摄影棚

在拍摄商品图像时，由于商品外观大小与造型不一样，摄影棚里还需要配备静物拍摄台，用来拍摄鞋包等中等大小的商品。如图 2.10 所示，静物拍摄台也可以简单自制。

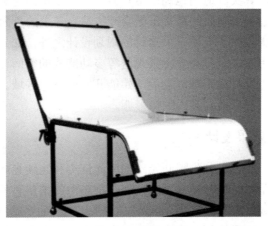

图 2.10　静物台

在拍摄珠宝、首饰、化妆品等体积比较小的物品时，还需要有静物箱，静物箱也可以根据拍摄的要求自行制作，如图 2.11 所示。

图 2.11　静物箱

商业目的的商品摄影一般可以构建一个相对简易的摄影棚，一个简易的摄影棚通常需具备三类器材：一是灯光器材，二是背景器材，三是道具器材。

（1）灯光器材：灯光设备是采光时不可取代的唯一器材。如果说相机与底片是拍照的主要设备，灯光则是摄影棚产生影像的最主要器材。一切光与影皆需依靠这一器材来生成。

（2）背景器材：如果说灯光是摄影棚产生影像最主要的器材，则背景可算是灯光发挥功能的舞台。要想拍出内涵丰富的照片，背景的衬托是不可缺少的。而室内摄影棚的背景可以预先设计好各种理想的造型与图样，所以摄影工作可以既快速又方便地完成。背景可以分为以绘画方式画于大布幔上的平面式布景和以真实景物来设计形成的立体式实景两类。前者适用于一般需特写而背景可忽略的人像摄影类型，后者则适用于中景以及比较讲究真实意境的照片类型。

（3）道具器材：道具具有绿叶衬红花的功能，虽然不是最主要的器材，却可以使主题因道具的衬托而显得更生动真实。适当地利用道具衬托，可以拍出更具意义的照片，但道具不宜过于烦琐，否则不仅会失去画面的意义，更会产生喧宾夺主的负面影响。

（4）其他设备：摄影棚除了上述三大器材的规划设计之外，如果空间允许的话，还可以规划仪容整理区、快速更衣区及各类独特景观区等多功能式的空间设计。当然，这是在摄影器材能充分运用以及三大器材完整规划之后，始能开发的理想区域。一般摄影师可依自己的运作习惯，设计更适合自己风格的完美的摄影棚。

2.5.2　摄影棚的灯光效果设计

摄影棚的灯光器材一般可以分为瞬间光式的闪光灯类和连续光式的石英灯类两种。闪光灯类的闪灯是摄影棚最基本、最常用的设备，属于常态性的拍摄时使用。其光源一闪即逝，底片可在瞬间便感光完成，故又称为"瞬间光"。主题打光时的明暗情形，可借闪灯内部设置的模拟灯来直接观看。拍照操控颇为便捷，色温为 5 400 K 左右正常色调，是摄影棚内最基本的设备。

　　连续光式的石英灯类光源，用于希望能有暖调色彩，或是喜欢慢速细致感光的拍摄。其光源属于连续性发光体，所以与闪光灯类的光源相反，可以以慢速感光的方式来得到较为细致的色彩。只是此类型灯光的电量消耗较大、容易发热，色温亦呈 3 200 K 的暖黄色调。由于是连续性发光，所以是在拍摄电影等动态影片时的最主要光源。若想得到 5 400 K 的正常色温，可以用 C12 蓝色滤镜来矫正。

　　摄影棚的灯光器材，无论是闪光灯，或是石英灯，其打光方式皆非单灯打光法。一般摄影为了使照片画面的明暗光比能完美起见，摄影棚皆采用复灯打光，所以需规划多盏以上的灯光来组合，效果较为完美。各灯所负责的功能及所打出的效果，可参见简明一览表 2.2。

表 2.2　光效类型与功能一览表

名称	光效类型	功　　能
主灯	主光	将主题最亮的部位打亮，是摄影时最主要的光源
辅灯	补光	主题暗部补光之用，在控制光比时调节光比强弱的辅助光源
背景灯	背景光	属效果光之一，打亮背景区域，否则主题与背景缺少光域与层次感，而且会产生背景阴影
发灯	发光	属效果光之一，使头发与深色背景分离，唯背景是浅色系时不适用
聚光效果灯	背景光主题光	制造强光特效，如果插上特制形状的插片，可得到不同形状的光影效果，经常用在制造背景光影时
其他效果灯	效果光	其他亦有使主题轮廓凸显的"背面光"等效果灯，使用技巧与功能视摄影师的需求而定

2.5.3　商品拍摄常用的灯光器材

　　日常生活中常见的灯有以下两种：

　　白炽灯：在所有的灯里，白炽灯显色指数最高为 100，可是白炽灯的色温太低为 2 100 K（偏黄色），光通量也很低，耗电大、效率低。在面积为 15 平方米左右的空间里要达到摄影的光线就要 1 000～3 000 瓦。

　　节能灯：通常 1 瓦节能灯相当于 5 瓦的白炽灯的亮度。可是节能灯是 6 400 K（偏青蓝色），虽然可以用手动白平衡调正，但是节能灯的显色指数很低为 60，部分产品还达不到 60。也就是说，就算色温人为校正了，也有很多颜色是显示不出来的。所以不能购买 6 400 K 的大功率节能灯做摄影用灯光光源。

　　摄影棚光源的种类：

　　摄影棚的光源主要为人工光源，而产生人工光源最主要的就是灯具，如电灯泡、日光灯等，摄影上常用的人工光源包括小型携带式闪光灯、石英灯、钨丝灯、卤素太阳灯、高频冷光灯及大型电子闪光灯等。

1. 小型携带式闪光灯

　　闪光灯的主要功能就是弥补光线不足，主要是用于在光线不足的情况下照亮场景，以便获得正确曝光的影像。多数的数码相机有自动闪光选项，当现场光线不足时，闪光灯会自动闪光。

闪光灯的另外一个功能是凝固动态，真正拍摄照片时，使用闪光灯，很多时候并不是因为光线不足以正确曝光，而是为了提高快门速度，以达到凝固动态影像的目的。例如要拍摄水滴或活动中的人像，如果按普通的测光值进行曝光，影像就会虚化，不够清晰，而使用闪光灯就能把这些影像凝固下来。

闪光灯还具有增加景深的功能，前面讲过影像的景深效果是和光圈大小密切相关的，通常光圈大，景深就小；而光圈小，景深就大。利用这个原理，实际上可以利用闪光灯来增加景深。有时，因为现场光线的限制，不得不采用大光圈来拍摄，却使得景深不够，而当采用闪光灯的时候，可以缩小光圈拍摄，从而有效地增加景深。

闪光灯还具有突出前景的功能，在拍摄场景中，很多时候背景的效果不理想或干脆就达不到要求，这时可以尝试利用闪光来排除背景。因为闪光拍摄时，快门速度较高，闪光投射范围以外的背景会因曝光不足而无法表现，而前景由于闪光照射正确曝光，这样就可以突出前景，排除背景干扰。

实际拍摄中闪光灯的另一个最常见的用法是补光。拍摄的时候，场景中光线反差过大的情况是很常见的（例如逆光下的人像），因为 CCD 或胶片能够表现的亮度范围有限，所以在反差过大的场景中，不管针对亮部曝光还是针对暗部曝光，都会造成部分影像细节的丢失。这种情况，最好的做法是，针对暗部进行适当的补光，以减少画面反差（当然对亮部减光也是可以的）。在这种情况下闪光灯就是最有力的武器之一。具体的做法相对简单，打开闪光灯，让它在拍摄时照亮暗部就可以了，效果通常都是不错的。

小型携带式闪光灯是指小型相机本身的携带式电子闪光灯，目前许多双镜头或单镜头相机上所附带的闪光灯都属此种。小型携带式闪光灯有一些优点：闪光时间短，被摄物不会震动模糊；不会产生高温；易于携带，使用方便。小型携带式闪光灯的缺点是拍前无法预知照明结果，光束狭小，光源无法均匀分布整个画面，图 2.12 所示为小型携带式闪光灯。

图 2.12　小型携带式闪光灯

2. 石英灯

石英灯是以耐高温石英玻璃为灯体材料制成的灯具，如图 2.13 所示，通常作为灯源上的反光部件，制成杯碗形状并镀上反射银膜。石英灯，价格贵，属连续光，光度强，色温稳定，寿命长，效果柔和与温润，布光极准，色彩极艳。但是石英灯灯具小、易成点光源，电量消耗较大、容易发热，还需注意手指不可碰触石英玻璃表面，否则使用受热后容易破裂。

3. 钨丝灯

钨丝灯，是以钨丝作为灯丝制成的白炽灯，如图 2.14 所示。钨丝灯能产生连续光谱，用于 400～780 nm 可见光谱区，在分光光度计中作为可见光源。钨丝灯结构与电灯泡相似，是在一个密闭的玻璃灯泡中内置钨丝，当电流通时，就会产生高温，呈白热状态，而发出了强光。依其色温不同有两种形式：

白色灯泡：白色的玻璃灯泡，色温为 3 200 K，偏橙红色。

蓝色灯泡：蓝色的玻璃灯泡，可校正偏色，使色温接近日光的 5 600 K。

钨丝灯具有体积小、光量大、搬动方便的优点。但使用时钨丝会发热，且色温会随着温度与灯龄改变，温度越高越偏蓝色，使用越久越老化，色温越低发色越偏橙色。

图 2.13　石英灯　　　　　　　　　　　　　　　图 2.14　钨丝灯

4. 卤素太阳灯

立地式白炽灯，通常称为太阳灯，卤素太阳灯常用于棚外或户外拍摄服装等商品时使用，其特色包括：发出连续光，色温为 2 900～3 400 K，偏橙黄色，热靴座可以直接装置于相机或摄像机。使用时产生高温，以铝制外壳隔垫，或装置冷却风扇。有大型、中型之分，可选择性比较高，种类也多。可装置滤色片、网片或散光镜，改变灯光性质，如图 2.15 所示。

图 2.15　卤素太阳灯

5. 高频冷光灯

冷光灯一般指发出光线的色温靠近紫外线方向的光源，如氙灯、氪灯、水银灯等，高频电源使用在冷光灯上面叫作高频冷光灯。灯具设计上结合了高频功率全光谱域荧光灯，以及专利光学反射器，其光效率是传统石英灯的 10 倍。其特色为：发出连续光，寿命长，达一万小时以上，不发高温，亮度强，可调光控制光量，有日光型及灯光型两种设计，光质柔和不刺眼。

6. 大型电子闪光灯

目前专业摄影使用最普遍的光源为大型电子闪光灯，大型电子闪光灯使用时电容器将电压升高预先储存电力，当闪光灯击发时，将高压电力传送至灯内的闪光管中，使管中气体产生电离作用，而瞬间发出强光，其优点为：发光强，且可调光，控制光量。附模拟灯，可预先看出拍照结果。色温接近日光，色调稳定。发光时间短，避免相机震动问题。瞬间闪光常用测光表测量判断。充电快速，依功率及设计的不同，仅需 0.5～3 秒。有闪光感应装置，可使用多盏灯具，连动同步闪光。各种附件可任意改变光源方向、光质和色温。耗电量少，且不发高热。灯管寿命长，如图 2.16 所示。

图 2.16　电子闪光灯

2.5.4　商品拍摄常用的灯光辅助器材

在设计光源时，为了改善各灯光的光质与色彩，如直射光改变成散射光，或改成光束集中的聚光等光质，可以使用灯光的附属设备，例如利用反光伞、无影罩、四叶遮板等设备来改变不同的光质。其主要设备及功能大致如下：

（1）反光伞：将反光伞装置于灯光前，利用此伞的反打功能，将裸灯（无任何遮蔽物的灯）转变为跳灯（有反射物的灯），这种形式的打光法，使光质变成散射光的性质，从而得到较柔和的光质。常装于辅灯或主灯上。其材质有银色或白色的，但以白色较为常用，光质较柔和，如图 2.17 所示。

（2）无影柔光箱：柔光箱是摄影器材，它不能单独使用，属于影室灯的附件。柔光箱装在影室灯上，发出的光更柔和，拍摄时能消除照片上的光斑和阴影。柔光箱是由反光布、柔光布、钢丝架、卡口组成。柔光箱结构多样，常规的柔光箱矩形，似封口漏底的斗形。由于功能上有某种差异，所以另有八角形、伞形、立柱型、条形、蜂巢形、快装型等多种结构。有大小不同的各种规格，小到 40 厘米，大到 2 米有余。柔光箱的作用就是柔化生硬的光线，使光质变得更加柔和。其原理是能够在普通光源的基础上通过一两层的扩散，使原有光线的照射范围变得更广，使之成为漫射光，图 2.18 所示为八角无影柔光箱。

图 2.17 反光伞

图 2.18 八角无影柔光箱

使用柔光箱打出来的光线不仅均匀柔和，而且色彩饱和度好，柔光箱多采用反光材料附加柔光布等组成，使柔光箱发光面更大更均匀、光线更柔美、色彩更鲜锐。这种光特别适合室内拍人像艺术照片和静物，有利于表现人的皮肤质感和色彩，使肤质表现得非常细腻，光照面积大，且不会在模特后边形成硬硬的黑影边，看上去柔和舒服，是影棚必备的附件。

（3）尖嘴罩：是与无影罩功能相反的装置，这种类似猪嘴巴的漏斗形圆筒，也称束光筒，装设于灯头前时，会将裸灯的光更集中地导引于投光处，形成聚光的状态，是发灯聚光效果最常用的导光设备，如图 2.19 所示。

（4）四叶遮板：四叶遮板是多功能用的配备。其外形为一个由四个活动遮片组合而成的罩子，可以依叶片所开的大小孔径而得到大范围或者小范围的照明，是改变照明范围的最佳创作设备。还可以利用其插孔插上任何色片，而得到色彩改变的色光。操作简便迅速，是很重要的多功能设备，常用于背景灯的变化，如图 2.20 所示。

图 2.19 尖嘴罩

图 2.20 四叶遮板

（5）反光板：反光板是照片拍摄的辅助工具，用锡箔纸、白布、米菠萝等材料制成。反光板在外景起辅助照明作用，有时做主光用。不同的反光表面，可产生软硬不同的光线。反光板的两种主要类型为硬反光板及软反光板。

硬反光板是一种高度抛光的银色或金色反射光源的平面。大小通常为 2~4 英尺①，在许多场景中被广泛使用并且价格不菲，也有海绵板制作的价格较为低廉的替用品。硬反射板室外使用效果非常出色。大多数硬反射板都以高反射面和低反射面来区分光照强度，常常被称为"硬"面和"软"面，用来描述其反射后产生的光源效果而并非取决于它们的材质。

软反光板，通常为金色、银色、白色或这些色彩的组合。拥有一个不平整的表面或不规则的纹理。光线在其平面上会产生漫反射的效果，光源将被柔化并扩散至一个更大的区域。可以使用软反光板作为场景或物体的主光源。这种类型的反光板创造出和扩散光源类似的光影效果，十分适用于人物的脸部照明。

反光板作为拍摄中的辅助设备，通常与支架、灯光同时使用，其主要功能如下：

缓和反差，显现暗部层次：无论是内景人工光线照明还是外景自然光照明，物体受光部位同其暗部两者光比不能过大，这是一般感光材料的技术性能所限定的，当然创作中的特殊效果和想法除外。反光板的最主要任务就是给予主光照明不到的暗部以辅助光照明，再现暗部原有层次，调节和控制画面明暗反差。如在直射光照明的逆光、侧逆光情况下，人物或物体被照明的轮廓、线条较亮，而脸部及物体没有被照明的部分较暗，两者反差很大，远远超出感光材料记录能力的范围。在这种情况下，反光板能发挥很好的作用，它能按照照明者的创作意图、想法要求进行调节，把人物或物体的明暗反差控制在感光材料允许的范围之内。反光板还可用于侧光照明时景物暗部的补和顶光照明时景物的阴影部分的补光。凡使用反光板给予场景或物体暗部以适当的辅助光照明的画面，明暗反差适中，亮暗过渡层次丰富细腻，立体感和质感能得到较好的体现。

校正偏色，力求色彩统一：由于感光材料记录景物亮暗能力有局限性，一旦镜头视角内的景物超出亮度比和光比范围（实际情况常常是这样），感光材料就显得无能为力了。如在直射光的逆光、侧逆光、树荫、楼房阴影下拍摄时，常因人物或景物暗部同亮的轮廓和亮的背景形成较大的亮暗比差，致使人物或景物的暗部受环境和照度不足的影响而偏色，暗部与亮部色彩发生偏差，不能正常体现暗部原有的色彩。这时，可利用反光板给暗部加光，提高暗部基础亮度，缩小两者反差，使其同亮部保持适当的光比，最大限度地利用感光材料记录光与色的能力，尽量避免由于亮度低造成的偏色现象，保持画面中亮部与暗部、画面与画面之间色彩的和谐统一。

具有"移光"效果："移光"也叫"借光"，在拍摄现场光线不足、照明不平衡、照明条件又不允许加任何灯光的情况下，可使用反光板把光线"移"到拍摄处，弥补拍摄处原有光线的照明不足。有时在飞机、汽车、轮船、火车上等照明条件不好的地方拍摄，可发挥反光板的优势，把有直射光照明处的光线和由散射光照明但较拍摄处光线充足的光线"移"和"借"到所需处，做被摄体和环境的主要光源。有时条件允许，可使用大块或多块反光板，但要注意反光板要从一个"光源点"上反射，防止在被摄体或其所处环境内出现过多虚假投影，同时也应注意光线投射高度以及光线来源的真实性。

修正日光不足，达到照明平衡：外景照明工作，照明人员创作的"伸缩性"很大，有时

---

① 1 英尺=0.304 8 米。

可直接干预自然光的照明，使其达到理想的创作要求；有时也可什么也不管。实际上，无论是直射光照明还是散射光照明都存在着很多缺陷，需要加以修正和弥补。在直射光照明下，怎样才能保证正常再现整个场景或画面的基本色彩，怎样才能将亮暗两部分反差控制在感光材料的宽容度之内，怎样才能有效提高场景内某一部分的照明亮度？反光板能帮助创作者实现这一切。在场景内整体亮度比较高但某些局部又比较暗的情况下，可用一块或数块直射光性质的反光板加以补充照明，提高其亮度，增加场景层次，达到总体照明的平衡。

模拟真实的效果光：所谓效果光，指在照明中的水面波光的闪动效果、树影下的光斑光线效果、通过汽车玻璃和平静的湖面单向反射出的光线效果等。这些效果光，都可利用反光板加以模拟。

在拍摄场景中做底子光：内景照明主要依靠灯光，但反光板也经常能派上用场，发挥着其他灯具不能发挥的作用。如在整体布光之前，首先要在场景内有一个基础照明，即人们常称的底子光照明，使整个场景有个基本亮度，满足摄录设备对光线亮度的最基本要求。常用方法是把灯光打在反光板上，借助反光板的反射，形成柔和的散射光，以此提高环境内的基础亮度。再如用反光板作人物的辅助光，效果很好，光线非常柔和细腻。在内景照明中把灯光打在白布、白纸、白色墙壁上，也能收到近似的效果。图 2.21 所示为一组反光板。

图 2.21 反光板

（6）其他配件。

色片：色片即为能改变灯光颜色的有色透明片，其材质为塑胶材料，摄影师可依个人的喜爱而更换。另外还有描图纸等减光材料，可参考各材料厂商的说明书，并依创作者的摄影内容来充分利用，达成采光设计不同的效果。

漫射箱：漫射箱是将光线汇集后再投射到底片上。特点是光质柔和，反差较弱，原底片上的划痕、污点表现得也不明显，这是由于光线通过散射片在漫射箱内多次反射的原因。

闪光灯测光表：测光表由一光敏元件组成感光探头，光线通过底片到达感光探头再传输给控制元件，将探头置于放大尺板上就能读出投射到底板上的影像光强度，所给出的读数不仅指示了正确的曝光时间，而且指出了相纸或滤光片的反差等级。

2.5.5 商品拍摄常用的背景器材

背景是摄影工作的主要舞台，更是在图像照片拍摄的过程中改变照片阶调或者是制造场景景象的最快速的设备，也是摄影棚的三大器材之一。

在上面摄影棚设备简要介绍中，已了解到背景器材依其设计的形式，可以分为以绘画方式绘制于大布幔上的平面式布景和以真实景物来设计形成的立体式实景两类。前者较简易而且可以快速换景，是一般摄影棚最常见最基本的设备。而后者则适用于讲究真实意义的照片类型，例如欧式家饰类实景，或者是中国宫廷式的实景等。

下面是关于摄影棚的背景器材简明概要，重点说明此两类背景经常用到的内容以及适用的照片类型。在一些不适合出外景的情形下，亦有一种以幻灯片来投射于大银幕前，用作同步合成影像摄影的设备，称为背景投影机。此种设备只要更换一块幻灯片，即可快速地改变背景内容，在外景摄影完全普及前，曾经流行使用过一段时间。但是摄影师如果打光技巧不娴熟的话，经常会在人像或着装模特的周围形成黑边。而且人像与背景的连接有不太自然的缺点，所以目前盛行外景摄影的时代，这种设备已逐渐被淘汰了。

除了上述传统的背景项目之外，其实任何东西都可以用来当作背景素材，只要创作意义与技巧运用得当，任何背景素材都是值得用来创作的背景材料，这要根据不同的物品、商品，不同的表现手法，不同的使用场合，来具体确定。拍摄过程中的背景器材也要根据需要来确定，下面是一个比较专业的摄影棚常用的背景器材：

1. 平面式布景

白色、素色调背景：适合高阶调类照片，要求清新活泼、富有年轻明朗气息的商品图像。

黑色、暗色调背景：适合低阶调类照片，要求成熟稳重、富有典雅庄重感觉的商品图像。

油画、喷绘背景：适合油画处理类型照片及介于上述两类间的中阶调商品图像。

风景、欧式宫廷背景：适合传统室内棚常用的背景，对有些古典风格的服装商品非常有用。

几何图形、花卉背景：适合富有现代艺术感及抽象派感觉的商品图像。

手染布浪漫背景：适合爱好浪漫及其他风格的商品图像。

2. 立体式布景

欧式客厅实景：喜爱欧式风格的类似实景照片，有居家气派感。

宫廷罗马柱实景：喜爱欧式古典宫廷与建筑风格的类似实景照片。

回旋气派楼梯实景：喜爱室内华丽气派的类似实景照片。

中国式梁柱实景：民族复古风格的中国式类似实景照片。

台湾怀旧实景：怀旧年代风格的台湾式类似实景照片。

中国古典床椅实景：古装浪漫风格的中国式类似实景照片。

自然采光窗户实景：自然光摄影、富有浪漫气氛风格的照片。

第三章

网店视觉图像的拍摄技巧

 **本章导语**

网店视觉图像的
拍摄技巧

"学习并不等于就是摹仿某些东西，而是掌握技巧和方法。"
——马克西姆·高尔基

　　互联网销售渠道与实体销售渠道对商品销售的本身来说是一样的，但形式上存在一定的区别。实体销售渠道是通过商品实体的展示来传递商品属性的信息。而互联网上一般是通过数字化的商品图像来传递商品的属性信息。所以商品信息的数字化、图像化是在信息化时代商品销售首先必须完成的工作。目前，我们国内对商品信息的数字化是通过拍摄商品为第一步来实现的。所以商品拍摄工作是非常重要的，在互联网销售的商家一般都知道商品拍摄的重要性，如何才能把商品真实、清晰地呈现在消费者的面前，是网络销售商必须掌握的一项基本技能。商品的拍摄不同于艺术摄影，不需要体现照片的艺术价值和较高的审美品位，但这绝不意味着最终的影像就是平淡无奇、枯燥乏味的，拍摄过程中必须展示商品的最优特征。

　　商品拍摄除了服装模特着装外景拍摄等以外，大部分商品图像的拍摄为静物室内拍摄，且大多数需要展现商品材质的质感和细节，需要还原出商品的"形、色、质"等外观特征与属性特点。所以充分展现商品的形、色、质是商品拍摄的核心要领。

　　形：即商品外形特征，拍摄的要点在于角度选择和构图处理，注意不要失真，最好应同时附有参照物，便于买家直接理解商品的实际尺寸。拍摄时尽量和被照物体保持水平，这样拍出的照片和产品的外形相差不大。

　　色：即商品的色彩还原，拍摄的要点在于色彩还原一定要真实，而且和背景要有尽可能大的反差，除近白色物体外，白色背景基本适合所有物体的拍摄。特别是服装类商品，拍摄后要及时核对样片，防止出现色差引起售后纠纷。拍摄时，自定义白平衡可保证色彩还原准确。

　　质：即商品的质量、质地、质感。这是对拍摄的深层次要求，也是展现商品价值的绝好手段。作为体现质的影纹必须细腻清晰，工艺品一类的商品更应是纤毫毕现，因此体现质应主要应用微距拍摄，这就要求相机的微距功能、布光、三脚架必须配合使用。

　　商品的拍摄通常有静态拍摄与动态拍摄，目前以静态拍摄居多，拍摄的过程大致有布光、环境与背景设计、取景与构图等步骤。

3.1 商品拍摄中的用光与布光

3.1.1 布光的基本知识

布光又称照明或采光。单用自然光的摄影系 1 灯布光，2 灯以上组配时，使主光线和辅助光有效地配合应用，叫作布光。

拍摄时有主光、辅助光、修饰光等光型，光型是指各种光线在拍摄时的作用。

（1）主光：又称"塑形光"，指用以显示景物、表现质感、塑造形象的主要照明光。

（2）辅光：又称"补光"，用以提高由主光产生的阴影部亮度，揭示阴影部细节，减小影像反差。

（3）修饰光：又称"装饰光"，指对被摄景物的局部添加的强化塑形光线，如发光、眼神光、工艺首饰的耀斑光等。

（4）轮廓光：指勾画被摄体轮廓的光线，逆光、侧逆光通常都用作轮廓光。

（5）背景光：灯光位于被摄者后方朝背景照射的光线，用以突出主体或美化画面。

（6）模拟光：又称"效果光"，用以模拟某种现场光线效果而添加的辅助光。

在布光过程中，应按照不同类型的需要和拍摄现场照明的实际条件，选择合适的光源，并通过不同数量、不同光种灯具的灵活组合，以主体表现为依据，合理调整各类光线的强度和位置，正确布光。一般有单光源照明、主辅光照明、三点布光法等。

1. 单光源照明

在拍摄中只使用一个照明灯具作为光源。这种方式简单方便，适合在拍摄准备时间紧迫或现场布光条件有限的场合中应用。可以灵活选择各类不同的灯具，光线性质可以是聚光方式或散射光方式。

2. 主辅光照明

在拍摄中使用两个照明灯具分别作为主光源和辅助光源。

主光：即照明中最明亮的、起主要作用的光源。用于显示拍摄对象的基本形态，表现画面的立体空间和物体的表面结构，它的主要功能是表现光源的方向和性质，产生明显的阴影和反差，塑造人物和景物的形象，因此也称塑型光。一般来说，它需要形成一定的明暗反差以突出立体感和质感，因此常使用聚光灯发出的直射光作为主光的光源，使物体表面产生光斑和闪光。如果使用散射光作为主光，可以产生丰富的中间影调，但造型效果会减弱。光在很大程度上决定着摄像机所用光圈的大小，并成为调节其他灯具位置、亮度与光比的基准。

辅助光：用于减弱主光造成的明显阴影，以增加主光照不到的那一部分位置的画面层次与细节，减少阴影的密度。灯具常选用柔和的无明显方向的散射光或反射光。当主光亮度确定之后，辅助光就成为决定画面反差的主要因素：辅助光的亮度应低于主光，主光与辅助光的强度比例越大、反差越大，画面阴影越浓厚，立体感越强，形成"低调"效果；主光与辅助光的强度比例越小、反差越小，画面阴影越淡薄，画面越明亮，立体感越弱，形成"高调"效果；当辅助光与主光亮度接近到几乎一致时，阴影也随之消失，立体效果将被抵消。在辅助光的相应位置上，也可以使用一个反光镜来代替辅助光照明，反光镜能散射主光的光线，形成柔和优美的图像效果。

3. 三点布光法

三点布光法也称三光照明或三角形布光，是最常用的布光方法，由主光、辅助光、背光组成。三种光线分别置于一个基本的位置，各司其职，共同创造出具有三维幻觉的画面空间——由主光确立被拍摄物体的形态，辅助光增加柔和的层次，减弱主光造成的阴影，背光则把被摄物体从背景中分离出来。

3.1.2 商品拍摄中光与影的基本属性

了解光线的性质，是学习摄影掌握光线的基础。摄影照片的光是重要的内容，就光而言有：亮度、色彩（色温）、对比度、光质等属性。

亮度：简单说，光线亮度高于拍摄需要的最低水平，就可以拍摄出好的照片，因为一般都倾向用小的光圈，所以务必要保证足够的光线。

色彩：三种标准光色温，5 500 K 称为日光色温。用来拍摄商品比较适合。

对比度：高对比度光源也称为硬光，边缘分明的阴影称为硬阴影（晴天时候的日光）。低对比度光源也称为软光，边缘没有清晰界限的阴影为软阴影（被云层散射的日光）。

光线的性质都可以从亮度、色温、方向、光质四方面来分析。

1. 亮度

光线的亮度直接影响底片的曝光量，拍照时利用测光表测光，以选用正确的光圈、快门，是摄影的基本要求。这也即是曝光组合的合理运用。

事实上，正确的曝光也有其宽容度。幻灯片宽容度最小，曝光要求最严格，彩色的负片次之，黑白底片宽容度最大。

除了底片宽容度之外，表现的重点与创意也会影响曝光量的控制。相同的画面中，不同的曝光量不但会表现出不同的重点，并且会改变气氛的效果。

2. 色温

光线的色彩又称为色温，以绝对温度（K）表示。色温的预设是根据实验室中，黑铁加热后放射出的颜色，加热到多少度时发出什么色的光，就定该色光的色温为多少 K。

例如在约 3 200 K 时，很接近钨丝电灯所发出的光，就将该色光灯定为 3 200 K；在 5 600 K 时最接近中午时的太阳光。当温度再升高时，则又逐渐偏蓝、紫色。

通常的拍摄是以正午日光的 5 600 K 为标准，偏橙黄色为色温低，而偏蓝紫色为色温高。日光的色温会受时间、季节、气候、地理位置的不同而产生变化。摄影棚中不同的灯具，各具不同的色温，其偏色效果亦有差异。滤镜的搭配，可以改变色温，也是创造特殊氛围的方法之一。通常所说的日光型胶卷的平衡色温是 5 600 K，灯光型胶卷的平衡色温是 3 200 K。表 3.1 所示是日出、日落时的阳光色温以及其他的一些色温参数，以供参考。

表 3.1 光的色温参数

时间	色温/K	设备	色温/K
日出、日落时	1 900～2 000	电子闪烁灯	5 500～6 000
日出、日落后 20 分钟	2 200	昼光	5 000～5 500
日出、日落时 30 分钟	2 400	溢光灯	3 200 或 3 400

续表

时间	色温/K	设备	色温/K
日出、日落时 40 分钟	3 200	家用灯泡	2 800
日出、日落时 1 小时	3 800	蜡烛光	1 900
日出、日落时 2 小时	4 800		
正午阳光平均	5 400		
早晚阴影中	6 000		
阴天天空光平均	6 500～7 000		
蓝色天空（天光直接白光）	11 000		

3. 方向

光源的位置及照射角度即为光线的方向。光线的方向决定受光面与阴影的范围及位置，影响摄影的空间控制立体感、质感与画面气氛；光线的方向为摄影之重要技巧。

用光是摄影中最核心也是最基本的一种技巧，实际上很多摄影作品都是通过光影来表现或烘托作品的主题，可以说光是艺术摄影中作品的灵魂。在商品图像拍摄过程中，虽然没有艺术摄影作品要求严格，但是较好的用光能充分表现商品的外观特性，起到较好的视觉效果。用光通常有顺光、侧光、漫射光、逆光、逆射光几种。

顺光：以被拍摄物体为中心，从正面射来的光。用途：表现商品的细节。

侧光：照射在被拍摄物体的侧面 90°的光。用途：生成强烈的阴影，强调被拍摄物体的轮廓。

漫射光：从被拍摄物体的 45°射出的光。用途：强调凹凸层次。比侧光形成的影子淡。

逆光：从被拍摄物体的正后方射入的光。用途：适合拍摄透明和半透明容器内的商品，可用于拍眼镜。

逆射光：从被拍摄物体后面 120°～150°射入的光。突出阴影和立体感，突出重量感。可用于拍眼镜。

4. 光质

光线的硬、柔程度称为光质，光质会影响画面的风格及立体感的个性，光质有硬光与柔光两类，正确应用光的软硬对图像的质感有较大的影响。

硬：能使物体产生明显阴影的光线称为硬光，直射光是造成硬光的主要来源，如太阳、闪光灯、聚光灯等便是硬光。而光源形状越小且成点状者，产生的阴影轮廓越明显。例如使用直射的阳光，或以聚光灯作为主灯拍摄，可使主题明亮，阴影浓郁，反差强烈且有立体感，适合用来表现刚强、坚毅、爽朗之题材。

柔：反差较弱，无明显阴影的光线称为柔光。其呈色柔和，可表现细部层次，适合拍摄温柔、典雅之题材。使用硬光变成柔光的方法有两种：扩散成直接柔光，或反射成间接柔光。

直接柔光：晴天薄云下，经由云层扩散日光，使物体无明显阴影即为柔光的表现。或者在摄影棚中，在灯前设置如白布般的控光幕，也可以将硬光扩散成柔光，上一节讲的柔光灯就是运用这一方法制作的。

间接柔光：经由反射而使光质改变，例如使用反光板、大面积的白纸或白墙都可以改变光线的方向，同时也将硬光变成了柔光。

5. 光比

光比是摄影中的重要参数之一，光比是指被摄物体受光面亮度与阴影面亮度的比值。常用"受光面亮度/阴影面亮度"比例形式来表示。"受光面亮度/阴影面亮度"指的不是物体本身的亮度，而是受光强烈程度。如均匀照明环境下黑色物体和白色物体的本身亮度有很大比例，但光比是1:1。被摄物体在自然光或人工布光条件下，受光面亮度较高，阴影面虽不直接受光（或受光较少），但由于散射光（或辅助光照射）仍有一定亮度。

光比可以使用专业的外置测光表测量，也可以使用具有手动功能的相机测算。以恒定快门对亮面和暗面分别做点测光（要注意白加黑减的测光原理），所得亮面与暗面的光圈值。当光圈值相差一挡时，表示亮区的受光是暗部的一倍，光比是1:2。相差两挡光比1:4；三挡光比1:8；四挡光比1:16，依此类推。

这个建立在数学计算基础上的光比，对画面效果有着重要意义。光比大时，以亮部曝光，亮部将曝光准确、细节分明，以暗部曝光，暗部准确则亮部严重曝光过度，形成高光。无论哪种，这样的画面都是高反差的。高反差的画面带来极强的视觉张力，反馈在审美心理上是强烈的视觉冲击，如图3.1所示。

当光比小时，无论以亮部还是暗部曝光，对应面的不足或过度都是有限的，照相机都有一定的动态范围。动态范围即容许不足或过度的空间，虽亮度有异，但细节保留。当照明环境光比不大时，画面反差小，亮部到暗部的过度柔和，如图3.2所示。

图3.1　大光比，以暗部测光拍摄效果　　　　图3.2　小光比，低反差拍摄效果

6. 影调

影调就是光影的基调。在素描中认为，物体在受光情况下会表现出三大面五大调子。三大面指亮面、灰面、暗面；五大调子指高光、中间调、明暗交界线、反光、投影。摄影中的影调一般指硬调、柔调、中间调等。

硬调是指高反差效果，硬调是从亮部到暗部过度非常剧烈，黑白摄影中是从白到黑中间缺少个级别灰色的渐变。但是强光比未必是高反差、1:1的光比不是柔调而是平淡，如图3.3所示。

柔调就是低反差效果，通常也称为"层次"。当照明光线营造的光比很大，但若控制角度，让光线的衰减缓慢过渡，仍能获得柔调的画面，而且从亮部到阴影的过度非常丰富，如图3.4所示。

图 3.3　硬调

图 3.4　柔调

　　高调的作品是以白到浅灰的影调层次占了画面的绝大部分，加上少量的深黑影调。高调作品给人以明朗、纯洁、轻快的感觉，但随着主题内容和环境变化，也会产生惨淡、空虚、悲哀的感觉，如图 3.5 所示。

　　低调作品以深灰至黑的影调层次占了画面的绝大部分，少量的白色起着影调反差作用。低调作品形成凝重、庄严和刚毅的感觉，但在另一种环境下，它又会给人以黑暗、阴森、恐惧之感，如图 3.6 所示。

图 3.5　高调

图 3.6　低调

图 3.7　中间调

　　中间调作品以灰调为主，处于高调和低调之间，反差小，层次丰富，影像以白至浅灰、深灰至黑的影调层次构成。给人的印象是层次丰富、质感细腻。中间调作品是摄影中最常见的一种影调画面，如图 3.7 所示。

　　在彩色摄影中，中高低调仍然存在，它指画面里高亮度、低亮度、普通亮度的分布情况，所产生的视觉效果如黑白摄影一样。因此，无论是黑白拍摄，还是彩色拍摄，中高低都可通过对画面内的颜色设计实现。但更多时候，摄影师还是通过用光来体现亮度基调。曝光严重过度是白，曝光极度不足是黑，在平常客观世界中大部分的景物的黑白照反映是灰色，可推论曝光准确是中间调子。影调一般通过对照明光线的选择、角度的控制来实现。

3.1.3 商品拍摄中布光的方式

网络销售中商品图像与图片是商品的灵魂。一张漂亮的商品图片可以直接刺激到消费者的视觉感官，让消费者产生了解该商品的兴趣和购买的欲望，而一张成功的商品图片又与拍摄时的环境选择、布置与布光密不可分。布光是商品图片拍摄过程中的一个重要环节，布光的方式选择、布光的正确与否直接影响拍摄照片的质量与视觉效果。然而布光是一个专业性与技术性较强的工作，要根据被拍摄对象的性质来确定，不能千篇一律，要根据具体情况具体分析。

1. 光的运用

商品拍摄通常使用的光源是室外自然光、室内自然光、人造光。

自然光的运用：自然光是摄影师最基本也是最常用到的光源。它时而明亮强烈，时而黯淡柔和；色调有时温暖，有时冷峻；有时笔直照射，能制造出长长的影子，也有时被云层遮挡发生漫射，不会留下任何阴影。随着太阳东升西落，自然光能够做主光、侧光、背光和轮廓光。自然光看起来非常自然，而且永远免费。所以有效利用自然光是拍摄的一种非常便捷的途径。如果对于服装等可以搬到室外拍摄的大件商品，在晴朗的天气条件，在非阳光直射的时间拍摄效果还是非常不错的，特别是毛绒玩具等。在使用自然光拍摄时，最好的时间是在11:00—16:00，此时的光照度较为理想，造型效果好。

室内自然光的使用：拍摄时，如果背景较暗，主体日光直照较亮，可以用黑板或不透明的伞在主体上方挡光，提亮背景。只要调整光圈和速度就会得到来自被压暗的主体更多的光，同时就自然而然地提亮背景，如果身边没有工具，可以让主体移动到门廊下、树下或能遮挡直射光的物体下方。如果在室内使用自然光，那么一定注意要在光线充足且避免直射的时候进行拍摄，同时由于光线要透过窗户照射进来，千万记得把窗户全部打开，因为玻璃非常容易使图片产生色差。但是，由于室内自然光是由户外自然光通过门窗等射入室内的光线，方向明显，这极易造成物体受光部分阴暗部分的明暗对比。既不利于追求物品的质感，也很难完成其色彩的表现，所以还应该要学会使用室内人造光。

人造光的运用：人造光一般由主光与辅助光构成，运用主光与辅助光来布光。人造光源主要是指上一章讲述的各种灯光器材发出的光。这种光源是商品拍摄中主要使用的光源。它的发光强度稳定，光源的位置和灯光的照射角度，可以根据自己的需要进行调节。一般来讲，布光至少需要两种类型的光源，一种是主光，一种是辅助光。在此基础上还可以根据需要打轮廓光。

主光是所有光线中占主导地位的光线，是塑造拍摄主体的主要光线，一般选择主光置于拍摄物顶部有较好效果。

辅助光一般应安排在照相机附近，灯光的照射角度应适当高一些，目的是降低拍摄对象的投影，不致影响到背景的效果，可以选择左右45°向内照射。需要注意和主光之间的光比，不能太强以免影响主光。

轮廓光一般置于物体左后或者右后侧，灯位应设置较高一些以免产生炫光，可根据相机取景器适当调节其位置。服装产品拍摄，细腻材料的服装比较适合用柔和的光，而粗糙材料的服装比较适合直接打光。

2. 摄影棚拍摄的布光方式

实际上拍摄静止的商品是一种造型行为，布光是让塑造的形象更具有表现力的关键，但在拍摄照片时必须面对无数不可预知的外在环境因素，如灯光、布置、清晰范围、拍摄时刻等，而在室内环境里拍摄商品照片则可完全排除这些外界因素的影响，在摄影棚这个特殊的环境，可以完全控制周围的状况，在拍摄中运用不同的布光来表现出商品的软硬、粗细、轻重、薄厚甚至冷热的视觉感受，使消费者直观地看到商品的不同形态，由此去联想在享受商品时可能获得的感受与体验。

在摄影棚拍摄静止的商品时通常有正面两侧布光、两侧 45° 布光、单侧 45° 不均衡布光、前后交叉布光、后方布光等方式。

正面两侧布光：是商品拍摄过程中最常用的布光方式，正面投射出来光线全面而均衡，商品表现全面，不会有暗角。其设备布置结构如图 3.8 所示。

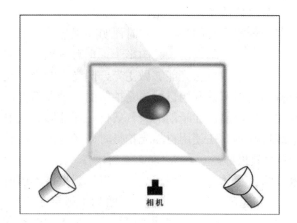 

图 3.8　正面两侧布光

两侧 45° 布光：使商品的顶部受光，正面没有完全受光，适合拍摄外形扁平的小商品，不适合拍摄立体感较强且有一定高度的商品，其设备布置结构如图 3.9 所示。

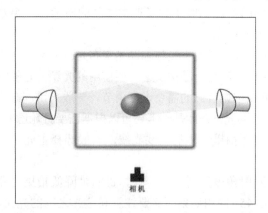 

图 3.9　两侧 45° 布光

单侧 45° 不均衡布光：这种布光方式被使拍摄商品的一侧出现严重的阴影，底部的投影也很深，商品表面的很多细节无法得以呈现，同时，由于减少了环境光线，反而增加了拍摄的难度，所以要看具体情况使用，如图 3.10 所示。

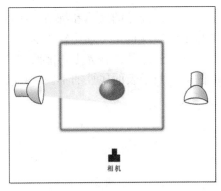

图 3.10　单侧 45°不均衡布光

前后交叉布光：从商品后侧打光可以表现出表面的层次感，如果两侧的光线还有明暗的差别，那么，就能既表现出商品的层次又保全了所有的细节，比单纯关掉一侧灯光的效果更好，如图 3.11 所示。

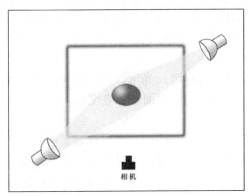

图 3.11　前后交叉布光

后方布光：从背后打光，商品的正面因没有光线而产生大片的阴影，无法看出商品的全貌，因此，除拍摄需要表现如琉璃、镂空雕刻等具有通透性的商品外，最好不要轻易尝试这种布光方式。同样的道理，如果是采用平摊摆放的方式来拍摄的话，可以增加底部的灯光，也是通过从商品的后方打光来表现出这种通透的质感，如图 3.12 所示。

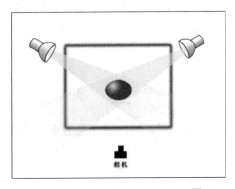

图 3.12　后方布光

商品拍摄因为大部分为静物室内拍摄，且大多数要展现商品的质感和细节，所以在光线使用的问题上比较复杂。用光线来表现商品的特点与表面属性也是一项比较难的工作，许多人因为掌握不了光线应用而不能拍出理想的图像。必须注意的是在布光上不能照本宣科，一定要根据实际情况进行科学合理的布光，因为不同的商品由于表面属性的不同，在使用灯光时要使用不同的用光与拍摄技巧。

3.1.4 一些特定商品的布光方式

1. 对于表面粗糙的商品的用光技巧

表面粗糙的商品有棉麻制品、毛皮、衣服、布料、食品、水果、粗陶、橡胶、哑光塑料等，这些物体的表面通常是不光滑的，对光的反射比较稳定，物体的固有色比较稳定统一，而且这类商品通常本身的视觉层次比较丰富。拍摄时为了体现质感和层次感，建议采用侧光或逆侧光，即从物品的侧面打光。这样会使物品产生一些阴影，显出商品表面明暗起伏的特点，立体感更强，一般情况下要避免光对物体的正面照射。下面是一种表面粗糙的商品的布光方式。

主灯位于商品的右前方，闪光灯上可以加装伞用反光罩，其目的是让照射面积相对比使用标准反光罩更小、更集中，作用在于完整勾勒出商品的形状，使其更具有立体感。

顶灯位于商品的左上方，如果在闪光灯上加装一个柔光箱的话，可以使该商品均匀受光，并且能够有效地减弱主灯照明使商品产生的投射阴影。

背景灯位于商品的右后方，最好是给闪光灯加装标准反光罩、挡光板和蜂巢，其作用在于通过标准反光罩上加装的挡光板和蜂巢来控制背景的照射面积及亮度。

2. 对于表面光滑的商品的用光技巧

表面光滑的商品有金属制品、饰品、瓷器，等等，这些商品的特点是表面非常光滑，对光的反射能力比较强，犹如一面镜子。如果用直射灯光拍摄，反射的光会很强，而且光路单一，拍出的照片容易产生局部的强烈反光，看上去就像曝光过度。拍摄这类商品的时候，建议采用柔和的散射光线，或者采用间接光源，也就是经过反射的光线。比如灯光照在反光板或者其他具有普通反光能力的物体上，再用这种反射出来的光来照所拍物品。这样能够得到柔和的照明效果。拍摄反光体一般都是让其出现"黑白分明"的反差视觉效果，表现出表面的光滑质感，不能使一个立体面中出现多个不统一的光斑或黑斑，因此采用大面积照射的光比较好，而且光源的面积越大越好。

大多数情况下，反射在反光表面上的白色线条可能并不均匀，但必须保持统一性和渐变效果，拍摄效果才会显得真实，如果反光面上出现高光，则可以通过很弱的直射光源降低高光效果。反光体布光最关键在于反光效果的处理，特别是一些有圆弧形表面的柱状和球形商品，在实际拍摄中通常会使用黑色或白色卡纸来打反光，以加强它们表面的立体感。表面光滑的商品通常可以采用以下方式布光。

主灯位于被拍摄商品的右前方，灯光照射角度为 45°左右，闪光灯安装了柔光箱，布光时要特别注意闪灯照射的角度对商品或商品组合带来反光影响。

辅助灯位于被拍摄商品的左侧，是一盏带有柔光箱的闪光灯，这个位置布光的作用在于对暗面进行补光处理，同时减弱由主灯照射带来的商品阴影。

背景灯位于被拍摄商品的右后方，闪光灯上需加装标准反光罩、挡光板和蜂巢，其作用在于勾勒商品轮廓的同时又照亮背景，在拍摄时需要注意挡光板位置的调整，以此来控制副灯的光照范围，如图 3.13 所示。

3. 对于透明的商品的用光技巧

透明的商品有玻璃器皿、水晶、化妆品、香水等，透明体表面非常光滑，材质质感清澈、透明，能够自由地传导光线而不改变其特征，使其产生玲珑剔透的艺术效果。拍摄这类商品时，由于光线能轻松地穿过透明材质，一般采用折射光照明，让逆光、侧逆光的光源可以穿过透明体。为了表现出商品清澈透明的质感，建议采用侧光或底光。底光从物体的下面往上打，能很好地表现出透明商品的透亮质感。对于透明的商品通常可以采用以下布光方式：

主灯位于商品的侧前方，用一盏带有柔光箱的闪光灯来照亮商品正面主体。

辅助灯位于商品的左侧，利用这一盏柔光闪光灯来对商品的暗面进行补光，同时减弱由主灯和轮廓灯的照射而产生的阴影。

一盏加装了标准反光罩、挡光板和蜂巢的闪光灯作为轮廓灯，放置于商品的侧后方，主要是利用蜂巢来控制光的走向，让挡光板来控制光照范围。这一盏轮廓灯可以使光线穿透瓶身，勾勒出透明商品的外部轮廓和造型，体现出通透的质感。

注意拍摄商品时并非每次都能把主灯、辅助灯和背景灯派上用场，拍摄者要不断实践，积累布光的经验，拍摄时可以把每种布光方式再回顾一遍，预想一下想要取得的拍摄效果，再用每盏灯逐个进行实验，同时不断变换灯位，以最终确定能产生最佳效果的布光方案，如图 3.14 所示。

图 3.13　反光商品的拍摄

图 3.14　透明商品的拍摄

4. 对于无影静物的光线运用

有一些商品照片，画面处理上要求完全没有投影。这种照片的用光方法，是使用一块架起来的玻璃台面，将要拍摄的商品摆在上面，在玻璃台面的下面铺一张较大的白纸或半透明描图纸。灯光从下面作用在纸的上面，通过这种底部的用光就可以拍出没有投影的商品照片，如果需要也可以从上面给商品加一点辅助照明。这种情况下，要注意底光与正面光的亮度比值，不宜过强。

3.1.5　商品拍摄中光线调节注意事项

要拍摄出"形、色、质"俱佳的具有视觉冲击力的商品图像，用光与光线调节是非常重要的。对于柔光与硬光的取舍、光源的位置、光线强度、光线的方向、色温、光质、影调等要运用自如，所以光线的调节是商品图像拍摄过程中难度最大的技术。除了上述知识与技术之外，通常光线的调节要注意以下几点，同时要不断地摸索与实践，不断地积累经验。

1. 光源越阔，光线越柔和

广阔的光源可以柔化阴影、降低对比度和柔化被摄物的纹理，较窄的光源则相反。其原理是当光源越广，射在物体上的光线扩散的方向就越多，这样会令场景整体更明亮，并减轻阴影的强度。

2. 光源越近，光线越柔和

当光源离被摄物越近，对被摄物来说，光线的来源就越大越分散；当光源离被摄体越远，光源相对就越小越窄。以阳光为例，太阳的直径是地球的 109 倍，本应是个很阔的光源。但太阳距地球 9 300 万千米，只占天空很少的一部分，因此当晴天阳光直射在物体上时，光线就会很硬。在室内用影楼灯拍摄，可以通过改变光源与被摄物之间的距离，来控制光线的柔和度。

3. 柔光罩能令光线变得更阔、更柔和

以云做例子，原理是当云遮挡阳光时，被照物的阴影会变得不太明显。而当云层再厚一点，阴影甚至会消失。云和雾，都会使光线分散射扩散向四周。在阴天和大雾时，光源会变得非常广而不集中，天空中的水气就像一个巨型的柔光箱，将阳光柔化。另外，半透明的塑胶或白色纤维物料，都可以用来柔化强光。

4. 用反射来柔化光线

如果将一束很窄的光线射在一个较大、反光度不强的表面（例如磨砂玻璃面或是墙壁、塑胶反光板）上时，光线在反射的过程中，会发生被分散到较宽广的区域。但如使用一些反光度较高，例如铝纸或镜子的话，光线被反射后，仍然会十分集中，无法起到柔化作用。如果将铝纸揉成一团，展开后将光面向外，包在一块纸板上，可以得到一块特殊反光板，这种自制的反光板可以在被摄物上增加闪闪发亮的光点。

5. 光源越远，主体也越暗

光线会随着光源的远离而迅速衰减。而如果光线经过折射，其行进距离也会增加，反射出来的光度会不如直射那样强。

6. 利用光线的强弱，令主体更突出于背景

如果灯光距离被摄主体近，主体和背景间的光度强弱就会比较明显；如果灯光距离主体较远，则背景也会相应地变亮，被摄主体就不会那样突出了。如果被摄主体的正面光是从窗户射入，让被摄主体靠近窗边，背景就会变暗。如果要使室内背景更明亮，就应让主体远离窗户、靠近背景。

7. 正面光会减弱主体的纹理，而侧光、顶光和底光则可以强化被摄物体纹理

摄影师通常会将光源正面射向被摄者主体的正面，这样被摄者的纹理就不会非常突出。风景摄影师更喜欢用侧光来强化岩石、沙石和叶子的纹理。一般来说，光线方向和被摄物之间的斜角度越大，主体的纹理就越明显。例如，如果想拍摄出宠物毛茸茸的效果时，最好将光源由侧面打落，这样比采用正面光源更好，可令毛绒效果更明显。

8. 阴影可令被摄物体更有立体感

在平面图像上阴影可以使被摄物更具有立体感。侧光、顶光和底光等各种光线，都能在物体上投射出深长的影子，从而制造出立体感。

9. 背光可以作为柔光的光源

很少有被摄物体仅仅靠背光照亮。如果一个人站在明亮的窗户前，面向的墙壁会反射部分光线落在他身上。如果一个人在户外，即使背景是明亮的阳光，正面也会有来自天空的光线照射。通常拍摄时可以使用反光板，将背光反射回被摄物上增加其曝光量。

10. 光线是有色彩的

光线的色彩称为色温，尽管有的时候光线看起来是"无色"的，这只是人的眼睛和大脑会自动调整和感应，令人难以察觉罢了。但数码相机则会记录人看不到的色彩。例如清晨和傍晚的阳光拥有温暖的色调，中午阳光投射的阴影则很蓝。对于数码相机而言，可以使用白平衡功能来消除或强调光线的颜色，可以增加照片中的暖色调。如果是晴天拍摄的相片，特别是阴影部分会非常蓝，将相机的白平衡设置为阴天可以在照片中增加金黄色，等于在镜头前加了一片暖色滤镜。

3.2　商品拍摄中的取景与构图

3.2.1　商品拍摄中的取景

取景就是选择把哪些景物摄入镜头的过程，而构图就是把摄入镜头的景和物进行合理的组合，使其变得更加符合人的视觉习惯，也使画面显得更为美观。取景和构图在很大程度上对图片的美观起着决定性的作用，大多数情况下，取景和构图是同时完成的，但是，如果后期还要对照片进行裁剪、取舍等处理和加工的话，那么，待后期制作结束后才算完成构图这一拍摄环节。

画幅与主体：画幅是构图中的基本要素，它以四条边框确定画面的内容，体现了摄影者对摄影景物的取舍，而主体是画面的重点，画幅框取与处理也应以主体表现为中心。

不同画幅的处理：不同画幅有不同的表现功能，在取景拍摄时可以根据内容与主题表现加以处理。

横竖画幅的安排：一般规律是被摄物比较宽广，或是以横线条为主，宜采用横幅，被摄物较高或以竖线条为主时，宜采用竖幅。

不同景别的取舍：

远景：远景以表现风光和场景的气势为主，强调景物的整体结构而忽略细节。

全景：全景擅长表现主要被摄对象的全貌及所处环境的特点。相对而言，全景比远景有更明显的主体。远景与全景，要求景深较大。

中景：中景一般用于表现人与人、人与物、物与物之间的关系，偏重于动作姿势和情感交流，往往以情节取胜。

近景：近景往往是对人物的神态或景物的主要面貌作细腻的刻画，在表现动作姿态的同时更偏重于内心情感的表达与脸部表情的刻画。拍摄中景和近景，背景可以忽略。

特写：以表现人物的脸部或者商品主体的局部为主，或对景物的某一局部进行集中突出的再现，比近景刻画更细腻，展现细部结构更突出，容易形成强烈的视觉冲击。

对于取景，拍摄过程中首先要明确拍摄的主体是什么，如果拍摄者自己都不清楚，就很难让观看者明白。要拍出一张好的商品照片，取景仅仅是第一步，后期的画面处理、裁减调整也很重要。商品图像的拍摄取景可以简单归纳为取、组、舍、布四个要点。

（1）取：选取形象与主体。摄影是视觉艺术，靠画面效果来说话，因此一幅照片拍摄成功与否，首先取决于选取的主体对象和表现的方式，这样拍出来的照片才有感染力。

（2）组：合理组合、搭配拍摄时的背景和小装饰。一幅好照片，只能有一个中心，其他景物都是为了说明、烘托这个中心的，因此，取景时，要突出和强调这个中心，做到有主有次，主次分明。

（3）舍：取景要学会去繁就简。成功在于简洁，简洁就是美，商品照片最忌讳的就是杂乱无章，这样的照片毫无美感，商品也失去了应有的价值。

（4）布：适宜布局，主体和配饰在画面比例上分布得当。通过布局安排，使照片的画面表现得章法井然，主体突出。

3.2.2　商品拍摄中的构图

构图一词是英语 composition 的译音，为造型艺术的术语。它的含义是：把各部分组成、结合、配置并加以整理出一个艺术性较高的画面。构图是艺术家为了表现作品的主题思想和美感效果，在一定的空间，安排和处理人、物的关系和位置，把个别或局部的形象组成艺术的整体。构图是如何把人、景、物安排在画面当中以获得最佳布局的方法，是把形象结合起来的方法，是揭示形象的全部手段的总和，是艺术家利用视觉要素在画面上按照空间把它们组织起来的构成，是在形式美方面诉诸于视觉的点、线、形态、用光、明暗、色彩的配合。

构图是表现摄影作品内容的重要因素，是作品中全部摄影视觉艺术语言的组织方式，它使由内容构造的摄影作品的一定内部结构得到恰当的表现，只有内部结构和外部结构得到和谐统一，才能产生完美的构图。

构图的目的是：把构思中典型化了的人或景物加以强调、突出，从而舍弃那些一般的、表面的、烦琐的、次要的东西，并恰当地安排陪体，选择环境，使作品比现实生活更高、更强烈、更完善、更集中、更典型、更理想，以增强艺术效果。总的来说，就是把一个人的思想情感传递给别人的艺术。

商品拍摄中几种常见的构图方法：

1. 黄金分割法构图

黄金分割法的构图方式，画面的长宽比例通常为 1:0.7，由于按此比例设计的造型十分美丽，因此被称为黄金分割，这一比例也叫黄金比例。日常生活中有很多东西都采用这个比例，如：电影和电视屏幕、书报、杂志、箱子、盒子，等等。把黄金分割法的概念略为引申，0.7 的地方是放置拍摄主体最佳的位置，以此形成视觉的重心，如图 3.15 所示，两张照片，主体都占据了画面的 0.7 左右，但是左边一张图的黄金分割线是横向的，因此画面为上下结构；右边一张图的黄金分割线是竖向的，因此画面为左右结构。

图 3.15　黄金分割法构图

2. 三分法构图

所谓三分法构图，其实就是从黄金分割中引申出来的，用两横、两竖的线条把画面均分为九等分，也叫九宫格构图，中间 4 个交点成为视线的重点，也是构图时放置主体的最佳位置。这种构图方式主体并非必须占据画面的四个视线交点，在这种 1:2 的画面比例中，主体占据 1～4 个交点都可以，但是画面的疏密会有所不同。图 3.16 里的服装图片，上身占据了左边的两个交点，前臂和大腿占据了右边的两个交点，是典型的 4 点全占的三分法构图方式。因为这是符合形式美法则的构图方式。如果把黄金分割法的概念略为引申，0.7 的地方是放置拍摄主体最佳的位置，以此形成视觉的重心，突出主体的重要性，如图 3.16 所示。

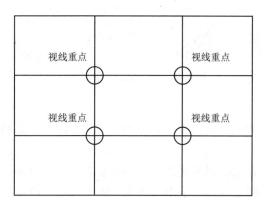

图 3.16　三分法构图

3. 十字形构图

十字形构图就是把画面分成四部分，也就是通过画面中心画横竖两条线，中心交叉点是放置主体位置的，此种构图，使画面增加安全感、和平感和庄重及神秘感，也存在着呆板等不利因素。但适宜表现对称式构图，如表现古建筑题材，可产生中心透视效果。如神秘感的体现，主要是表现在十字架、教堂等摄影中。所以说不同的题材选用不同的表现方法。

4. 疏密相间法构图

当需要在一个画面中摆放多个物体进行拍摄时，取景的时候最好是让它们错落有致，疏密相间。如图 3.17 所示，多件物体的前后左右布局就比一字排开自然和美观得多，其中，有些被拍摄物体适当地相连或交错，往往会让画面显得更加紧凑，主次分明。这种疏密相间的布局方法，在商品拍摄中比较容易出效果。

5. 远近结合、明暗相间法构图

拍摄商品图片时，有时候需要带上一点近景图像，或者隐隐约约保留一点颜色比较淡的远景，以增强立体感，表现出丰富的拍摄层次。画面色彩的变幻和明暗的跳跃，可以使照片不会因单调、呆板而显得过于平淡，但这样的远近和明暗层次也要使用得当，不多也不少，否则反而显得不协调，如图 3.18 所示。构图的方法实际上千变万化，每个拍摄人员的习惯和方法也各有所长，但是最重要的是拍摄的图像要做到情景交融，让画面具有生命力和感染力，如图 3.18 所示。

图 3.17 疏密相间法构图

图 3.18 远近结合、明暗相间法构图

6. 三角形构图

三角形构图，在画面中所表达的主体放在三角形中或影像本身形成三角形的态势，此构图是视觉感应方式，如有形态形成的也有阴影形成的三角形态，如果是自然形成的线形结构，这时可以把主体安排在三角形斜边中心位置上，以有所突破。但只有在全景时使用，效果最好。三角形构图，产生稳定感，倒置则不稳定。可用于不同景别如近景人物、特写等摄影。

7. A 字形构图

A 字形构图是指在画面中，以 A 字形的形式来安排画面的结构。A 字形构图具有极强的稳定感，具有向上的冲击力和强劲的视觉引导力。可表现高大自然物体及自身所存在的这种形态，如果把表现对象放在 A 字顶端汇合处，此时是强制式的视觉引导，不想注意这个点都不行。在 A 字形构图中不同倾斜角度的变化，可产生画面不同的动感效果，而且形式新颖、主体指向鲜明。但也是较难掌握的一种方法，需要经验积累。

8. O 形构图

O 形构图也就是圆形构图，是把主体安排在圆心中所形成的视觉中心。圆形构图可分外圆与内圆构图，外圆是自然形态的实体结构，内圆是空心结构如管道、钢管等，外圆是在（一般都是比较大的、粗的）实心圆物体形态上的构图，主要是利用主体安排在圆形中的变异效果来体现表现形式的。内圆构图，产生的视觉透视效果是震撼的，视点安排可在画面的正中心形成的构图结构，也可偏离在中心的方位，如左右上角，产生动感，下方产生的动感小但稳定感增强了。如果摄取内圆叠加形式的组合，可产生多圆连环的光影透视效果，是激动人心的。如再配合规律曲线，所产生的效果就更强烈了，如炮管内的来复线，既优美又配合了视觉指向。

3.3 商品拍摄中背景的选择和处理

商品拍摄中，背景在表现主体所处的环境、气氛和空间方面，具有无可替代的作用。在表现整个画面的色调及其线条结构方面，有着极其重要的作用。由于背景的面积比较大，能够直接影响画面内容的表现，背景处理得好坏，在某种程度上决定静物拍摄的成败。

背景使用的材料主要有：专用的背景布、纸、呢绒、丝绒、布料、纸张和墙壁等。

1. 背景灯光的运用

在商品拍摄中，背景灯光如果运用合理，不仅能在一定程度上清除一些杂乱的灯光投影，同时也能更好地渲染和烘托主体。

背景灯光的布光有两种形式：一种是将背景的照明亮度安排得很均匀，尽可能地在背景上没有深浅明暗的差异；另一种是将背景的光线效果，布置成中间亮周围逐渐暗淡的效果，或背景上部暗逐渐向下过渡的光线效果。通过用光线对背景的调整，可以使背景的影调或色彩既有明暗之分又有深浅之别，将拍摄对象与背景融成一个完美的整体，会得到非常好的拍摄效果。

如果将背景灯置于主体物的背后，从正面照亮背景，就会在背景上形成一个圆形的光束环。灯光位置距离背景的远近，决定了光束环的大小，拍摄者可以根据主体表现的需要自行调整。这种方法既简便，又可以表现出较好的画面效果。

2. 背景色彩的处理

背景色彩的处理，应追求艳丽而不俗气、清淡而不苍白的视觉效果。背景色彩的冷暖关系、浓淡比例、深浅配置、明暗对比，都必须从更好地突出主体对象这一核心前提出发。可以用淡雅的背景衬托色彩鲜艳的静物，也可以利用淡雅的静物配以淡雅的背景。在这方面没有一定的规律和要求，只要将主体和背景的关系处理得协调、合理即可。

黑与白在商品拍摄背景中的使用，已逐渐受到人们的重视，对于主体的烘托和表现，黑与白有着其他颜色背景达不到的效果。尤其是白背景给人一种简练、朴素、纯洁的视觉印象，会将主体表现得清秀明净、淡雅柔丽。如果要拍摄静物照片，不妨使用白背景尝试一下，可能获得意想不到的成功。

3. 背景的"虚化"处理

如果在室外拍摄静物照片，会受到杂乱背景的影响。因此，为了不影响主体的表现，对背景进行虚化处理是很必要的。

处理的方法：一是采用中长焦距的镜头进行拍摄，发挥中长焦距镜头焦距长、景深小的性能，虚化背景；二是拍摄时尽量不用太小的光圈，避免产生太大的景深；三是控制主体与背景之间的距离，来达到虚化背景的目的。

如果在室内运用自然光拍摄静物照片，利用较慢的快门速度，在拍摄开启快门的时候，同时将背景进行左右，或是上下的快速移动，同样可以达到虚化背景的目的。但需要两个人进行操作，快门速度也应该在 1/2 秒以下。

3.4 商品拍摄中商品的陈列与摆放

在拍摄商品照片之前，或者在拍摄的过程中，必须先将要拍摄的商品进行合理的组合，设计出一个最佳的摆放角度，为拍摄时的构图和取景做好前期准备工作。商品采用什么摆放角度和组合最能体现其产品性能、特点及价值，这是每个拍摄人员在准备拍摄之前就要思考的问题，因为拍摄前的商品摆放决定了照片的基本构图。

商品的摆放其实也是一种陈列艺术，同样的商品使用不同的造型和摆放方式会带来不同的视觉效果。由于摆放和组合方式的不同产生了完全不同的构图和陈列效果。当消费者看到不同的商品摆放造型时，会因视觉上出现的美感区别产生出不同的感受，而这个感受将会直接影响到消费者是否会购买这件商品。这就是商品照片和单纯的产品照片之间本质上的区别，因为商品照片归根到底是要刺激出消费者的购买欲，而视觉感受恰恰是消费者价值判断中最重要的因素之一，如图 3.19 所示。

图 3.19　　商品的组合与排列

1. 商品摆放的角度

商品的摆放形式与角度是多种多样的，摆放时要根据商品的特征来进行设计，可以从左到右、从上到下，也可以采用 45°的设计，等等，如图 3.20 与图 3.21 所示，店家用不同的摆放方式，可以将消费者的视点引向肉脯的厚度，这个角度看肉脯可以很清楚地了解肉脯的厚度，并且，这样的摆放方式可以使视觉中心正好落在肉脯上。

图 3.20　商品摆放的角度（1）　　　　　图 3.21　商品摆放的角度（2）

2. 商品外形的二次设计

每一件产品从流水线上出来时就决定了它的外部形态，商品拍摄人员无法改变商品的外观形态，但是拍摄人员可以在拍摄时充分运用想象力，通过对多个商品的排列组合，开展整体形态设计，通过这种二次设计来美化商品的外部线条，使之呈现出一种独有的设计感和美感。图 3.22 所示的是巧克力的摆放方式，巧克力的摆放形状浑然一体，摆放主题一目了然，收到了很好的视觉效果。图 3.22 与图 3.23 所示是商品外形的二次设计。

3. 商品外观的衬托设计

红花还需绿叶配，对商品外观形态与色质的衬托，可以收到令人意想不到的视觉效果。很多拍摄人员能充分发挥个人丰富的想象力，拍摄时不再满足于仅仅展现商品的外观，而是转向充分考虑商品的外观形态，尽最大可能满足消费者的网络购物心理。在消费者越来越挑剔的目光下，商品图像所表现的商品的优势和价值、悠闲的生活节奏、小资情调和无法言说的意境，都有可能成为打开消费者心门的那一把钥匙。

图 3.22 商品外形的二次设计（1）

图 3.23 商品外形的二次设计（2）

在当今的网络零售行业，有越来越多的商家在拍摄商品照片时开始加入个人的感情，以此来营造出一种购物的氛围，因此，网上的商品照片不再一成不变，不再拘泥于呆板的排列，偶尔也会呈现出一些个性化的清新设计，以烘托商品的本质属性，如图 3.24 与图 3.25 所示。

图 3.24 商品外观的衬托设计

图 3.25 商品色泽的烘托设计

4. 商品的排列组合

商品的排列组合能产生别具风格的韵味。在一件商品的摆放中主题要设计简单，要让消费者在一堆花花绿绿的物体之间很容易发现商品的主体，能轻松领会商家所表达的主题，这就需要拍摄者具有一定的商品陈列水平，因为消费者都不会为自己并不锐利的眼力和观察力来承担与商品失之交臂的责任。如图 3.27 中的香水图片，拍摄人员借鉴了舞台经验，设计了一个集体造型和亮相，很显然，这样的排列释放着一种高档和品质，能刺激消费者的购买欲望，如图 3.26 与图 3.27 所示。

图 3.26 商品的排列与组合（1）

图 3.27 商品的排列与组合（2）

5. 商品摆放的疏密和序列感

摆放多件商品时最难的是要兼顾造型的美感和构图的合理性，因为画面上内容太多就容易显得杂乱。但采用有序列感和疏密相间的摆放就能很好地兼顾这两点，使画面显得饱满、丰富，而又不失节奏感和韵律感。图 3.28 所示的指甲油的摆放方式，这样的小物件往往需要通过一定的队列方式来摆放才会显得井然有序；不同的色彩排在一起会产生不同的视觉美感，通过这样阵型的变换，每一个颜色都有机会跳出来，每一瓶指甲油都有被消费者青睐的机会。

图 3.28　商品摆放的疏密和序列感

3.5　商品细节的拍摄

商品细节图是描述商品局部属性的一个重要方法，是商品图像展示中不可或缺的内容，细节决定成败，说明商品细节图的拍摄是非常重要的。因此，拍摄商品免不了要拍摄商品的细节特写或者是商标，拍摄首饰类细小商品时，更是需要采用特写放大来呈现商品的款式和工艺，此时，使用相机微距功能可以帮助拍摄者拍摄出符合要求的放大细节图片。商品细节不只是商品的外观细节，有时候还包含商品的内部细节，图 3.29 所示为一个包的标牌与内部细节图。

图 3.29　商品的细节（1）

商品细节图的表现可以采用微距摄影来实现，微距拍摄是指拍摄出来的图像大小比实物的原始尺寸要大的摄影方式，一般两者之间的比例都大于 1:1，微距功能在拍摄服装的拉链、针脚、洗标、质感等商品细节方面有着巨大的优势。目前很多民用级的低端数码相机也都配置了微距，甚至超微距功能，所以，微距拍摄已经逐渐成为数码相机的最大亮点之一。

数码单反相机除了拍摄整体效果外，还可以使用相机的微距功能拍摄衣服的特写细节图片，例如可以在一款服装商品描述中放一张衣服面料的特写图片，给消费者对服装面料一个非常直观的认识，或者将纽扣上面LOGO的特写照片清晰地拍摄出来，让消费者正确认识商品的品质与品牌，如图3.30所示。

数码相机上一个形似小花的图标即代表微距功能，需要放大拍摄或者展现商品细节的时候，只要选择这个功能就能拍出清晰的特写照片。微距功能虽然很强大，但在进行微距拍摄时，还是要注意以下几个方面：

图3.30　商品的细节（2）

（1）微距摄影时，相机与被拍摄商品距离很近，如果想要突出商品的部分细节，可以运用较大的光圈；如果想要将商品的整体细节表现得足够清晰，就要选择较小的光圈。

（2）拍摄时相机如有晃动的话就可能造成图像模糊，所以通常情况下要选择较快的快门速度或者设法将相机固定在三脚架上。

（3）当相机与被摄物体的距离较近时，相机本身就会对周围环境光线造成比较明显的遮挡，使得被摄物体可能得不到足够的曝光，同时，闪光灯的照明度可能过强而使商品曝光过度，所以，在微距拍摄的时候要特别注意商品的照明。

从微距功能对商品细节的表现情况来看，一张好的商品特写照片胜过连篇累牍的商品介绍，将商品的细节直观地呈现给消费者，用镜头去代替消费者观看，当消费者通过照片对商品的情况了解得越多时，其疑问就越少，而工作人员在线回复提问的工作量就越小，成交的可能性也越大。如图3.31所示为一组商品细节拍摄图。

图3.31　商品的细节（3）

第四章

网店视觉设计基础

 **本章导语**

"临渊羡鱼，不如退而结网。"

——《淮南子·说林训》

网店视觉设计基础

4.1 Photoshop CC 的新功能

Photoshop CC 的新功能包括：相机防抖动功能、Camera RAW 功能改进、图像提升采样、属性面板改进、Balance 集成、同步设置以及其他一些有用的功能。还包括画板、设备预览和 Preview CC 伴侣应用程序、模糊画廊/恢复模糊区域中的杂色、Adobe Stock、设计空间（预览）、Creative Cloud 库、导出画板、图层以及更多内容等。

（1）智能参考线，按住 Option（Mac）/Alt（Win）键并拖动图层，如果在按住 Option（Mac）或 Alt（Windows）键的同时拖动图层，Photoshop 会显示测量参考线，它表示原始图层和复制图层之间的距离。此功能可以与"移动"和"路径选择"工具结合使用。

（2）路径测量：在处理路径时，Photoshop 会显示测量参考线。当选择"路径选择"工具后在同一图层内拖动路径时，也会显示测量参考线。

（3）匹配的间距：当复制或移动对象时，Photoshop 会显示测量参考线，从而直观地表示其他对象之间的间距，这些对象与选定对象和其紧密相邻对象之间的间距相匹配。

（4）Cmd（Mac）/Ctrl（Win）+悬停在图层上方：在处理图层时，可以查看测量参考线。选定某个图层后，在按住 Cmd 键（Mac）或 Ctrl 键（Windows）的同时将光标悬停在另一图层上方。可以将此功能与箭头键结合使用，以轻移所选的图层。

（5）与画布之间的距离：在按住 Cmd 键（Mac）或 Ctrl 键（Windows）的同时将光标悬停在形状以外，Photoshop 会显示与画布之间的距离。

（6）链接智能对象的改进，可以将链接的智能对象打包到 Photoshop 文档中，以便将它们的源文件保存在计算机上的文件夹中。Photoshop 文档的副本会随源文件一起保存在文件夹中。选择"文件"→"打包"命令实现，可以将嵌入的智能对象转换为链接的智能对象。转换时，应用于嵌入的智能对象的变换、滤镜和其他效果将保留。选择"图层"→"智能对象"→

"转换为链接对象"。工作流程改进：尝试对链接的智能对象执行操作时，如果其源文件缺失，则会提示必须栅格化或解析智能对象。

（7）智能对象中的图层复合考虑一个带有图层符合的文件，且该文件在另外一个文件中以智能对象储存。当选择包含该文件的智能对象时，"属性"面板允许访问在源文档中定义的图层复合。此功能允许更改图层等级的智能对象状态，但无须编辑该智能对象。

（8）使用 Type kit 中的字体，通过与 Type kit 相集成，Photoshop 为创意项目的排版创造了无限可能。可以使用 Type kit 中已经与计算机同步的字体。这些字体显示在本地安装的字体旁边。还可以在文本工具选项栏和字符面板字体列表中选择查看 Type kit 中的字体。如果打开的文档中某些字体缺失，Photoshop 还允许使用 Type kit 中的等效字体替换这些字体。可以在文本工具选项栏和字符面板字体列表中快速搜索字体。键入所需字体系列的名称时，Photoshop 会对列表进行即时过滤。可以按字体系列或按样式搜索字体。字体搜索不支持通配符。

（9）Photoshop CC 显著增强了 3D 打印功能，"打印预览"对话框会指出哪些表面已修复，在"打印预览"对话框中，选择"显示修复"。Photoshop 将使用适当的颜色编码显示"原始网格""壁厚"和"闭合的空心"修复，用于"打印预览"对话框的新渲染引擎，可提供更精确的具有真实光照的预览。新渲染引擎光线能够更准确地跟踪 3D 对象。新重构算法可以极大地减少 3D 对象文件中的三角形计数，在打印到 Mcor 和 Zcorp 打印机时，可更好地支持高分辨率纹理。

4.2　图像的显示与尺寸控制

4.2.1　图像的显示控制

Photoshop 提供了许多工具，如抓手工具、缩放工具、缩放命令和导航面板等，使得使用者可以十分方便地按照不同的放大倍数查看图像的不同区域。下面分别作简要介绍。

（1）使用工具箱的抓手工具来改变图像的显示部位。

（2）当打开的图像很大，或者操作中将图像放大，以至于窗口中无法显示完整的图像时，如果需要查看图像的各个部位，就可以使用抓手工具来移动图像的显示区域。使用时，先单击工具箱的"抓手工具"按钮，再在画布窗口内的图像上拖动鼠标，即可以调整图像的显示部位。如果双击工具箱的"抓手工具"就可以使图像尽可能大地显示在屏幕中。

（3）抓手工具的选项栏上有三个按钮，它们分别是："实际像素""满画布显示""打印尺寸"。"实际像素"是指使窗口以 100% 的比例显示，与双击"缩放工具"的效果相同。"满画布显示"是指使窗口以最合适的大小和显示比例显示，以完整地显示图像。"打印尺寸"是指按图像 1:1 的打印尺寸显示。

（4）使用导航器面板改变图像的显示比例和显示部位。通过导航器面板来改变图像显示比例与显示部位是最为简便的方法。导航器面板下方显示了当前图像的显示比例，可以拖动右侧的三角形滑块或者改变文本框内的数值来改变显示图像的比例。导航器正中显示的是当前编辑图像的缩略图，中间红色的矩形表示的是工作区中图像窗口中的显示部位，当图像大于画布时，可以拖动红色矩形，改变图像窗口中的显示部分。

（5）使用菜单命令改变图像的显示比例。在"视图"菜单中，有"放大""缩小""满画布显示""实际像素""打印尺寸"命令。通过这些菜单命令的使用，来改变图像的显示比例。

（6）使用工具箱的"缩放工具"改变图像的显示比例。单击工具箱上的"缩放工具"按钮，再单击画布窗口的内部，就可以将图像显示比例放大。按住 Alt 键，并单击画布窗口的内部即可将图像显示比例缩小。用鼠标拖动选中图像的一部分，即可使该部分图像布满整个画布窗口。

4.2.2　图像文件的标尺、参考线与网格

标尺、参考线与网格都是用来图像定位与测量的工具。标尺是用来显示当前鼠标所在位置的坐标，使用标尺可以更准确地对齐对象与选取范围。图 4.1 所示是使用标尺的效果图。

图 4.1　使用标尺效果

需要使用标尺时，单击"视图"菜单下的"标尺"命令。就可以在窗口顶部与左边出现标尺。默认状态下，标尺的原点在窗口的左上角，坐标为（0，0）。鼠标在图像窗口移动时，水平标尺与垂直标尺上会出现一条虚线，该虚线所在位置的坐标会随着鼠标的移动而移动。

标尺的刻度单位一般情况下是厘米的，当然也可以调整。双击标尺，就会弹出一个"预置"对话框。在该对话框中，可以根据需要设置相关参数，如图 4.2 所示。

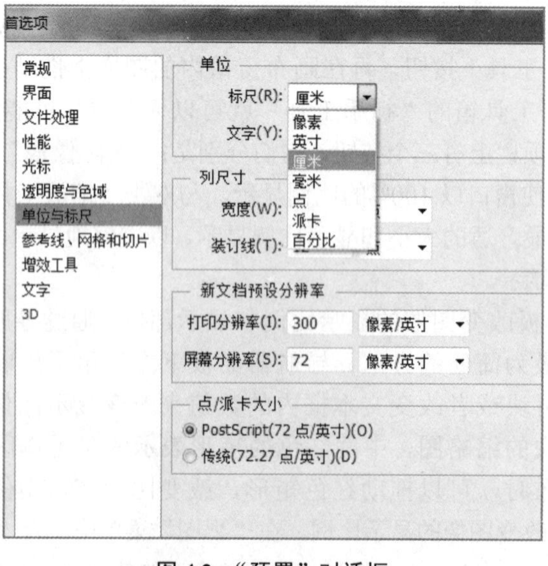

图 4.2　"预置"对话框

参考线是浮在整个图像上但不打印的线，它可以更方便地对齐图像，并可以移动、删除、锁定参考线。图 4.3 所示是使用参考线后的效果。

图 4.3 使用参考线后的效果

参考线的优点是可以任意设置它的位置。在"标尺"上单击，再拖动鼠标到窗口内，即可产生参考线垂直或水平的蓝色参考线。也可以单击"视图"菜单下的"新建参考线"命令，调出"新建参考线"对话框，利用对话框进行新参考线取向与位置后，单击"确定"按钮，就可以在指定位置设置参考线。

要移动参考线，只要按住 Ctrl 键并拖动参考线即可实现，或者选取移动工具也可以实现参考线的移动。改变参考线的显示与隐藏状态，可以单击"视图"菜单下"显示"子菜单中的有关命令即可。清除与锁定参考线，同样可以分别使用"视图"菜单下的"锁定参考线"与"清除参考线"命令即可。如果需要对参考线默认的颜色进行修改，可以调用"编辑"菜单下"首选项"子菜单下的"参考线、网络和切片"命令，在打开的"首选项"对话框里进行设置。

网格的主要作用是对齐参考线，以便在操作中对齐物体，网格也不会随图像输出。单击"视图"菜单下的"显示"子菜单中的"网格"命令，即可在画布窗口内显示出网格来，如图 4.4 所示。再次单击"视图"菜单下的"显示"子菜单中的"网格"命令，即可取消画布窗口内的网格。当网格容易与图像混淆时，需要重新设置网格。此时，应单击"编辑"菜单的"首选项"子菜单中"参考线、网格和切片"命令，在调出的"首选项"对话框中，可以对网格的颜色、样式、间隔线以及子网格进行设置，以达到满意效果为止。

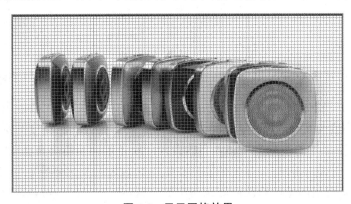

图 4.4 显示网格效果

4.2.3　图像文件尺寸大小编辑

以上所述只是改变图像的显示比例，并没有改变图像的实际大小。改变图像大小可通过以下方法实现。单击"图像"菜单下的"图像大小"命令，调出对话框，如图 4.5 所示。

在"图像大小"对话框中，第一个选项是"像素大小"。在该选项组中，可以直接在文本框中修改图像的高度与宽度像素值。也可以通过在右侧的下拉列表框中选择"百分比"来设置图像与原图像大小的百分比，从而确定图像的高度与宽度。

"图像大小"对话框中的第二个选项组是文档大小，在这里可以直接在文本框里输入数字来设置图像的高度、宽度与分辨率，可以在右边的下拉列表框里设置单位。图像的尺寸与分辨率是紧密相关的，同样尺寸的图像，分辨率高的图像就会越清晰。当图像的像素数固定时，改变分辨率就会改变图像的尺寸。同样，如果图像的尺寸改变，则图像的分辨率也随之变动。

在"图像大小"对话框中，如果选中"约束比例"复选框，则改变图像的高度，就会使宽度等比例改变。

4.2.4　画布大小设置

调整画布大小是为了加大或缩小屏幕上的工作区，可以在不改变图像大小的情况下实现。单击"图像"菜单下的"画布大小"命令，可以调出"画布大小"对话框，如图 4.6 所示。

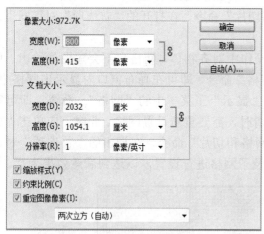

图 4.5　图像大小对话框

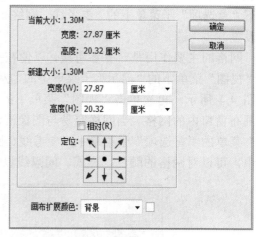

图 4.6　画布大小对话框

在对话框中，"当前大小"是显示了当前图像文件的实际大小。"新建大小"选项组中设置调整后的图像高度与宽度。其默认值是"当前大小"。如果设置的高度与宽度大于图像的尺寸，Photoshop 会在原图的基础上增加画布的面积，反之则会缩小画布面积。"相对"复选框表示"新建大小"中显示的是画布大小的修改值，正数表示扩大画布，负数表示缩小画布。"定位"选项组中，确定图像在修改后的画布中的位置，有 9 个位置可以选择，其默认值为水平与竖直都居中。

4.2.5　图像的裁切

将图像中的某一部分剪切出来，就需要用到"裁切"命令。其用法是，首先使用"选取"工具将图像中要保留的部分选出来，然后选择"图像"菜单中的"裁切"命令。则图像会自动以选区的边界为基准，用包围选区的最小矩形对图像进行裁切。

除了"裁切"命令之外，Photoshop 还专门提供了功能强大的裁切工具，如图 4.7 所示，不仅可以自由控制裁切范围有大小和位置，还可以在裁切的同时对图像进行旋转和变形等操作。其操作过程是：

图 4.7　裁切工具选项

首先在工具箱中选择裁切工具，移动鼠标指针到图像窗口中，按住鼠标左键并拖动，释放鼠标后就会出现一个四周有 8 个控制点的裁切范围框，如图 4.8 所示。其次是选定范围后，将鼠标指针放在控制点附近，可对裁切区域进行旋转、缩放和平移等操作，对其进行修改。最后，在裁切区域内双击，完成图像的裁切操作，如图 4.8 所示。

对图像裁切更多的设置，可以充分运用"裁切工具"的选项，其中包括了对裁切后图像的大小、分辨率、不透明度等选项。

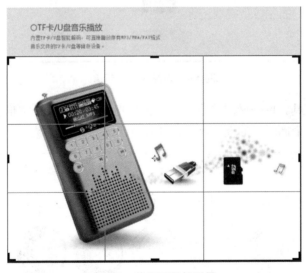

图 4.8　裁切工具的运用

4.3　选区的创建、编辑与填充

4.3.1　选区的创建

在 Photoshop 中，特别是在商品图像编辑中，经常需要对图像的一部分进行操作，这就需要将这一部分图像选取出来，构成一个选区。这个选区也可以叫作选框，是由一个流动的虚线所围成的区域。一旦确定了选区，当前的各项操作就只针对选区了。如果不创建选区，则所有的操作都是针对整个图像，有些操作就不可能完成了。Photoshop 为了能够快速、准确地建立选区，提供了许多选择工具，包括选取工具组、套索工具组与魔术棒工具。这些工具都放在工具的上部，针对不同的情况方便快捷地创建选区。此外，Photoshop 还提供了菜单命令创建选区。下面分别予以介绍。

1. 使用选取工具组

使用工具箱中的选取工具组来选取图像范围和确定工作区域是 Photoshop 中最基本的方法，都是用来创建规则选区的。选取工具组有四个工具，分别是矩形选取工具、椭圆选取工具、单行选取工具和单列选取工具。默认情况下是矩形选取工具。

（1）矩形选取工具。单击矩形选取工具，鼠标指标就会变成十字形状，用鼠标在图像窗口内拖动便可创建一个矩形的选区，如图 4.9 所示。

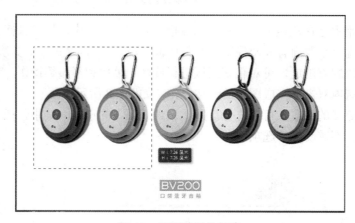

图 4.9　矩形选区的创建

（2）椭圆选取工具。单击椭圆选取工具，鼠标指标也是变成十字形态，用鼠标在图像窗口内拖动便可创建一个椭圆形的选区，如图 4.10 所示。

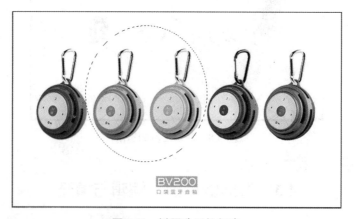

图 4.10　椭圆选区的创建

（3）单行与单列选取工具。单击单行选取工具或单列选取工具，鼠标指标均变成十字形状，用鼠标在图像窗口内单击就可以创建一个单列或者单行的单像素的选区。

有必要提醒的是，在使用矩形选取工具与椭圆选取工具时存在着一定的技巧。按住 Shift 键，同时在图像窗口内拖动就可以分别创建正方形与圆形选区；按住 Alt 键，同时在图像窗口内拖动就可以创建以鼠标单击点为中心的矩形或椭圆形选区；如果同时按住 Shift 键与 Alt 键，并在图像窗口内拖动就可以创建以鼠标单击点为中心的正方形、矩形或圆形选区。

如果要取消所选择的选区，则可以通过单击图像窗口或者选择"选择"菜单下"取消"命令来实现，也可以用快捷键 Ctrl+D 来取消。

（4）选取工具选项栏。选取工具选项栏有多个选项，可以对选取工具的许多功能进行设置。这些选项主要有"设置选区形式""消除锯齿""羽化""样式"命令，如图 4.11 所示。

图 4.11　选取工具的选项栏

"设置选区形式"共有四个按钮。第一个是"新选区"按钮，单击该按钮只能创建一个新选区。在这个状态下，如果已经有了一个选区，再创建一个选区，则原来的选区就会消失。第二个是"添加到选区"按钮，如果在已经有了一个选区的情况下，单击该按钮就可以再创建一个选区，并且新选区与原有的选区连成一个新的选区。按住 Shift 键，创建一个新选区，同样可以使新创建的选区与原有的选区合成一个新选区。第三个是"从选区中减去"按钮，单击该按钮就可以在原有的选区上减去与新选区重合的部分，得到一个新选区。按住 Alt 键。用鼠标拖动一个新选区，也能完成相同的功能。最后一个是"与选区交叉"按钮，单击该按钮，可以得到一个只保留新选区与原有选区重合部分的新选区。按住 Shift 键与 Alt 键，用鼠标拖动一个新选区，也可以得到相同的效果。

"羽化"是用于设置选取范围的柔化效果的。在其文本框中输入 0～250 的数值，就会在选区边界线产生不同的羽化程度。创建羽化的选区，应先设置羽化数值，再用鼠标拖动创建选区。

"消除锯齿" 是用于消除选区锯齿，平滑选区边缘的。该复选框通常应为选中，使其有效。"样式"提供了三种不同的选取方式，即"正常""固定长宽比"和"固定大小"。各项的作用各不相同。

"正常"是默认的选取方式，在此方式下，可创建任意大小的矩形和椭圆形选区。

选择"固定长宽比"选取方式后，"样式"右边的"宽度"与"高度"文本框就变成有效。分别在 "宽度"与"高度"文本框中输入数值，确定长度与宽度的比例，可以使其后创建的选区符合该长宽比。

选择"固定大小"选取方式后，"样式"右边的"宽度"与"高度"文本框就变成有效。可分别在"宽度"与"高度"文本框中输入数值，以确定选区的尺寸，使以后创建的选区符合该尺寸。

2. 使用套索工具组

套索工具是一种常用的选择范围工具，它用于一些不规则的形状，用套索工具创建选区类似于自由手绘一个选区。套索工具组包括三个工具，即"套索工具""多边形套索工具"和"磁性套索工具"。

（1）套索工具。单击工具箱上"套索工具"，鼠标指针就变成套索状，将鼠标指针移至图像窗口，在需要选取图像处按住鼠标左键不放，拖动鼠标选取需要的范围。当松开鼠标左键后，系统会自动将鼠标拖动的起点与终点进行连接，就可形成一个不规则的选取区域，如图 4.12 所示。

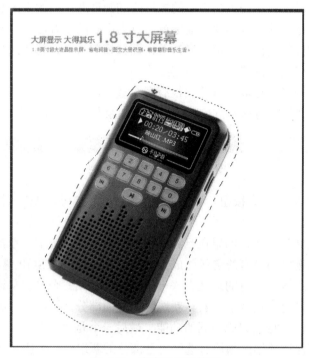

图 4.12 套索工具的使用

（2）多边形套索工具。多边形套索工具可以用来选取不规则形状的多边几何图像，如三角形、五角星之类的图形。多边形套索工具操作方式与套索工具有所不同，操作过程是：先单击工具箱上的多边形套索工具，再将鼠标指针移到图像窗口，单击以确定起点位置。移动鼠标指针至要改变方向的转折点，选择好需要改变方向的角度和距离并单击鼠标，直到选中的所有范围并回到起点。当多边形套索工具鼠标指针在右下角出现一个小圆圈时，双击鼠标，即可封闭选中的区域。

（3）磁性套索工具。单击工具箱上的磁性套索工具，鼠标指针变成磁性套索状。在图像中单击以设置第一个紧固点，沿着要选取的物体边缘移动鼠标指针（转折处需要按住鼠标左键），当选取终点回到起点时鼠标右下角会出现一个小圆点，此时双击鼠标，即可完成选取。

磁性套索工具使用时的特点是系统会自动根据鼠标拖动出的选区边缘的色彩对比度来调整选区的形状。因此，对于选取区域比较复杂图像，同时又与周围图像的色彩对比反差较大的情况，采用磁性套索工具是比较合适的。

（4）套索工具组的选项栏。套索工具与多边套索工具的选项栏基本一致，而磁性套索工具的先期栏有特殊之处，可以设置一些特殊的相关参数。图 4.13 所示是磁性套索工具选项栏。

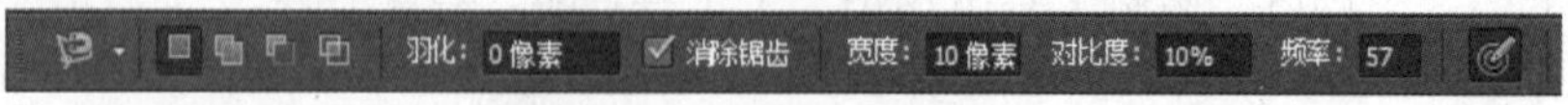

羽化: 0 像素   ✓ 消除锯齿   宽度: 10 像素   对比度: 10%   频率: 57

图 4.13 磁性套索工具选项栏

磁性套索工具选项栏中的"宽度"是指选取对象时检测的边缘宽度，其范围在 1～40，磁性套索只检测从指针开始指定距离以内的边缘。

"对比度"选项可以设置选取时的边缘反差，范围在 1%～100%，较高的数值只检测与它们的环境对比鲜明的边缘，较低的数值则检测低对比度边缘。

"频率"用来设置选取时的定点数，范围在 1～100。数值大则产生的节点数多，选取的速度也就越快。

"钢笔压力"用于在使用光笔绘图板时来增加其压力，使边缘宽度减小。

3. 使用魔术棒工具

魔术棒工具的作用是用于选择图像中颜色相同或者相近的区域。单击工具箱中的魔术棒工具，鼠标指针就会变成魔术棒形状，在图像中单击某点即可选择与当前单击处颜色相同或相近的区域。例如，单击老鹰图像的白色背景的任何地方，就会创建一个包括全部背景色的选区，如图 4.14 所示。

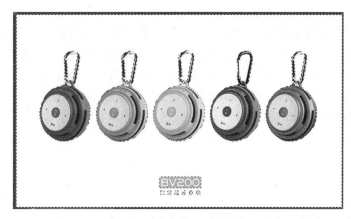

图 4.14 用魔术棒工具选择区域

魔术棒工具的选项栏如图 4.15 所示，其中有四个选项需要作一说明：

图 4.15 魔术棒工具的选项栏

"容差"文本框是用来设置系统选择颜色的范围，也就是选区有颜色容差值。数值范围在 0～255。容差值越大，相应的选区也就越大，否则反之。

"消除锯齿"复选框，是用于决定在系统创建一个选区时是否将选区内的锯齿消除。

"连续"复选框表示只能选中单击处邻近区域的相同像素，取消该复选框，表示可以选中与该像素相近的所有区域。默认情况下，该复选框是被选中的。

"对所有图层取样"复选框，如果选中，则在系统创建选区时会将所有可见的图层包括在内；当不选择该复选框时，只将当前图层考虑在内。

4. 使用菜单命令

使用菜单命令可以使整个图像为一个选区和创建反选选区。单击"选择"菜单下的"全选"命令，或者按快捷键 Ctrl+A 键，就可以将整个图像选取为一个选区。当单击"选择"菜单下的"反选"命令，则可选择选区外的部分为选区。

在已经有了一个或者多个选区后，要扩大与选区内颜色和对比度相同或相近的区域为选区，可单击"选择"菜单下的"扩大选区"命令。扩大选区的命令可以多次使用，直到达到所要的效果为止。

如果已经有了一个选区或者多个选区，要将选区内颜色与对比度相同与相近的像素选择为选区，可单击"选择"菜单下的"选取相似"命令。扩大选区是在原选区的基础上扩大选区的选取范围，而选取相似则可以在整个图像内选取与原选区颜色和对比度相近的像素，可创建多个选区。

4.3.2　编辑选区

在 Photoshop 中使用选框工具创建了一个选区之后，经常要对选区进行移动、增减等操作，甚至可能需要对选区进行旋转、翻转或者自由变换等操作。下面逐一简要介绍。

1. 移动选区

移动选区的方法通常是用鼠标拖动，在使用选框工具组工具的情况下，将鼠标指针移动到选区内部，此时鼠标指标变为三角箭头状，并且箭头的右下角有一个虚线的小框，说明进入选区移动状态，拖动鼠标就可以移动选区了。如果要将移动的方向限制在 45°的倍数，则在拖动的同时按住 Shift 键；如果以 1 个像素为单位移动选区，则直接使用键盘上的上下左右方向键即可；每按一次方向键，选区移动 1 个像素；如果以 10 个像素为单位移动选区，则在使用方向键的同时按住 Shift 键，每按一次方向键，选区移动 10 个像素。

如果移动选区的同时按住 Ctrl 键，可以移动选取范围内的图像，其功能与工具箱中移动工具的功能相同。

2. 修改选区

在 Photoshop 中修改选区是指对选区进行边界、收缩、平滑、扩展、羽化等操作，边界是在选区的边界线外增加一条扩展的边界线，形成边界选区；平滑是使选区边界平滑；扩展是使选区边界向外扩展；收缩是使选区向内缩小，羽化是指将选区边缘柔化。所有这些操作均可以通过菜单命令完成，单击"选择"菜单下"修改"子菜单中相应的命令即可。

执行修改选区的相应菜单命令后，系统都会打开一个相应的对话框，输入相应的修改量并单击"确定"按钮就完成了修改任务。图 4.16 所示为边界完成前后的选区，边界宽度为 8 个像素。

图 4.16　扩边前与扩边后的选区

3. 变换选区

选区创建后，可以调整选区的大小，也可以调整选区的位置和旋转选区，即变换选区。单击"选择"菜单中的"变换选区"命令，就会在选区四周出现一个带有 8 个控制柄的矩形，如图 4.17 所示。然后根据需要做出相应的一些操作：

调整选区的大小：将鼠标指针移到选区四周的控制柄处，此时鼠标指针变为直线的双箭头状，用鼠标拖动就可以调整选区的大小。

调整选区位置：将鼠标指针移动到选区内，鼠标指针就会变成黑箭头状，用鼠标拖动即可调整选区的位置。

旋转选区：将鼠标指针移到选区四周的控制柄处，鼠标指针就会变成弧线的双箭头状，拖动鼠标即可旋转选区。如果将鼠标指针移到选区中心点图标处，拖动鼠标即可移动中心点标记，改变旋转的中心位置。图 4.18 所示是旋转后的选区。

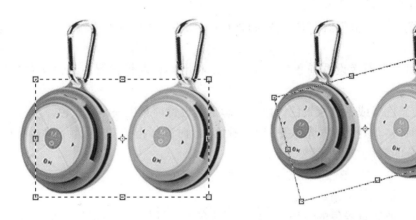

图 4.17 变换选区　　　　　　图 4.18 旋转后的选区

在 Photoshop 中，经常需要重复使用选区，为此可以使用"选择"菜单下的"存储选区"命令来实现。选区存储后，可以运用"选择"菜单下的"载入选区"来把存储的选区重新载入。在 Photoshop 中，也可以使用"选择"菜单下的"选取相似"命令，来选取图像中的类似颜色；也可以使用"选择"菜单下的"反选"命令使图中被选区域与未选择区域反转。对象的选择是非常重要的，需深入领会，做到正确地运用。

4.3.3 填充选区

1. 设置前景色与背景色

在 Photoshop 的中设置颜色的方法有很多种，而颜色的设置无疑是极其重要的。下面分别介绍几种颜色设置的方法：

（1）切换前景色与背景色工具栏。在 Photoshop 的工具箱中，有一个切换前景色与背景色工具栏。在切换前景色与背景色工具栏中各按钮功能是：

"设置前景色按钮"给出了所有的前景颜色。用单色绘制和填充图像时的颜色就是由前景色决定的。单击前景色按钮，就可以调出"拾色器"对话框，利用该对话框，可以设置前景色。

"设置背景色"按钮给出了所有的背景颜色，同时也决定了画布的背景颜色。单击"设置背景色"按钮可以调出"拾色器"对话框，利用该对话框，可以设置背景色。

"默认前景和背景色"按钮，其功能是单击它可以恢复为默认状态，即前景为黑色，背景为白色的设置。

"切换前景与背景色"按钮，顾名思义就是单击它可以使前景色与背景色互换。

Adobe 的"拾色器"与 Windows "拾色器"的功能基本相同，在 Photoshop 中，默认的拾色器是 Adobe "拾色器"。使用拾色器对话框选择颜色的方法如下：

粗选颜色：将鼠标指针移到"颜色选择条"，单击一种颜色，此时颜色选择区域的颜色就会随之发生变化。在"颜色选择区域"内会出现一个小圆圈，它是当前选中的颜色。

细选颜色：将鼠标移动到"颜色选择区域"内，此时鼠标指针变为小圆圈，单击要选择的颜色。

选择自定义颜色：单击"自定"按钮，可以调出"自定颜色"对话框，利用该对话框可以选择"色库"中的自定义颜色。

精确设定颜色：在"拾色器"对话框的右边下半部的各种文本框内输入相应的数据，可以精确设定颜色。

（2）使用"颜色"面板设置前景色与背景色。利用颜色面板设置前景色与背景色的方法是：

① 单击"前景色"或者"背景色"色块，确定是设置前景色还是背景色。

② 将鼠标指针移动到"颜色选择条"粗选颜色，此时鼠标指针变成吸管，单击某种颜色，可以看到其他部分的颜色与数据就变了。

③ 用鼠标拖动 R、G、B 三个滑块细选颜色。

④ 在文本框内输入数字精选颜色。

⑤ 双击前景色或者背景色的色块，可以打开拾色器对话框，其设置与上述相同。也可以通过颜色面板菜单来进行设置，单击颜色面板右上方带有三角形箭头的按钮，就可调出颜色面板的菜单。

（3）使用"色板"面板设置前景色。使用"色板"面板可以设置前景色，其方法是将鼠标移到"色板"面板的色块上，此时鼠标变成吸管，单击色块就可将前景色设置成所选色块的颜色。如果"色板"面板内没有与前景色一致的色块，则可单击面板底部"创建前景色的新色板"按钮，即可在面板内色块的最后边创建与前景色一样的新色块。与颜色面板一样，色板面板也有相应的菜单，单击色板面板右上方带有三角形箭头的按钮，就可调出色板面板的菜单。

（4）使用吸管工具设置前景色。单击工具箱内的"吸管工具"按钮，并将鼠标移动到图像窗口内部，此时的鼠标指针已经变成一支吸管，单击图像的任何一处，都可以将单击处的颜色设置成前景色。吸管工具的选项栏如图 4.19 所示。通过选择"取样大小"下拉列表框内的不同设置，可以改变吸管工具取样点的大小。

图 4.19 吸管工具选项栏

2. 填充图像

给图像中的选区填充单色或者图案的方法有多种，这里简要介绍主要的方法。

（1）使用油漆桶工具填充单色或图案。油漆桶工具可以在图像中填充颜色，但只是对图像中颜色相近的区域进行填充。在使用油漆桶填充颜色之前，需要选定前景色，然后才可在图像的选定区域单击填充前景色。没有选区时，则是针对当前图层的整个图像，单击图像也可以给图像填充颜色或图案。

要使油漆桶工具在填充时的颜色更准确，可以在其选项栏中设置参数。图 4.20 是油漆桶工具选项栏。

图 4.20　油漆桶工具选项栏

在"填充"下拉列表框用来选择填充的两种方式，即前景与图案。选择"前景"即填充的是前景色，选择"图案"即填充的是图案。

单击"图案"下拉列表框，可调出"图案样式"面板，利用该面板可以选择、增加、删除、更换图案样式。

"容差"的数值决定了填充色的范围，其值越大，填充色的范围也越大。

"不透明度"的数值用来确定填充颜色的透明程度，100%为不透明。

"模式"是被填充的颜色与图像上已有的颜色的混合方式，"正常"状况下没有混合。

"消除锯齿"选项用来减弱方形颜色像素点组成曲线时边缘产生的锯齿状。

（2）使用菜单命令填充单色或图案。单击"编辑"菜单下的"填充"命令，即可调出填充对话框，如图 4.21 所示。利用该对话框，可以给选区填充单色或者图案。

图 4.21　填充对话框

（3）使用粘贴菜单命令填充图像。要使用菜单命令将图像中的某一部分粘贴入另一图像中，应首先将第一图像中的某一部分作为一个选区，并将其复制到剪贴板中去。

其次应在另一图像中建立一个选区，然后单击"编辑"菜单 "选择性粘贴"下的 "贴入"命令，将剪贴板上的图像粘贴到选区中。其中"选择性粘贴"菜单中还有"原位粘贴"与"外部粘贴"命令，"原位粘贴"是把复制出来的图像粘贴到原来的位置。"外部粘贴"是把从别的软件中复制的图像粘贴进来，如图 4.22 所示。

图 4.22　选择性粘贴

（4）使用渐变工具填充渐变色。使用渐变工具，可以创建多种颜色间的逐渐混合，其实质就是在图像中或者图像的某一区域中填入一种具有多种颜色过渡的混合色。这个混合色可以是前景色与背景色的过渡，也可以是前景色与透明背景间的相互过渡，或者是其他颜色间的相互过渡。

当使用工具箱中的渐变工具时，可以用鼠标在图像内拖动就可以给图像的选区填充渐变颜色；如果图像中没有选区时，则对整个图像填充渐变颜色。

单击工具箱内的"渐变"按钮，其对应的选项栏如图 4.23 所示。

图 4.23 渐变工具选项栏

在选项栏上有由五个按钮组成的一组工具，是用来选择渐变色的五种填充方式，单击其中的一个按钮，都可以进入一种渐变色填充方式，它们分别是：

"线性渐变"填充方式：它形成起点到终点的线性渐变效果。也就是起点是鼠标拖动时的单击，终点是松开鼠标左键的点。

"径向渐变"填充方式：它形成由起点到选区四周的辐射状渐变效果。

"角度渐变"填充方式：它形成围绕起点旋转的螺旋渐变效果。

"对称渐变"填充方式：它形成两边对称的渐变效果。

"菱形渐变"填充方式：它可以产生菱形渐变的效果。

单击"渐变样式"列表框的下拉箭头，可以调出"渐变样式"编辑器，双击其中的一种系统的样式，即可完成填充样式的设置。"反向"选项的功用在于选择了该选框后，可以产生反向的渐变效果。选中"仿色"复选框可以使填充的渐变色色彩过渡更加平滑与柔美。

渐变工具填充渐变色的方法是用鼠标在选区内或选区外拖动，而不是单击。鼠标拖动时的起点不同，所得到的效果也是不同的，这一点与油漆桶填充颜色是不同的。

4.4 选区创建与编辑的设计技巧

通过本章关于对象的选择、选区的创建方法、选区的编辑、填充选区等内容的学习，通过练习以进一步巩固选区创建与编辑的设计技巧。

（1）执行 Photoshop CC 软件中"文件"菜单下的"建新"命令（Ctrl+N）创建一个新的图像文件，设置图像高度为 800 像素，宽度为 600 像素，分辨率为 72 像素/英寸，颜色模式为 RGB。

（2）执行 Ctrl+R 命令在文件中显示标尺系统，分别用鼠标移到左边标尺上与上方标尺上拖出垂直与水平 2 根交叉的参考线，如图 4.24 所示。

（3）在 Photoshop CC 的工具箱中选取"椭圆选择工具"，设置"羽化"像素值为 0，选取"消除锯齿"选项。

（4）运用"椭圆选择工具"，将十字光标对准水平与垂直 2 根参考线交叉的中心。在键盘上按下 Alt 键，使选择从中心开始绘制椭圆选区，在按住 Alt 键不放的同时，再在键盘上按下 Shift 键，使绘制的选取成圆形，如图 4.25 所示。

图 4.24　设置参考线

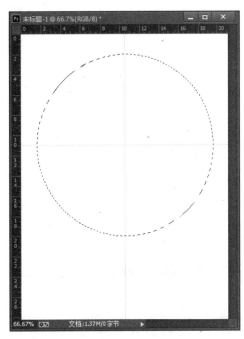

图 4.25　绘制圆形选区

（5）在 Photoshop CC 的工具箱中选取"矩形选择工具"，在工具属性中羽化值为 0 个像素，其他为默认选项，按住键盘上的 Alt 键，使矩形选择工具处在"减选"状态。运用鼠标紧贴水平参考线，将水平参考线上半部分圆形选区减选。

（6）在 Photoshop CC 的工具箱下半部分单击"前景色"按钮。弹出拾色器对话框，设置颜色 RGB 分别为（187、188、188），或者输入颜色代码#bbbcbc。

（7）在图层面板的下方单击"创建新图层"按钮，创建一个新的图层，并使新图层处在当前使用状态（显示蓝色），然后执行"编辑"菜单下面的"填充"命令，或者执行 Alt+Delete 键盘组合命令，对剩下的半圆形选区用上一步设置的前景色进行填充，结果如图 4.26 所示。

（8）执行 Ctrl+D 命令将上一步中的半圆形选区取消以后，继续在软件的工具箱中选取"椭圆选择工具"，以垂直与水平参考线为坐标，从坐标中心绘制一个相对较小的圆形选区，如图 4.27 所示。

（9）继续使用"矩形选择工具"，按住 Alt 键，使选择工具处在减选状态，沿着参考线坐标，将第一象限的选区减选，同时把前景色修改为黑色。然后在图层面板下方单击"创建新图层"按钮，再创建一个新图层，并使新图层处在当前使用状态（显示蓝色），最后用黑色将选区进行填充，效果如图 4.28 所示。

（10）执行 Ctrl+D 命令将上一步中的半圆形选区取消以后，用同样的方法再次以参考线坐标系为中心，创建一个圆形选区，通过圆形选区的大小调整使得圆形选区外部黑色与黑色圆环宽度基本相等，如图 4.29 所示。

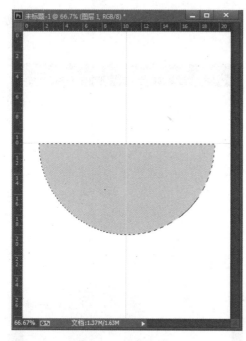

图 4.26　绘制半圆

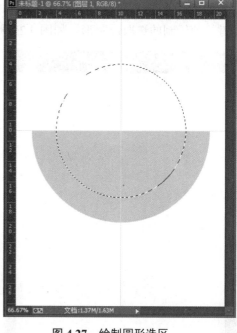

图 4.27　绘制圆形选区

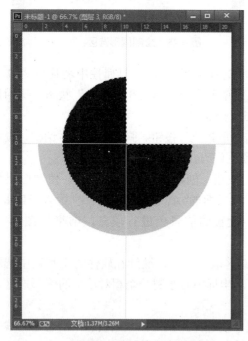

图 4.28　编辑填充选区

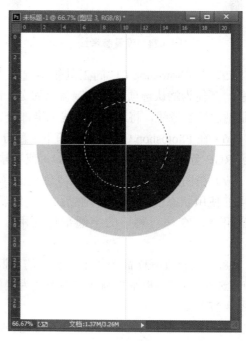

图 4.29　绘制选区

（11）在 Photoshop CC 的工具箱下半部分单击"前景色"按钮。弹出拾色器对话框，设置颜色 RGB 分别为（187、188、188），或者输入颜色代码#bbbcbc。在图层面板下方单击"创建新图层"按钮，再创建一个新图层，执行"编辑"菜单下面的"填充"命令，或者执行 Alt+Delete 键盘组合命令，对剩下的半圆形选区用上一步设置的前景色进行填充，效果如图 4.30 所示。

（12）执行 Ctrl+D 命令将上一步中的半圆形选区取消以后，在 Photoshop CC 的工具箱选用"椭圆选择工具"，按住 Shift 键的同时在下图的位置绘制一个圆形选区。将鼠标放到圆形选区内，移动选区，使之放置合理的位置，如图 4.31 所示。

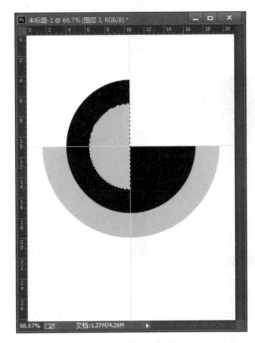

图 4.30　填充选区

图 4.31　绘制选区

（13）在 Photoshop CC 的工具箱的下端单击"前景色"工具按钮，设置前景色，先将垂直的颜色分布区域两边的三角形滑块移到下端，选取一种黄色，或者直接在 RGB 参数中输入（250、131、4）获取所要的颜色，单击确定按钮，如图 4.32 所示。

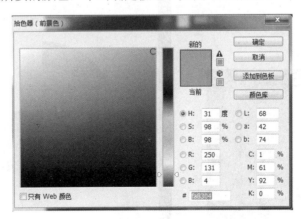

图 4.32　设置前景色

（14）在图层面板创建一个新的图层，或者执行 Ctrl+Shift+N 命令创建一个新图层，然后执行 Alt+Delete 命令将上面设置好的前景色对圆形选区进行填充。将鼠标移至圆形选区内，移动选区（不移动填充像素），将选区移至下图所示的位置，重新执行 Alt+Delete 命令进行颜色填充，如图 4.33 所示。

图 4.33　填充选区

（15）执行 Ctrl+D 命令将上一步中的小圆形选区取消，然后选取工具箱中的文本工具，在文本属性栏中设置字体类型、字体大小、字体颜色，如图 4.34 所示。

（16）在文件中单击文字工具，输入文字，在工具箱中选取移动工具，将输入的文本移到合适的位置，如图 4.35 所示。

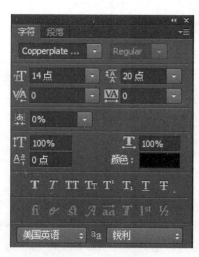

图 4.34　设置字体

图 4.35　输入文字

（17）继续执行文本工具，重修设置字体大小为 18 点，行间距为 24 点，颜色为黑色，具体如图 4.36 所示。

（18）在文件中输入文字，在文本段落面板中设置文字为"居中对齐"，并将文字移到合适的位置，如下图 4.37 所示。

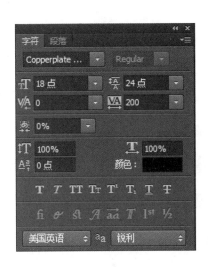

图 4.36　设置文字

图 4.37　最后图像效果

4.5　图像的绘制、编辑与修饰

4.5.1　编辑图像

1. 图像的移动、制作与删除

要移动图像或者图像中的某一部分，必须先创建或编辑好选区以确定移动的范围。单击工具箱上的"移动工具"按钮，鼠标指针就会变成一个带剪刀的黑色箭头状，用鼠标拖动选区内的图像，就可以移动图像了，如图 4.38 所示，移动后图像的原来位置会留下一个透明区域。被选中的图像不仅可以在同一个窗口中移动，也可以移动到另一个窗口。

图像的复制与移动操作基本相同，只是在用鼠标拖动选区中的图像时按住 Alt 键，此时的鼠标指针会变成重叠的黑白双箭头状，复制后的图像如图 4.39 所示。

要删除图像，首先也要将准备删除的图像用选区围住，然后单击"编辑"菜单下"清除"命令，即可将所选的图像删除。也可以用"编辑"菜单下"剪切"命令来清除图像，或者直接按 Delete 键清除。

图 4.38　图像的移动

图 4.39　图像的复制

2. 图像的旋转

对于所要处理的图像，Photoshop 可以让其整幅旋转，也可以让选区内的图像发生各种位移，以达到所需要的效果。

要旋转整幅图像，可单击"图像"菜单下的"旋转画布"命令，系统提供了多种可供选择的旋转角度，如 180°旋转，90°顺时针与 90°逆时针旋转，还有任意角度的旋转，等等。如果选择任意角度的旋转就会调出旋转画布对话框，在对话框中填入要旋转的角度，并选择好顺时针还是逆时针的旋转方向，单击"确定"按钮，即可实现任意角度的旋转。

如果要变换选区内的图像，则应单击"编辑"菜单下的"变换"命令，软件系统则提供了变换的多种选项，如图 4.40 所示。利用该菜单，可以对选区内的图像做出缩放、旋转、斜切、扭曲和透视等处理。

需要注意的是，变换选区与变换图像，虽然各自属于不同的菜单命令，操作结果也不一样，但操作方式有相同之处。图 4.41 所示为图像的旋转变换。

单击"编辑"菜单下的"自由变换"命令，则会在选区的四周显示出一个矩形框，该框有 8 个控制柄和 1 个中心点，可以按照缩放、旋转、斜切等变换选区的方法自由变换选区。

图 4.40　变换命令　　　　　　　图 4.41　旋转图像

4.5.2　绘制图像

绘制图像是 Photoshop 的基本功能，Photoshop 提供了比较强大的绘图工具，所有绘图工具的操作基本相似，一般要经过以下几个步骤：

（1）确定要绘图的颜色，设置好前景色。

（2）在工具选项栏中选取需要的笔刷形状和大小。

（3）在工具选项栏中设置绘图的相关参数。

（4）在文件中进行绘制。

1. 画笔与铅笔工具

Photoshop 提供了画笔工具和铅笔工具，可以用当前的前景色进行绘画。默认情况下，画笔工具创建颜色的柔描边，而铅笔工具创建硬边手画线。不过，通过复位工具的画笔选项可以更改这些默认特性。也可以将画笔工具用作喷枪，对图像应用颜色喷涂。画笔工具的工具选项栏如图 4.42 所示。

图 4.42　画笔工具的工具选项栏

画笔工具选项栏中的各项含义如下：

（1）"毛笔形状"。它为预先设定的工具选项，在这里可以选择一种软件预先设定好的工具。

（2）"画笔"。用来选取画笔和设置画笔选项。

（3）"模式"。在下拉列表中可以选择使用画笔作图时所使用的颜色与背景图的混合模式。

（4）"不透明度"。用于设置所绘图形的透明度。后面一个选项为"始终对不透明度使用压力"，一般与手绘板一起使用。

（5）"流量"。是指颜色的流动速率。

（6）"喷枪"。点按喷枪按钮可将画笔用作喷枪。后面一个选项为"始终对大小使用压力"，一般与手绘板一起使用。

铅笔工具与画笔工具类似，对于铅笔工具，在其选项栏中选择"自动抹掉"可在包含前景色的区域上绘制背景色。

2. 设置"画笔"的属性

"画笔"的属性包括形状、大小、间距、硬度、纹理和各种动态效果。"画笔"通过设置可以产生丰富的形状造型，能为图像制作增添很好的效果。通常"画笔"的设置有以下两种方法：

（1）在工具选项栏中设置。一般在工具选项栏的"画笔"选项中单击能弹出下拉面板，在下拉面板的右上角有一个黑三角，单击可以弹出面板菜单。在这里可以设置"画笔"的直径大小和选择画笔的形状。在"画笔"的下拉面板中可以说有三种不同类型的"画笔"：硬边画笔，这类画笔边缘不柔和；柔边画笔，这类画笔边缘柔和，不能用于铅笔工具；还有一类是不规则画笔，这类画笔在 Photoshop 中很多，如果面板上没有可以到面板菜单中去追加。

（2）在画笔面板中设置。在 Photoshop 中使用画笔面板可以选择预设画笔、设计自定画笔、设置画笔笔尖形状、设置动态画笔等。执行"窗口"菜单"画笔"命令，或者在工具选项栏的左侧第三个按钮上点击，可以打开画笔面板。

在"画笔预设"状态一般有以下主要的操作：

选择预设画笔：点按"画笔"弹出式面板或"画笔"面板中的画笔，就可以应用预设的画笔。如果是使用"画笔"面板，则一定要选中面板左侧的"画笔预设"才能看到载入的预设。拖移面板下面的滑块或输入值以指定画笔的"主直径"。如果画笔具有双重笔尖，主画笔笔尖和双重画笔笔尖都将被缩放。

更改预设画笔的显示方式：从"画笔"弹出式面板菜单或"画笔"面板菜单中可以选取不同的显示选项："纯文本"是以列表形式查看画笔的；"小缩览图"或"大缩览图"是以缩览图形式查看画笔的。"小列表"或"大列表"是以列表形式查看画笔；"描边缩览图"是查看样本画笔描边。

载入预设画笔库：从"画笔"弹出式面板菜单或"画笔"面板菜单中选取"载入画笔"，可以将库中的画笔添加到当前列表，选择想使用的库文件，并按"载入"就行；画笔面板还可以有"替换画笔""存储画笔""复位画笔"等操作。可以使用"预设管理器"载入和复位画笔库。

（3）设置笔尖形状。在"画笔笔尖形状"状态下可以自定义画笔，而且不同的画笔类型有不同的设置参数。

大小：控制画笔大小。输入以像素为单位的值，或拖移滑块。将画笔复位到它的原始直径。只有在画笔笔尖形状是通过采集图像中的像素样本创建的情况下，才能使用此选项。

角度：指定椭圆画笔或样本画笔的长轴从水平方向旋转的角度。键入度数，或在预览框中拖移水平轴。

圆度：指定画笔短轴和长轴的比率。输入百分比值，或在预览框中拖移点。100% 表示圆形画笔，0% 表示线性画笔，介于两者之间的值表示椭圆画笔。

硬度：控制画笔硬度中心的大小。键入数字，或者使用滑块输入画笔直径的百分比值。

间距：控制描边中两个画笔笔迹之间的距离。如果要更改间距，请键入数字，或使用滑块输入画笔直径的百分比值。当取消选择此选项时，光标的速度决定间距。

（4）设置动态画笔。

"画笔"面板提供了许多将动态（或变化）元素添加到预设画笔笔尖的选项，可以设置在绘图操作的过程中改变画笔笔迹的大小、颜色和不透明度等。Photoshop 提供了"动态形状"

"动态颜色""散布""纹理"等主要的动态效果。

"动态形状"是指描边中画笔笔迹大小的改变方式,通过指定抖动的最大百分比,来控制画笔笔迹的大小变化;如果在"控制"弹出式菜单选项中设置"渐隐"选项,可通过步长来控制在初始直径和最小直径之间渐隐画笔笔迹的大小。每个步长等于画笔笔尖的一个笔迹。该值的范围可以从 1 到 9 999。而"钢笔压力""钢笔斜度"或"光笔轮"选项可以在初始直径和最小直径之间改变画笔笔迹的大小。

"散布"是用来设置画笔笔迹在描边过程中的分布方式。当选择"两轴"时,画笔笔迹按径向分布。当取消选择"两轴"时,画笔笔迹垂直于描边路径分布。"渐隐"可按指定数量的步长将画笔笔迹的散布从最大散布渐隐到无散布。

"纹理"是利用系统中的图案,在绘图规程中用图案填色,使描边看起来像是在带纹理的画布上绘制的一样。可以在图案样本窗中单击,打开图案列表,选择图案;通过设置"缩放""深度"等选项设置图案的填充方式。

"动态颜色"是指在画笔绘图过程中绘制颜色发生变化。它以前景色与背景色为基本颜色,通过设置色相、明度、亮度、纯度的变化来使颜色发生改变。

4.5.3 图像的擦除、仿制与修饰

图像的擦除、仿制与修饰是图像编辑和制作的一个不可缺的技术,Photoshop 提供了一些图像的擦除、仿制与修饰工具,这些工具在图像的编辑过程中相辅相成,经常联合使用来调整图像。图像的擦除是将不需要的图像去除以达到对图像的修饰,Photoshop 中图像的擦除工具主要有:橡皮擦工具、背景橡皮擦工具和魔术橡皮擦工具;仿制工具主要有:图章工具、图案章工具、修补工具、修复画笔工具、污点修复画笔工具等;图像的修饰工具有:模糊工具、锐化工具、涂抹工具、减淡工具、加深工具和海绵工具。这些工具的功能和使用在操作上有类似的地方,也有不同的地方。

1. 图像的擦除工具

橡皮擦工具、背景橡皮擦工具和魔术橡皮擦工具可将图像区域抹成透明或背景色。

橡皮擦工具:在图像中拖移时,会随之更改图像中的像素。如果正在背景中或在透明被锁定的图层中工作,像素将更改为背景色,否则像素将抹成透明。"抹到历史记录"选项还可以使用橡皮擦使受影响的区域返回到"历史记录"调板中选中的状态。橡皮擦工具的选项栏如图 4.43 所示,各选项的含义与上一节讲述画笔工具类似,这里不再详细展开讲述。

图 4.43 橡皮擦工具的选项栏

背景色橡皮擦工具:可用于在拖移时将图层上的像素抹成透明,从而可以在抹除背景的同时在前景中保留对象的边缘。通过指定不同的取样和容差选项,可以控制透明度的范围和边界的锐化程度。背景色橡皮擦工具选项栏如图 4.44 所示。

图 4.44 背景色橡皮擦工具选项栏

魔术橡皮擦工具：在图层中点按时，该工具会自动更改所有相似的像素。如果是在背景中或是在锁定了透明的图层中工作，像素会更改为背景色，否则像素会抹为透明。魔术橡皮擦工具选项栏如图 4.45 所示。

图 4.45 魔术橡皮擦工具选项栏

2. 图像仿制与修复工具

仿制图章工具：首先从图像中取样，然后将样本应用到其他图像或同一图像的其他部分。具体的用法是：先选取画笔和设置画笔选项，设置好混合模式、不透明度和流量等参数，按住 Alt 键并点按用来复制的图像区域，以设置取样点，然后放开 Alt 键就可以进行复制图像。选择"用于所有图层"选项可以从所有可视图层对数据进行取样，如图 4.46 所示。

图 4.46 仿制图章工具的工具选项栏

图案图章工具：可以从图案库中选择图案或者自己创建的图案来填充图像，用法比较简单方便，图 4.47 所示是它的工具选项栏。

图 4.47 图案图章工具的工具选项栏

修复画笔工具：可用于校正图像照片中的瑕疵与不足，使它们与周围的图像融合。用法与仿制工具一样。使用修复画笔工具可以利用图像或图案中的样本像素来绘画。但是，修复画笔工具还可将样本像素的纹理、光照和阴影与源像素进行匹配，从而使修复后的像素不留痕迹地融入图像的其余部分。

修补工具：可以用图像中的其他区域或图案中的像素来修复选中的区域。像修复画笔工具一样，修补工具会将样本像素的纹理、光照和阴影与源像素进行匹配。还可以使用修补工具来仿制图像的隔离区域。

3. 图像的修饰工具

运用模糊工具、锐化工具、涂抹工具、减淡工具、加深工具和海绵工具可以从图像的清晰光亮度、明暗、色彩等角度对图像进行修饰。但在位图、索引颜色模式或 16 位通道的图像中不能使用这些工具。

涂抹工具：可模拟在湿颜料中拖移手指的动作。是在图像中涂抹的方式糅合附近的像素。该工具可拾取描边开始位置的颜色，并沿拖移的方向展开这种颜色。"手指绘画"可使用每个描边起点处的前景色进行涂抹。如果取消选择该选项，涂抹工具会使用每个描边的起点处指针所指的颜色进行涂抹。

模糊工具和锐化工具：可以统称聚焦工具。模糊工具是一种通过画笔使图像模糊的工具，可以柔化图像中的硬边缘或图像区域，降低像素之间的反差度，以减少细节。锐化工具与模糊工具相反，增大像素之间的反差度，可调整图像的软边缘，以提高清晰度或聚焦程度。两个工具的选项栏相似。

减淡工具和加深工具：也叫色调工具，减淡、加深工具采用了用于调节照片特定区域的曝光度的传统摄影技术，可使图像局部区域变亮或变暗。减淡工具通过提高图像的亮度来校正曝光，加深工具正好相反。两个工具的选项栏相似，下图是减淡工具的工具选项栏。在范围选项中"中间调"可更改灰度的中间范围；"暗调"可更改黑暗的区域；"高光"可更改明亮的区域。

海绵工具：是一种调整图像色彩饱和度的工具，可以提高和降低图像局部色彩的饱和度，精确地更改区域的色彩。在灰度模式下，该工具通过使灰阶远离或靠近中间灰色来增加或降低对比度。"加色"可以增强颜色的饱和度；"去色"可以减弱颜色的饱和度。

4.6　网店视觉图像绘制的设计技巧

（1）运行 Photoshop 软件，在软件中执行 Ctrl+N 命令创建一个新的图像文件，文件名称可以自定，设置图像尺寸，宽度为 750 像素，高度为 350 像素，分辨率为 72 像素/英寸，颜色模式为 RGB 模式，背景颜色为白色，具体设置如图 4.48 所示。

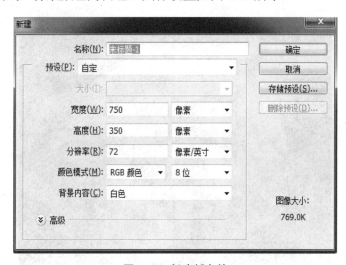

图 4.48　创建新文件

（2）在软件的工具箱中单击前景色按钮，设置前景色，RGB 数值分别为（255、255、199）。

（3）在软件的图层面板创建一个新图层，执行 Ctrl+Delete 命令，将前景色填充到新创建的图层中，效果如图 4.49 所示。

（4）在软件中打开一幅红花素材图像文件 sucai 1.jpeg，然后，在 Photoshop 软件工具箱中选取磁性套索工具，对工具选项进行设置，羽化值为 0 像素，勾选消除锯齿选项，设置宽度为 10 个像素，对比度为 10%，频率为 57，具体如图 4.50 所示。

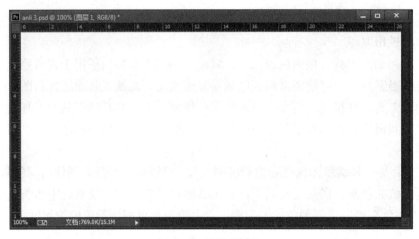

图 4.49 填充前景色

图 4.50 工具选项设置

（5）运用设置好的套索工具沿着花的图像轮廓边缘移动，将花图像整体选取，如图 4.51 所示。

图 4.51 选取图像

（6）保持选区不动，执行软件"编辑"菜单命令下的"定义画笔"命令，将选取的花的造型定义为画笔，在对话框中设置画笔的名称为"aaa"，如图 4.52 所示。

图 4.52 定义画笔

（7）在软件的工具箱中选择画笔工具，在笔刷类型选项中选择上一步建立的"aaa"画笔，设置混合模式为正常，不透明度为100%，流量值为100%，如图4.53所示。

图4.53 画笔选项设置

（8）在工具属性栏中单击笔尖形状属性，在弹出的对话框中设置笔尖大小为43像素，角度为0°，圆度为100%，间距为785%，如图4.54所示。

（9）单击键盘上的F5按钮弹出画笔预设面板，分别勾选"形状动态""散布""颜色动态"三个选项，如图4.55所示。

（10）单击"形状动态"文字所在的按钮，设置形状动态选项，最小直径设置为0%，角度抖动为100%，圆度抖动为0%，如图4.56所示。

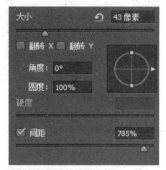

图4.54 画笔笔尖参数设置

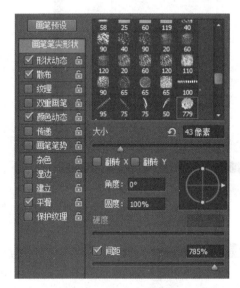

图4.55 设置画笔选项

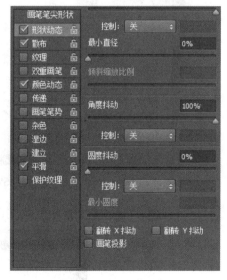

图4.56 形状动态设置

（11）单击"散布"文字所在的按钮，进行散布选项设置，设置散布数量为1，数量抖动值为98%，如图4.57所示。

（12）单击"颜色动态"文字所在的按钮，进行颜色动态选项设置，设置前景色/背景色抖动数值为100%，色相抖动数量为100%，其他饱和度、亮度、纯度变动值均为0%，具体如图4.58所示。

（13）在软件的工具箱中分别单击前景色与背景色，并对前景色与背景色分别进行颜色设置，其中设置前景色的RGB数量值为（247、41、204），设置背景色的RGB数量值为（250、97、23）。

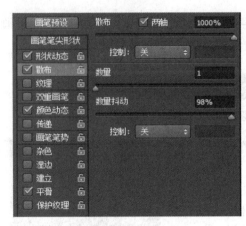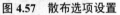

图 4.57 散布选项设置	图 4.58 颜色动态选项设置

（14）回到第一步创建的图像文件，在图层面板创建一个新图层，然后用前面设置好的画笔工具在图像的左上角用笔刷"aaa"进行填色，可以分次操作，效果如图4.59所示。

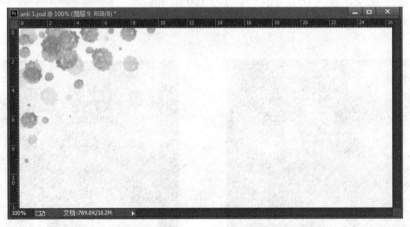

图 4.59　笔刷填色

（15）在软件中打开另一个素材图像文件，如图 4.60 所示。

图 4.60　打开素材图像

（16）选择软件工具箱中移动工具，将打开的素材图像整体移到正在操作的文件中，并执行 Ctrl+T 命令对文件的大小与位置进行调整，如图 4.61 所示。

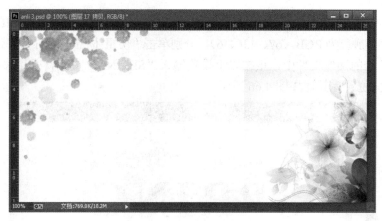

图 4.61 移动并编辑素材

（17）在上一步的素材图像所在的图层，设置图像混合模式为"正片叠底"，不透明度与填充值均为 100%，如图 4.62 所示。

（18）在软件的工具箱中选取橡皮工具，选取一边缘柔软的画笔，设置画笔大小为 99 像素，不透明度为 100%，流量为 28%，如图 4.63 所示。

图 4.62 设置图层混合模式

图 4.63 工具选项设置

（19）用上一步设置好的橡皮擦工具，在前面的素材图像所在的图层，将边缘的图像进行适当擦除，使图像与背景更协调，效果如图 4.64 所示。

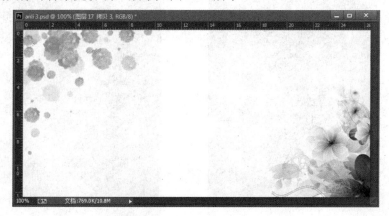

图 4.64 擦除图像边缘

（20）接下来在软件的工具箱中选取文本输入工具，在文本属性栏中设置字体为 Times New Roma 字体，字体显示方式为 Bold，如图 4.65 所示。

图 4.65　字体设置

（21）在字符属性面板中，字体为 Times New Roma 字体，设置字体大小为 106.33 点，字体间距为 110，字体颜色为 RGB（67、136、6），分别单击"仿粗体"与"全部大写字母"按钮。

（22）在工作的图像文件中，根据以上设置输入"SPRING"文字，并用移动工具将文字移到图像的中间位置，具体如图 4.66 所示。

图 4.66　输入文字

（23）在 Photoshop 中的工具箱里选取画笔工具，在键盘上按 F5 键，弹出画笔预设面板，在画笔笔尖形状中选择 1 个像素的画笔笔尖，设置角度为 0 度，圆度为 100%，硬度为 100%，间距为 1 000%，同时勾选"形状动态""散布""平滑"三个选项，如图 4.67 所示。

（24）在画笔选项面板，单击"形状动态"文字所在按钮，设置形状动态参数，其中最小直径为 0%，角度抖动为 100%，圆度抖动为 0%。具体如图 4.68 所示。

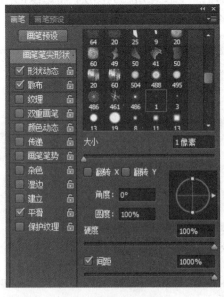

图 4.67　画笔选项设置

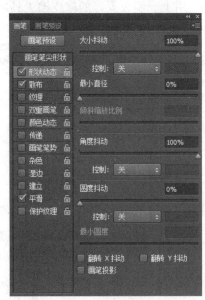

图 4.68　形状动态参数设置

（25）在画笔选项面板中单击"散布"文字所在的按钮，设置散布参数选项，设置散布值为1 000%，散布数量为 1，数量抖动为 98%，如图4.69 所示。

（26）在软件的图层面板先选择文字图层，按住键盘上的 Ctrl 键的同时，单击文字图层的缩览图，使文字选中，然后在图层面板创建一个新图层，以新创建的图层为当前图层，设置前景色为 RGB（202、207、59），在文字的选择区域内进行点状填充，填充完成后取消选择，效果如图 4.70 所示。

（27）运用软件的文本输入工具，设置字符属性，其中字体为微软雅黑，字体大小为 24 点，字间距为 200。设置文字颜色为 RGB（202、207、59）。

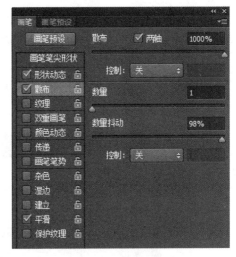

图 4.69　散布参数设置

图 4.70　点状填充文字选区

（28）在图像文件中输入"春款上市　全网钜惠"文本，并用移动工具使文本与"SPRING"文本右对齐，效果如图 4.71 所示。

图 4.71　输入文本

（29）继续在字符面板中设置文本参数，其中字体为微软雅黑，显示方式为"Regular"。字体大小为 14 点，行间距为 18 点，颜色为 RGB（102、100、100）。

（30）在文字"SPRING"的下方分别输入三行文字，如图 4.72 所示，并使中间一行的文字适当调大一点，然后使三行文字右对齐。

图 4.72　输入文字

（31）在软件中打开蝴蝶素材文件，如图 4.73 所示，用工具箱中的魔术棒工具将蝴蝶图像的白色区域选中，执行 Ctrl+Shift+I 命令使选区反转，从而选中蝴蝶图像。

（32）执行软件的"编辑"菜单下面的定义笔刷命令，将蝴蝶图案定义为画笔形状，选中画笔工具，使笔尖形状设置为刚才定义的蝴蝶笔刷，打开画笔预设面板，设置笔尖形状大小为 500 像素，间距为 980%，圆度为 100%，角度为 0，具体如图 4.74 所示。

图 4.73　素材图像

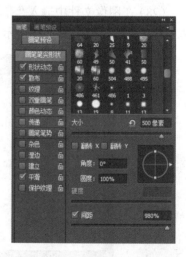

图 4.74　笔尖形状设置

（33）在图层面板创建一个新图层，将前景色设置为 RGB（351、145、78），运用上一步设置的画笔绘制几只蝴蝶图案，具体位置在文字右上方，如图 4.75 所示。

图 4.75 绘制蝴蝶图案

（34）在软件的工具箱中，继续运用画笔工具，将画笔笔尖形状设置为大小为 112 的"沙丘草"画笔，如图 4.76 所示。

（35）按 F5 键打开画笔预设面板，将动态形状选项中的数量设置为 1，设置前景色为一种深绿色，背景色为一种橘红色，然后在图层面板创建一个新图层，在图像文件的左下角绘制一些沙丘草形状，如图 4.77 所示。

（36）运用同样的方法，在图像的右上角绘制一些沙丘草图案，最后效果如图 4.78 所示。

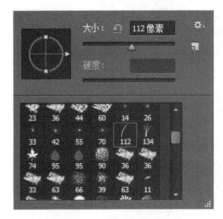

图 4.76 画笔设置

图 4.77 绘制图案

图 4.78　最后效果图

第五章

网店视觉图像处理的图层应用

 **本章导语**

"艺术挑战技术，技术启发艺术。"

——约翰·拉塞特

网店视觉图像
处理的图层应用

5.1 图层的应用技术

5.1.1 图层的基本操作

1. 建立图层

在 Photoshop 中，可以用许多种方法建立图层。不仅可以由使用者直接创建图层，而且有些操作在被运用时将会自动地生成图层。例如，每当粘贴素材到图像中或创建文本时，Photoshop 就创建一个新的图层。下面将列举一些能创建图层的方法。

图层菜单：用户可以选择"图层"菜单的"新建"子菜单中的一个命令，设置对话框中的参数后单击"确定"按钮即可，如图 5.1 所示。

图 5.1　新建图层对话框

面板菜单：用户可以从"图层"控制面板的面板菜单中选择"新图层"，同样可打开如上图所示的对话框建立普通图层。

面板图标：用户可以从"图层"控制面板中单击"新图层"图标。

剪贴板粘贴：用户可以把图像从剪贴板上粘贴到图像中。

拖动创建：用户可以把图层从一个图像拖到另一个图像，或把图层从"图层"控制面板拖动到另一个图像。

2. 复制图层

用户在使用图层时，经常要创建一个原图层的精确拷贝，这时就可以复制图层。

用户可以从"图层"控制面板菜单中选择"复制图层"命令或者从"图层"菜单中选择"复制图层"命令，这时会弹出一个"复制图层"对话框，如图 5.2 所示，然后在对话框中设置以下参数：在"文档"项中选择一个要接受复制的图层的文件，在下拉式列表中会列出所有打开的图像文件名，最后一个选项为"新建"，表示以复制的图层为基础来新建一个文件；在"名称"项中设置复制后的图层的名称。

如果复制的图层是背景层，则上面一览设置会被激活，用户可以设置是否还是以一个背景层的形式粘贴到要接受复制图层的文件中。

设置完这些参数后单击"确定"按钮即可完成设置。

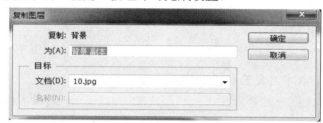

图 5.2　复制图层对话框

3. 删除图层

有的图层对于用户制作是无用的或者是没有必要的，这时用户就要删除这些图层。只需从"图层"菜单或"图层"控制面板中选择"删除图层"即可，另外用户也可以简单地把图层拖到"图层"控制面板右下部的"垃圾桶"图标上来删除拖动的图层。

由于在删除图层时，系统并不像通常那样弹出一个对话框，所以用户在删除图层时要考虑清楚，不过现在用户也可以使用"历史"面板进行恢复操作。

4. 调整图层的叠放次序

图层的叠放次序对于图像来说非常重要，因为图层像一张透明的纸，图层的位置也就是图层中内容的位置，当然一个图层一般不会使用所有的不透明的对象盖住，所以图层的叠放决定着图层中的哪些内容被遮住、哪些内容是可见的，这些可见的内容叠放在一起即可形成一个很好的图像效果，这也是图层的一个重要的功能。

下面就介绍如何调整图层的叠放次序：

在"图层"控制面板中改变图层的叠放次序时只要将鼠标移到要调整次序的图层上，然后拖曳鼠标至适当的位置就可完成次序的调整。

另外，用户也可以使用"图层"菜单中的"排列"子菜单下的命令，使用此菜单可参考本章第一节的图层菜单各项命令的用法，如图 5.3 所示。

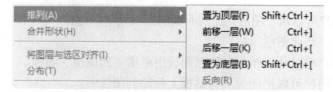

图 5.3　调整图层的叠放次序

5. 图层的链接

图层的链接功能可以方便用户移动多层图像，同时也可以合并、排列和分布图像中的层。当几个层进行链接后，用户对其中的一个层进行排列等操作时可以使得和其链接的几个层进行同样的操作。

要使几个层称为链接的层，其方法如下：在图层面板中同时选定多个层，然后单击图层面板下面的链接图层按钮即可。当用户要将链接的层取消链接时，同样可单击一下链接按钮就可以了，如图 5.4 所示。

6. 图层的合并

如果用户觉得几个图层可以进行合并，以节省内存空间和提高操作速度，就可以使用合并图层的功能，合并图层共

图 5.4　设置图层链接

有 3 个命令，这 3 个合并命令既出现在"图层"菜单中，又出现在"图层"控制面板的弹出菜单中，下面分别介绍各个命令的功能。

"合并可视图层"：在该命令被应用时合并所有可视图层，这是清理图像和精简文件尺寸的一种好方法。当用户不想合并所有的图层时，做法很简单，关闭仍想分离的任何一个图层的可视性，并选择"合并可见图层"命令合并其余图层。按住 Alt 键可把所有可视图层合并到活动图层上。

"合并链接图层"：它把多个被链接在一起的图层合并成一个单独的图层，这条命令只有当图层被链接在一起时才可利用。按住 Alt 键可把链接图层合并到活动图层上。

"拼合图像"：此命令是一种比较特殊的合并命令，它首先获取所有可视或不可视的图层，然后把它们合并成一个展平的、无图层的图像。如果在选择这条命令时存在不可视的图层，那么 Photoshop 询问使用者，是否想删除这些隐藏着的图层。如果想返回去把它们增加到图像上或把它们复制到另一文件中，那么单击"取消"按钮。

5.1.2　图层的蒙版

蒙版也是 Photoshop 图层中的一个重要概念，使用蒙版可保护部分图层，该图层不能被编辑。并且能在需要时随时把被删除的部分恢复过来。

图层蒙版可以理解为在当前图层上面覆盖一层玻璃片，这种玻璃片有：透明的、半透明的、完全不透明的。然后用各种绘图工具在蒙版上（即玻璃片上）涂色（只能涂黑白灰色），涂黑色的地方蒙版变为不透明的，看不见当前图层的图像。涂白色则使涂色部分变为透明的，可看到当前图层上的图像，涂灰色使蒙版变为半透明，透明的程度由涂色的灰度深浅决定，是 Photoshop 中一项十分重要的功能。

就图层蒙版来说，实际上是建立一个坐落在该图层上面的蒙版，从而把某些部分隐藏掉，而让其余部分透视过来。当需要恢复一个已隐藏的部分时，只需返回来擦除掉该蒙版即可。这种方法类似于建立一个快速蒙版，因为单击一个图标激活该蒙版，并在图像上绘画来定义蒙版区；跟快速蒙版不同的是，看不到定义该选择的着色区域，而下面的图层或者被暴露，或者被隐藏。图 5.5 所示为添加图层蒙版的图层状态。

所以图层蒙版是一种特殊的选区，但它的目的并不是对选区进行操作，相反，而是要保

护选区的不被操作。同时，不处于蒙版范围的地方则可以进行编辑与处理。

　　蒙版虽然是种选区，但它跟常规的选区颇为不同。常规的选区表现了一种操作趋向，即将对所选区域进行处理；而蒙版却相反，它是对所选区域进行保护，让其免于操作，而对非掩盖的地方应用操作。Photoshop 中的图层蒙版只能用黑白色及其中间的过渡色（灰色）。在蒙版中的黑色就是蒙住当前图层的内容，显示当前图层下面的层的内容，蒙版中的白色则是显示当前层的内容。蒙版中的灰色则是半透明状，前图层下面的层的内容则若隐若现。图 5.6 所示为图层蒙版属性调整面板。

图 5.5　图层蒙版

图 5.6　图层蒙版属性

　　图层蒙版的使用可以直接在图层面板下方单击"添加图层蒙版"按钮即可新建图层蒙版，在"图层"菜单下选择"添加图层蒙版"中的"显示选区"或"隐藏选区"命令即可显示或隐藏图层蒙版。单击图层面板中的"图层蒙版缩览图"将它激活，然后选择任一编辑或绘画工具可以在蒙版上进行编辑。将蒙版涂成白色可以从蒙版中减去并显示图层，将蒙版涂成灰色可以看到部分图层，将蒙版涂成黑色可以向蒙版中添加并隐藏图层。图层蒙版的具体操作方法如下：

　　（1）图层面板最下面有一排小按钮，其中第三个，长方形里边有个圆形的图案，它就是添加图层蒙版按钮，鼠标单击就可以为当前图层添加图层蒙版。工具箱中的前景色和背景色不论之前是什么颜色，当为一个图层添加图层蒙版之后，前景色和背景色就只有黑白两色。

　　（2）执行"图层"菜单中的"图层蒙版"下的"显示全部或者隐藏全部"，也可以为当前图层添加图层蒙版。隐藏全部对应的是为图层添加黑色蒙版，效果为图层完全透明，显示下面图层的内容。显示全部就是完全不透明，如图 5.7 所示。

　　（3）编辑图层蒙版

　　增加图层蒙版，只是完成了应用图层蒙版的第一步。要使用图层蒙版，还必须对图层的蒙版进行编辑，这样才能取得所需的效果。

　　要编辑图层蒙版，可以按如下步骤进行操作。

　　① 单击"图层"调板中的图层蒙版缩览图，将其激活。

　　② 选择任意一种编辑或绘画工具。

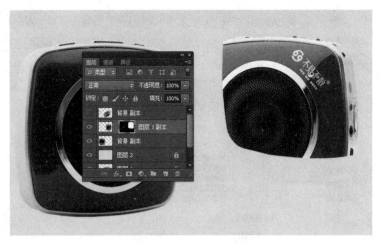

图 5.7　图层蒙版应用

③ 考虑所需要的效果并按以下准则进行操作。

如果要隐藏当前图层，用黑色在蒙版中绘图。

如果要显示当前图层，用白色在蒙版中绘图。

如果要使当前图层部分可见，用灰色在蒙版中绘图。

④ 如果要编辑图层而不是编辑图层蒙版，单击"图层"调板中该图层的图层缩览图，以将其激活。

5.2　图层效果与样式

图层样式也称图层效果，可以帮助使用者快速应用各种效果，还可以查看各种预定义的图层样式，使用鼠标即可应用样式，也可以通过对图层应用多种效果创建自定样式。可应用的效果样式有投影效果、外发光、浮雕、描边等。

5.2.1　图层效果选项

1. 图层效果面板

Photoshop 还提供了很多预设的样式，可以在样式模板中直接选择所要的效果套用，应用预设样式后还可以在它的基础上再修改效果。

Photoshop 提供了各种效果 （如阴影、发光和斜面）来更改图层内容的外观。图层效果与图层内容链接。移动或编辑图层的内容时，修改的内容中会应用相同的效果。例如，如果对文本图层应用投影并添加新的文本，则将自动为新文本添加阴影。图层样式是应用于一个图层或图层组的一种或多种效果。可以应用 Photoshop 附带提供的某一种预设样式，或者使用"图层样式"对话框来创建自定样式。"图层效果"图标将出现在图层面板中的图层名称的右侧。可以在图层面板中展开样式，以便查看或编辑合成样式的效果。通过在混合选项面板中添加各种效果，也可以自定义样式。如果存储自定义样式时，该样式成为预设样式。预设样式出现在样式面板中，只需单击一次便可将其应用于图层或组。图 5.8 所示为图层效果面板。

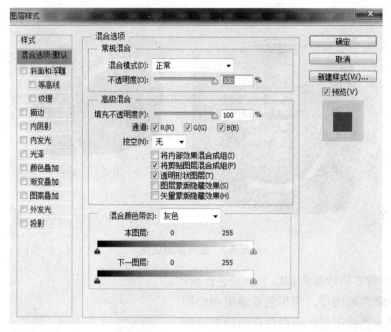

图 5.8　图层效果面板

在 Photoshop 中各图层样式效果的含义如下：

（1）投影：在图层内容的后面添加阴影。

（2）内阴影：紧靠在图层内容的边缘内添加阴影，使图层具有凹陷外观。

（3）外发光和内发光：添加从图层内容的外边缘或内边缘发光的效果。

（4）斜面和浮雕：对图层添加高光与暗调的各种组合。

（5）光泽：在图层内部根据图层的形状应用阴影，通常都会创建出光滑的磨光效果。

（6）颜色、渐变和图案叠加：颜色、渐变或图案填充图层内容。

（7）描边：使用颜色、渐变或图案在当前图层上描画对象的轮廓。

以上每一种效果模式都可以在"混合选项"面板中对其进行详细的参数设置，这样灵活的应用效果模式可以创造出花样别出的特殊效果。

隐藏/显示图层样式：在"图层"菜单下的"图层样式"命令中可以选择"隐藏所有图层效果"或"显示所有图层效果"命令，来隐藏/显示图层的样式。在图层面板中我们可以展开图层样式，也可以将它们合并在一起。

拷贝和粘贴样式：如果想其他的图层应用同一个样式可以使用拷贝和粘贴样式功能，首先选择要拷贝的样式的图层，然后选择"图层"菜单下的"图层样式"中的"拷贝图层样式"命令。要将样式粘贴到另一个图层中，先在图层面板中选择目标图层再选择"图层"菜单下的"图层样式"中的"粘贴图层样式"命令。若要粘贴到多个图层中需要先链接目标图层，然后选择"图层样式"中的"将图层样式粘贴到链接的图层"，粘贴的图层样式将替换目标图层上的现有图层样式。除此之外通过鼠标拖移效果，也可以拷贝粘贴样式。

删除图层效果：对于那些已经应用的样式我们又想将它们取消，可以在图层面板中将效果栏拖移到删除图层按钮上。或者选择"图层"菜单下的"图层样式"中的"清除图层样式"命令。或者选择图层，然后单击图层面底部的清除样式按钮。

2. 图层样式选项

在各类图层样式中都有很多选项，各个选项用来调整不同的效果，选项和参数的含义具体有如下一些：

（1）高度：对于斜面和浮雕效果，设置光源的高度。值为 0 表示底边；值为 90 表示图层的正上方。

（2）角度：确定效果应用于图层时所采用的光照角度。可以在文档窗口中拖动以调整"投影""内阴影"或"光泽"效果的角度。

（3）消除锯齿：混合等高线或光泽等高线的边缘像素。此选项在具有复杂等高线的小阴影上最有用。

（4）混合模式：确定图层样式与下层图层（可以包括也可以不包括现用图层）的混合方式。例如，内阴影与现用图层混合，因为此效果绘制在该图层的上部，而投影只与现用图层下的图层混合。在大多数情况下，每种效果的默认模式都会产生最佳结果。

（5）阻塞：模糊之前收缩"内阴影"或"内发光"的杂边边界。

（6）颜色：指定阴影、发光或高光。可以单击颜色框并选取颜色。

（7）等高线：使用纯色发光时，等高线允许创建透明光环。使用渐变填充发光时，等高线允许创建渐变颜色和不透明度的重复变化。在斜面和浮雕中，可以使用"等高线"勾画在浮雕处理中被遮住的起伏、凹陷和凸起。使用阴影时，可以使用"等高线"指定渐隐。

（8）距离：指定阴影或光泽效果的偏移距离。可以在文档窗口中拖动以调整偏移距离。

（9）深度：指定斜面深度。它还指定图案的深度。

（10）使用全局光：可以使用此设置来设置一个"主"光照角度，此角度可用于使用阴影的所有图层效果："投影""内阴影"以及"斜面和浮雕"。在任何这些效果中，如果选中"使用全局光"并设置一个光照角度，则该角度将成为全局光源角度。选定了"使用全局光"的任何其他效果将自动继承相同的角度设置。如果取消选择"使用全局光"，则设置的光照角度将成为"局部的"并且仅应用于该效果。也可以通过选取"图层样式——局光"来设置全局光源角度。

（11）光泽：等高线创建有光泽的金属外观。"光泽等高线" 是在为斜面或浮雕加上阴影效果后应用的。

（12）渐变：指定图层效果的渐变。单击"渐变"以显示"渐变编辑器"，或单击倒箭头并从弹出式面板中选取一种渐变。可以使用渐变编辑器编辑渐变或创建新的渐变。在"渐变叠加"面板中，可以像在渐变编辑器中那样编辑颜色或不透明度。对于某些效果，可以指定附加的渐变选项。"反向"翻转渐变方向，"与图层对齐"使用图层的外框来计算渐变填充，而"缩放"则缩放渐变的应用。还可以通过在图像窗口中单击和拖动来移动渐变中心。"样式"指定渐变的形状。

（13）高光或阴影模式指定斜面或浮雕高光或阴影的混合模式。

（14）抖动：改变渐变的颜色和不透明度的应用。

（15）图层挖空投影：控制半透明图层中投影的可见性。

（16）杂色：指定发光或阴影的不透明度中随机元素的数量。输入值或拖动滑块。

（17）不透明度：设置图层效果的不透明度。输入值或拖动滑块。

（18）图案：指定图层效果的图案。单击弹出式面板并选取一种图案。单击"新建预设"

按钮，根据当前设置创建新的预设图案。单击"贴紧原点"，使图案的原点与文档的原点相同（在"与图层链接"处于选定状态时），或将原点放在图层的左上角（如果取消选择了"与图层链接"）。如果希望图案在图层移动时随图层一起移动，可以选择"与图层链接"。拖动"缩放"滑块，或输入一个值以指定图案的大小。拖动图案可在图层中定位图案；通过使用"贴紧原点"按钮来重设位置。如果未载入任何图案，则"图案"选项不可用。

（19）位置：指定描边效果的位置是"外部""内部"还是"居中"。

（20）范围：控制发光中作为等高线目标的部分或范围。

（21）大小：指定模糊的半径和大小或阴影大小。

（22）软化：模糊阴影效果可减少多余的人工痕迹。

（23）源：指定内发光的光源。选取"居中"以应用从图层内容的中心发出的发光，或选取"边缘"以应用从图层内容的内部边缘发出的发光。

（24）扩展：模糊之前扩大杂边边界。

（25）样式：指定斜面样式："内斜面"在图层内容的内边缘上创建斜面；"外斜面" 在图层内容的外边缘上创建斜面；"浮雕效果"模拟使图层内容相对于下层图层呈浮雕状的效果；"枕状浮雕"模拟将图层内容的边缘压入下层图层中的效果；"描边浮雕"将浮雕限于应用于图层的描边效果的边界。（如果未将任何描边应用于图层，则"描边浮雕"效果不可见。）

（26）方法："平滑""雕刻清晰"和"雕刻柔和"可用于斜面和浮雕效果；"柔和"与"精确"应用于内发光和外发光效果。

平滑稍微模糊杂边的边缘，可用于所有类型的杂边，不论其边缘是柔和的还是清晰的。此技术不保留大尺寸的细节特征。

雕刻清晰使用距离测量技术，主要用于消除锯齿形状（如文字）的硬边杂边。它保留细节特征的能力优于"平滑"技术。

雕刻柔和使用经过修改的距离测量技术，虽然不如"雕刻清晰"精确，但对较大范围的杂边更有用。它保留特征的能力优于"平滑"技术。

柔和应用模糊，可用于所有类型的杂边，不论其边缘是柔和的还是清晰的。"柔和"不保留大尺寸的细节特征。

精确使用距离测量技术创造发光效果，主要用于消除锯齿形状（如文字）的硬边杂边。它保留特写的能力优于"柔和"技术。

（27）纹理应用一种纹理。使用"缩放"来缩放纹理的大小。如果要使纹理在图层移动时随图层一起移动，请选择"与图层链接"。"反相"使纹理反相。"深度"改变纹理应用的程度和方向（上/下）。"贴紧原点"使图案的原点与文档的原点相同（如果取消选择了"与图层链接"），或将原点放在图层的左上角（如果"与图层链接"处于选定状态）。拖动纹理可在图层中定位纹理。

5.2.2　图层样式控制面板

这个面板是用于控制图层样式设置的一个非常重要的工具。如果在"窗口"菜单中单击"显示样式"命令，这时出现一个控制面板，如图 5.9 所示，可以看到这个面板和"颜色""样式"控制面板同在一个控制面板中，它的使用和这两个控制面板的使用差不多，但是它的功能远比这两个控制面板强，而且也比这两个面板实用。

下面介绍这个面板的功能和面板菜单的用法，在图层样式控制面板的最下面可以看到在面板的下方有 3 个按钮：

"清除样式"图标：使用此命令将会撤销样式效果，用户如果使用过样式来刷新图层，那么在单击此图标后就会将应用的效果取消（如果没有使用样式效果，此命令将不处于激活状态），比如刚才使用样式工具来制作的文字效果将会被删除。

"新样式"图标：此命令用于将当前的图层效果和图层参数设置为一个新的图层样式，同样只有当前图层使用图层效果或设置图层参数后此图标才处于激活状态；另外还有一种方法可以创建新样式，只要用户将鼠标移到图层样式面板的空白处，这时如果当前图层使用了图层效果，鼠标将会变成一个油漆桶工具状，这时单击鼠标即可将当前样式设置为一个新样式。

图 5.9　图层样式控制面板

"删除当前样式"图标：此图标命令用于将当前的图层样式删除。

单击面板右上角的三角形图标，这时会出现一个下拉式的面板菜单，可以直接用来设置图层样式的命令。用户可以在此设置一些面板的参数。

以上详细讲述了面板的使用，在下面的一节中将对图层样式的创建等内容作一实质性的介绍，使用户能逐步地掌握图层样式的用法。

5.3　图层的混合

使用 Photoshop 丰富的图层混合模式可以创建各种特殊图像效果，使用混合模式很简单，只要选中要添加混合模式的图层，然后图层面板的混合模式菜单中找到所要的效果。图 5.10 所示是使用"排除"混合模式所得到的效果。

图 5.10　"排除"混合模式效果

在菜单选项栏中指定的混合模式可以控制图像中的像素的色调和光线，应用这些模式之前应从下面三个颜色应用角度来考虑：

基色，是图像中的原稿颜色；

混合色，是通过绘画或编辑工具应用的颜色；

结果色，是混合后得到的颜色。

各类混合模式选项详解如下：

（1）正常：编辑或绘制每个像素使其成为结果色（默认模式）。

（2）溶解：编辑或绘制每个像素使其成为结果色。根据像素位置的不透明度，结果色由基色或混合色的像素随机替换。

（3）变暗：查看每个通道中的颜色信息选择基色或混合色中较暗的作为结果色，其中比混合色亮的像素被替换，比混合色暗的像素保持不变。

（4）正片叠底：查看每个通道中的颜色信息并将基色与混合色复合，结果色是较暗的颜色。任何颜色与黑色混合产生黑色，与白色混合保持不变。用黑色或白色以外的颜色绘画时，绘画工具绘制的连续描边产生逐渐变暗的颜色，与使用多个魔术标记在图像上绘图的效果相似。

（5）颜色加深：查看每个通道中的颜色信息通过增加对比度使基色变暗以反映混合色，与黑色混合后不产生变化。

（6）线性加深：查看每个通道中的颜色信息通过减小亮度使基色变暗以反映混合色。

（7）变亮：查看每个通道中的颜色信息选择基色或混合色中较亮的颜色作为结果色。比混合色暗的像素被替换，比混合色亮的像素保持不变。

（8）滤色（屏幕）：查看每个通道的颜色信息将混合色的互补色与基色混合。结果色总是较亮的颜色，用黑色过滤时颜色保持不变，用白色过滤将产生白色。

（9）颜色减淡：查看每个通道中的颜色信息，并通过减小对比度使基色变亮以反映混合色，与黑色混合则不发生变化。

（10）线性减淡：查看每个通道中的颜色信息，并通过增加亮度使基色变亮以反映混合色，与黑色混合则不发生变化。

（11）叠加：复合或过滤颜色具体取决于基色。图案或颜色在现有像素上叠加同时保留基色的明暗对比（不替换基色），但基色与混合色相混以反映原色的亮度或暗度。

（12）柔光：使颜色变亮或变暗具体取决于混合色，此效果与发散的聚光灯照在图像上相似。如果混合色（光源）比 50% 灰色亮则图像变亮就像被减淡了一样。如果混合色（光源）比 50% 灰色暗则图像变暗就像加深了。用纯黑色或纯白色绘画会产生明显较暗或较亮的区域，但不会产生纯黑色或纯白色。

（13）强光：复合或过滤颜色具体取决于混合色，效果与耀眼的聚光灯照在图像上相似。如果混合色（光源）比 50%灰色亮则图像变亮就像过滤后的效果。如果混合色（光源）比 50%灰色暗则图像变暗就像复合后的效果。用纯黑色或纯白色绘画会产生纯黑色或纯白色。

（14）亮光：通过增加或减小对比度来加深或减淡颜色具体取决于混合色。如果混合色（光源）比 50% 灰色亮，则通过减小对比度使图像变亮。如果混合色比 50% 灰色暗，则通过增加对比度使图像变暗。

（15）线性光：通过减小或增加亮度来加深或减淡颜色具体取决于混合色。如果混合色（光源）比 50%灰色亮，则通过增加亮度使图像变亮。如果混合色比 50%灰色暗，则通过减小亮度使图像变暗。

（16）点光：替换颜色具体取决于混合色。如果混合色（光源）比 50%灰色亮，则替换比混合色暗的像素，而不改变比混合色亮的像素。如果混合色比 50%灰色暗，则替换比混合色亮的像素，而不改变比混合色暗的像素。这对于向图像添加特殊效果非常有用。

（17）差值：查看每个通道中的颜色信息并从基色中减去混合色，或从混合色中减去基色，具体取决于哪一个颜色的亮度值更大。与白色混合将反转基色值；与黑色混合则不产生变化。

（18）排除：创建一种与"差值"模式相似但对比度更低的效果。与白色混合将反转基色值，与黑色混合则不发生变化。

（19）色相：用基色的亮度和饱和度以及混合色的色相创建结果色。

（20）饱和度：用基色的亮度和色相以及混合色的饱和度创建结果色。在无饱和度（灰色）的区域上用此模式绘画不会产生变化。

（21）颜色：用基色的亮度以及混合色的色相和饱和度创建结果色，这样可以保留图像中的灰阶，并且对于给单色图像上色和给彩色图像着色都会非常有用。

（22）亮度：用基色的色相和饱和度以及混合色的亮度创建结果色。此模式创建与"颜色"模式相反的效果。

5.4　图层的对齐、分布与挖空

5.4.1　图层栅格化

有些包含矢量数据的图层不能使用绘画工具或滤镜进行操作与编辑。但是，可以栅格化这些图层，将其内容转换为平面的光栅图像。

图层栅格化具体方法是选择要栅格化的图层，并选取"图层——栅格化"命令，然后从子菜单中选取一个选项，如果要栅格化链接图层，选择一个链接图层，然后选取"图层——选择链接图层"，然后栅格化选定的图层，如图 5.11 所示。

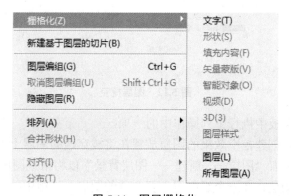

图 5.11　图层栅格化

（1）文字：用来栅格化文字图层上的文字。该操作不会栅格化图层上的任何其他矢量数据。

（2）形状：用来栅格化形状图层。

（3）填充内容：用来栅格化形状图层的填充，同时保留矢量蒙版。

（4）矢量蒙版：栅格化图层中的矢量蒙版，同时将其转换为图层蒙版。

（5）智能对象：将智能对象转换为栅格图层。

（6）视频：将当前视频帧栅格化为图像图层。

（7）3D：仅限 Extended，是将 3D 数据的当前视图栅格化成平面栅格图层。

（8）图层：栅格化选定图层上的所有矢量数据。

（9）所有图层：栅格化包含矢量数据和生成的数据的所有图层。

5.4.2 图层挖空

挖空选项可以指定哪些图层是"穿透"的，以使其他图层中的内容显示出来。例如，可以使用文本图层挖空颜色调整图层，以使用原稿颜色显示图像的局部。

在规划挖空效果时，需要确定哪个图层将创建挖空的形状、哪些图层将被穿透以及哪个图层将显示出来。如果要显示某个图层（而非背景），可以在一个组或剪贴蒙版中置入要使用的图层，下图为图层挖空面板，如图 5.12 所示。

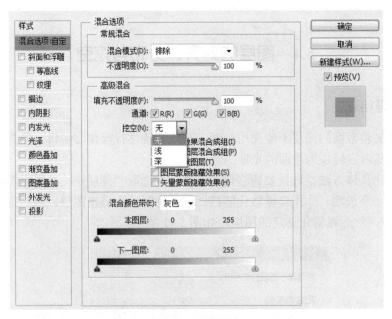

图 5.12　图层挖空

（1）在"图层"面板中执行下列操作中的一项：

显示背景：将用于创建挖空效果的图层放置在将被穿透的图层上方，并确保图像中的底部图层是背景图层（选取"图层——新建——图层背景"以将常规图层转换成背景图层）。

显示背景上方的图层：在一个组中置入要穿透的图层。该组中的顶部图层将穿过已编组的图层直到该组下方的下一个图层。如果要一直穿透到背景，就将组的混合模式设置为"穿透"（默认设置）。

显示剪贴蒙版的基底图层：在剪贴蒙版中置入要使用的图层。确保已为基底图层选中"将剪贴图层混合成组"选项。

（2）选择顶部图层（将为该图层创建挖空效果）。

（3）显示混合选项，双击图层（图层名称或缩览图外部的任何位置），并选取"图层——图层样式——混合选项"，或从"图层"面板菜单中选取"混合选项"。

如果要查看文本图层的混合选项，那么要选取"图层——图层样式——混合选项"，或通过"图层"面板菜单底部的"添加图层样式"按钮选取"混合选项"。

（4）从"挖空"弹出式菜单中选取一个选项：

选择"浅"：将挖空到第一个可能的停止点，例如图层组之后的第一个图层或剪贴蒙版的基底图层。

选择"深"：将挖空到背景。如果没有背景，选择"深"会挖空到透明。

如果未使用图层组或剪贴蒙版，则"浅"或"深"都会创建显示背景图层（如果底部图层不是背景图层，则为透明）的挖空效果。

（5）创建挖空效果，要执行降低填充不透明度或者使用"混合模式"菜单中的选项，更改混合模式以显示下层像素。

（6）单击"确定"完成挖空操作。

5.4.3 图层的对齐与分布

1. 图层对齐

可以使用移动工具对齐图层和组的内容。要对齐多个图层，使用移动工具或在"图层"面板中选择图层，或者选择一个组。要将一个或多个图层的内容与某个选区边界对齐，可以在图像内建立一个选区，然后在"图层"面板中选择图层。使用此方法可对齐图像中任何指定的点。

使用移动工具对齐图层，需要把多个图层一起选中。图 5.13 所示为对齐选项。

图 5.13　对齐选项

选取"图层——对齐"或"图层——将图层与选区对齐"，然后从子菜单中选取一个命令。在移动工具选项栏中，下面这些命令作为"对齐"按钮出现，如图 5.14 所示。

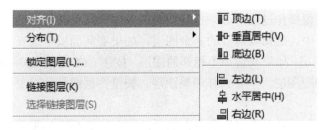

图 5.14　图层对齐

（1）顶边对齐：将选定图层上的顶端像素与所有选定图层上最顶端的像素对齐，或与选区边框的顶边对齐。

（2）垂直居中对齐：将每个选定图层上的垂直中心像素与所有选定图层的垂直中心像素对齐，或与选区边框的垂直中心对齐。

（3）底边对齐：将选定图层上的底端像素与选定图层上最底端的像素对齐，或与选区边界的底边对齐。

（4）左边对齐：将选定图层上左端像素与最左端图层的左端像素对齐，或与选区边界的左边对齐。

（5）水平居中对齐：将选定图层上的水平中心像素与所有选定图层的水平中心像素对齐，或与选区边界的水平中心对齐。

（6）右边对齐：将链接图层上的右端像素与所有选定图层上的最右端像素对齐，或与选区边界的右边对齐。

2. 图层的分布

图层的分布与图层的对齐类似，主要也是针对图层所在的图像进行的。图层分布要选择三个以上的图层。选取 "图层——分布" 命令。或者，选择移动工具并单击选项栏中的分布按钮，就可实现操作。分布的类型有以下几种：

（1）顶边分布：从每个图层的顶端像素开始，间隔均匀地分布图层。

（2）垂直居中分布：从每个图层的垂直中心像素开始，间隔均匀地分布图层。

（3）底边分布：从每个图层的底端像素开始，间隔均匀地分布图层。

（4）左边分布：从每个图层的左端像素开始，间隔均匀地分布图层。

（5）水平居中分布：从每个图层的水平中心开始，间隔均匀地分布图层。

（6）右边分布：从每个图层的右端像素开始，间隔均匀地分布图层。

3. 图层的自动对齐

"自动对齐图层" 命令可以根据不同图层中的相似内容（如角和边）自动对齐图层。可以指定一个图层作为参考图层，也可以让 Photoshop 自动选择参考图层。其他图层将与参考图层对齐，以便匹配的内容能够自行叠加。通过使用 "自动对齐图层" 命令，可以用下面几种方式组合图像：

替换或删除具有相同背景的图像部分。对齐图像之后，使用蒙版或混合效果将每个图像的部分内容组合到一个图像中。

将共享重叠内容的图像缝合在一起。

对于针对静态背景拍摄的视频帧，可以将帧转换为图层，然后添加或删除跨越多个帧的内容。

自动对齐图层图像操作过程中必须把将要对齐的图像拷贝或置入同一文档中。每个图像都将位于单独的图层中。选择要对齐的其余图层，如果要从面板中选择多个相邻图层，按住 Shift 键并单击相应图层；如果要选择不相邻的图层，按住 Ctrl 键（Windows）或 Command 键（Mac OS）并单击相应图层。不要选择调整图层、矢量图层或智能对象，它们不包含对齐所需的信息。

选择 "编辑——自动对齐图层" 命令，然后选择对齐选项。如果需将共享重叠区域的多个图像缝合在一起（例如，创建全景图），要使用 "自动" "透视" 或 "圆柱" 选项。要将扫描图像与位移内容对齐，请使用 "仅调整位置" 选项。Photoshop 将自动分析源图像并应用

"透视"或"圆柱"版面（取决于哪一种版面能够生成更好的复合图像）。

透视通过将源图像中的一个图像（默认情况下为中间的图像）指定为参考图像来创建一致的复合图像。然后将变换其他图像，必要时，进行位置调整、伸展或斜切，以便匹配图层的重叠内容。

（1）圆柱：通过在展开的圆柱上显示各个图像来减少在"透视"版面中会出现的"领结"扭曲。图层的重叠内容仍匹配。将参考图像居中放置。最适合于创建宽全景图。

（2）球面：将图像与宽视角对齐（垂直和水平）。指定某个源图像（默认情况下是中间图像）作为参考图像，并对其他图像执行球面变换，以便匹配重叠的内容。

（3）场景拼贴：对齐图层并匹配重叠内容，不更改图像中对象的形状（例如，圆形将保持为圆形）。仅调整位置对齐图层并匹配重叠内容，但不会变换（伸展或斜切）任何源图层。

（4）镜头校正：可以自动校正图像中镜头缺陷：晕影去除对导致图像边缘（尤其是角落）比图像中心暗的镜头缺陷进行补偿。几何扭曲补偿桶形、枕形或鱼眼失真。几何扭曲将尝试考虑径向扭曲以改进除鱼眼镜头外的对齐效果；当检测到鱼眼元数据时，几何扭曲将为鱼眼对齐图像。

5.5　使用填充图层与调整图层

5.5.1　使用填充图层

填充图层可以使用纯色、渐变或图案填充图层。填充图层不影响下面的图层。用户可以新建 3 种填充层，分别为纯色填充层、渐变填充层和图案填充层。

纯色：用当前前景色填充调整图层。使用拾色器选择其他填充颜色。

渐变：单击"渐变"以显示"渐变编辑器"，或单击倒箭头并从弹出式面板中选取一种渐变。如果需要，可以设置其他选项。"样式"指定渐变的形状。"角度"指定应用渐变时使用的角度。"缩放"更改渐变的大小。"反向"翻转渐变的方向。"仿色"通过对渐变应用仿色减少带宽。"与图层对齐"使用图层的定界框来计算渐变填充。可以在图像窗口中拖动以移动渐变中心。

图案：单击图案，并从弹出式面板中选取一种图案。单击"比例"，并输入值或拖动滑块。单击"贴紧原点"以使图案的原点与文档的原点相同。如果希望图案在图层移动时随图层一起移动，可以选择"与图层链接"。选中"与图层链接"后，当"图案填充"对话框打开时可以在图像中拖移以定位图案。

新建填充层的方法很简单，这里介绍另两种建立填充层的方法：

（1）执行"图层"控制面板中"创建新的填充或调整图层"图标下拉菜单中的"新纯色填充图层""新渐变图层"或"新图层填充层"命令即可新建纯色填充、渐变填充或图案填充层。

（2）执行"图层"菜单中"新填充层"子菜单中的"新纯色层""新渐变图层"或"新图层填充层"命令即可新建纯色填充、渐变填充或图案填充层。图 5.15 与图 5.16 所示为执行前后的效果。

图 5.15　填充前

图 5.16　填充后

5.5.2　使用调整图层

　　调整图层可以对颜色和色调进行调整，而不会永久地修改图像中的像素。颜色或色调更改位于调整图层内，该图层像一层透明膜一样，下层图像图层可以透过它显示出来。调整图层会影响它下面的所有图层。这意味着可以通过单个调整校正多个图层，而不是分别对每个图层进行调整。

　　调整图层可对颜色和色调调整应用于图像，而不会永久更改像素值。例如，可以创建"色阶"或"曲线"调整图层，而不是直接在图像上调整"色阶"或"曲线"。颜色和色调调整存储在调整图层中，并应用于它下面的所有图层。可以随时扔掉更改并恢复原始图像。

　　调整图层选择匹配"调整"面板中可用的命令。从"图层"面板中选择调整图层可显示"调整"面板中的相应命令设置控件。如果"调整"面板已关闭，可以通过双击"图层"面板中的调整图层缩览图来打开。调整图层提供了以下优点：

编辑不会造成破坏。可以尝试不同的设置并随时重新编辑调整图层。也可以通过降低调整图层的不透明度来减轻调整的效果。

编辑具有选择性。在调整图层的图像蒙版上绘画可将调整应用于图像的一部分。稍后，通过重新编辑图层蒙版，可以控制调整图像的哪些部分。通过使用不同的灰度色调在蒙版上绘画，可以改变调整。能够将调整应用于多个图像。在图像之间拷贝和粘贴调整图层，以便应用相同的颜色和色调调整。

调整图层会增大图像的文件大小，尽管所增加的大小不会比其他图层多。如果要处理多个图层，可能希望通过将调整图层合并为像素内容图层来缩小文件大小。调整图层具有许多与其他图层相同的特性。可以调整它们的不透明度和混合模式，并可以将它们编组以便将调整应用于特定图层。可以启用和禁用它们的可见性，以便应用效果或预览效果。

（1）创建调整图层

点按图层调板底部的"新调整图层"按钮，并选取要创建的图层类型。或选取"图层——新调整图层"命令，并从子菜单中选取选项。然后命名图层，设置其他图层选项，并点按"好"按钮。

（2）调整图层的使用和修改

每个调整图层都带有一个图层蒙版，可以对图层蒙版进行编辑或修改，以符合编辑图像的要求。其操作方式和通道相似，只有黑或白两种颜色。在图层蒙版上黑色的地方可以看成是透明的，它不对下面的图像产生调整影响。而白色的地方反映的是对图像所做的调整，因此也可以用笔刷和橡皮对它进行修改。

调整图层的有色阶、曲线、色彩平衡、可选颜色、反相、色相与饱和度等，可选的项目比较多，下图分别是运用色相与饱和度进行调整前后的效果，色相与饱和度调整图层设置为"着色"状态。图 5.17 与图 5.18 为调整前后的图像效果。

图 5.17　调整前

图 5.18　调整后

5.5.3　图层剪贴路径蒙版

图层剪贴路径蒙版（又叫"矢量蒙版"）可在图层上创建锐边形状，无论何时需要添加边缘清晰分明的设计元素，都可以使用矢量蒙版。在使用矢量蒙版创建图层之后，可以给该图层应用一个或多个图层样式，如果需要，还可以编辑这些图层样式。

1. 生成矢量蒙版

矢量蒙版可以用路径工具生成，也可以直接用矢量图形来做。在工具箱中选择矢量图形工具，在上边选项栏中选定路径方式，打开图形库，选择一个所需的图形，在图像中所需的位置拉出一个矢量图形路径。

2. 编辑矢量蒙版

矢量蒙版的编辑与路径的编辑方法是完全相同的。点按图层调板中的矢量蒙版缩览图或路径调板中的缩览图。在工具箱中选择相应的路径编辑工具，就可以在蒙版路径上增加、删除、移动、转换各个节点。

3. 将矢量蒙版转换为图层蒙版

选择要转换的矢量蒙版所在的图层，并选取"图层——栅格化——矢量蒙版"菜单命令。注意一旦栅格化了矢量蒙版，就无法再将它改回矢量对象。

4. 移动与删除蒙版

在工具箱中选择移动工具，按住图像做移动，由于图像与蒙版是链接的，因此，可以看到图像与蒙版的同步移动。

矢量蒙版不需要时可以删除。用鼠标将矢量蒙版拖到图层面板下边的垃圾桶里，然后在弹出的窗口中单击"确定"按钮，矢量蒙版即被删除，恢复到有蒙版之前的状态。

5.5.4　层边缘修饰

此项命令用于消除图像的背景边缘。有时，用户在将图像进行拷贝时由于设置的图像不够精确会出现一些边缘区域，或当选择区域变为图层时也会出现一些边缘区域，这时用此命令即可消除此杂点。

图层边缘修饰有 3 个菜单命令：

去边：此项命令用于删除不想要的颜色，它允许用户指定将要褪色的边缘区域的宽度。

移除黑色杂边：此项命令用于删除图层的边缘像素中多余的黑色像素。

移除白色杂边：此项命令用于删除图层的边缘像素中多余的白色像素。

5.5.5　非破坏性编辑

非破坏性编辑允许对图像进行更改，而不会覆盖原始图像数据，原始图像数据将保持可用状态以备需要恢复到原始图像数据。由于非破坏性编辑不会移去图像中的数据，因此，当进行图像编辑时，不会降低图像品质。可以通过以下几种方式在 Photoshop 中执行非破坏性编辑：

（1）处理调整图层：调整图层可将颜色和色调调整应用于图像，而不会永久性更改像素值。

（2）使用智能对象进行变换：智能对象支持非破坏性缩放、旋转和变形。

（3）使用智能滤镜进行应用滤镜效果：应用于智能对象的滤镜将成为智能滤镜并允许使用非破坏性滤镜效果。

（4）使用智能对象调整变化、阴影和高光：可以将"阴影/高光"和"变化"命令应用于作为智能滤镜的智能对象。

（5）在单独的图层上修饰：仿制图章、修复画笔和污点修复画笔工具可在单独的图层上修饰，而不会造成任何破坏。确保从选项栏中选择"对所有图层取样"（选择"忽略调整图层"以确保调整图层不会影响单独图层两次）。必要时，可以扔掉不满意的修饰。

（6）在 Camera Raw 中编辑：对成批的原始图像、JPEG 图像或 TIFF 图像进行的调整将保留原始图像数据。Camera Raw 会根据每幅图像将调整设置与原始图像文件分开存储。

（7）将相机原始数据文件作为智能对象打开：在 Photoshop 中编辑相机原始数据文件之前，必须使用 Camera Raw 配置这些文件的设置。一旦在 Photoshop 中编辑相机原始数据文件，则无法在重新配置 Camera Raw 设置的同时而又不丢失更改。若在 Photoshop 中将相机原始数据文件作为智能对象打开，则将能够随时重新配置 Camera Raw 设置，即使在编辑文件后也可以。

（8）非破坏性裁剪：使用裁剪工具创建裁剪矩形后，从选项栏中选择"隐藏"可保留图层中的裁剪区域。随时可以通过以下方式恢复所裁剪的区域：选择"图像——显示全部" 或将裁剪工具拖动到图像的边缘之外。"隐藏"选项不适用于只包含背景图层的图像。

（9）蒙版：图层和矢量蒙版是非破坏性的，因为可以重新编辑蒙版，而不会丢失蒙版隐藏的像素。滤镜蒙版可让您遮盖智能滤镜对智能对象图层的效果。

5.5.6　智能对象

1. 智能对象的功能

智能对象是包含栅格或矢量图像（如 Photoshop 或 Illustrator 文件）中的图像数据的图层。智能对象将保留图像的源内容及其所有原始特性，从而能够对图层执行非破坏性编辑。

可以用以下几种方法创建智能对象：使用"打开为智能对象"命令；置入文件；从

Illustrator 粘贴数据；将一个或多个 Photoshop 图层转换为智能对象。

可以利用智能对象执行以下操作：

（1）执行非破坏性变换。可以对图层进行缩放、旋转、斜切、扭曲、透视变换或使图层变形，而不会丢失原始图像数据或降低品质，因为变换不会影响原始数据。

（2）处理矢量数据（如 Illustrator 中的矢量图片），若不使用智能对象，这些数据在 Photoshop 中将进行栅格化。

（3）非破坏性应用滤镜。可以随时编辑应用于智能对象的滤镜。

（4）编辑一个智能对象并自动更新其所有的链接实例。

（5）应用与智能对象图层链接或未链接的图层蒙版。

无法对智能对象图层直接执行会改变像素数据的操作（如绘画、减淡、加深或仿制），除非先将该图层转换成常规图层（将进行栅格化）。要执行会改变像素数据的操作，可以编辑智能对象的内容，在智能对象图层的上方仿制一个新图层，编辑智能对象的副本或创建新图层。当变换已应用智能滤镜的智能对象时，Photoshop 会在执行变换时关闭滤镜效果。变换完成后，将重新应用滤镜效果。

2. 智能对象的创建

智能对象的创建方法比较灵活，用户可以执行下列任一操作：

选择"文件"菜单"打开为智能对象"，选择文件，然后单击"打开"。

选择"文件"菜单"置入"以将文件作为智能对象导入打开的 Photoshop 文档中。

尽管可以置入 JPEG 文件，但最好是置入 PSD、TIFF 或 PSB 文件，因为可以添加图层、修改像素并重新存储文件，而不会造成任何损失。要存储修改的 JPEG 文件，需要拼合新图层并重新压缩图像，从而导致图像品质降低。

选择"图层"菜单"智能对象"中的"转换为智能对象"以将选定图层转换为智能对象。

在 Bridge 中，选择"文件"菜单"置入"中的"在 Photoshop 中"选项，以将文件作为智能对象导入打开的 Photoshop 文档中。

处理相机原始数据文件的一种简单方法是将其作为智能对象打开。可以随时双击包含原始数据文件的智能对象图层以调整 Camera Raw 设置。

选择一个或多个图层，然后选择"图层"菜单"智能对象"中的"转换为智能对象"。这些图层将被绑定到一个智能对象中。

将 PDF 或 Adobe Illustrator 图层或对象拖动到 Photoshop 文档中。

将 Illustrator 中的图片粘贴到 Photoshop 文档中，然后在"粘贴"对话框中选择"智能对象"。要获取最大的灵活性，请在 Adobe Illustrator 的"首选项"对话框的"文件处理和剪贴板"部分中启用"PDF"和"AICB（不支持透明度）"。

3. 智能对象的复制

复制智能对象，在"图层"面板中，选择智能对象图层，然后执行下列操作之一：

要创建链接到原始智能对象的重复智能对象，请选择"图层"——"新建"——"通过拷贝的图层"，或将智能对象图层拖动到"图层"面板底部的"创建新图层"图标。对原始智能对象所做的编辑会影响副本，而对副本所做的编辑同样也会影响原始智能对象。

要创建未链接到原始智能对象的重复智能对象，请选择"图层"——"智能对象"——"通过拷贝新建智能对象"。对原始智能对象所做的编辑不会影响副本。一个名称与原始智能对象相同并带有"副本"后缀的新智能对象将出现在"图层"面板上。

4. 编辑智能对象的内容

当编辑智能对象时，源内容将在 Photoshop（如果内容为栅格数据或相机原始数据文件）或 Illustrator（如果内容为矢量 PDF）中打开。当存储对源内容所做的更改时，Photoshop 文档中所有链接的智能对象实例中都会显示所做的编辑。

（1）从"图层"面板中选择智能对象，然后执行下列操作之一：

选择"图层"——"智能对象"——"编辑内容"。

双击"图层"面板中的智能对象缩览图。

（2）单击"确定"按钮关闭该对话框。

（3）对源内容文件进行编辑，然后选择"文件"——"存储"。

Photoshop 会更新智能对象以反映所做的更改（如果看不到所做的更改，请激活包含智能对象的 Photoshop 文档）。

5. 替换智能对象的内容

可以替换一个智能对象或多个链接实例中的图像数据。此功能能够快速更新可视设计，或将分辨率较低的占位符图像替换为最终版本。

注：当替换智能对象时，将保留对第一个智能对象应用的任何缩放、变形或效果。

（1）选择智能对象，然后选择"图层"——"智能对象"——"替换内容"。

（2）导航到要使用的文件，然后单击"置入"。

（3）单击"确定"按钮。

新内容即会置入智能对象中，链接的智能对象也会被更新。

5.5.7 图层复合

设计人员为了向客户展示设计图稿，通常会创建页面版式的多个合成图稿（或复合）。使用图层复合，可以在单个 Photoshop 文件中创建、管理和查看版面的多个版本。图层复合实际上是"图层"面板状态的快照。图层复合记录以下三种类型的图层选项：

（1）图层可见性：图层是显示还是隐藏。

（2）图层位置：在文档中的位置。

（3）图层外观：是否将图层样式应用于图层和图层的混合模式。

图层复合与图层效果不同，无法在图层复合之间更改智能滤镜设置。一旦将智能滤镜应用于一个图层，则它将出现在图像的所有图层复合中。可以将图层复合导出到单独的文件、单一 PDF 或 Web 照片。通过选取"窗口"——"图层复合"来显示面板。

5.6 文 字 图 层

5.6.1 文字工具及文字属性

Adobe Photoshop 中的文字由基于矢量的文字轮廓形状（即以数学方式定义的形状）组成，这些形状描述字样的字母、数字和符号。许多字样可用于一种以上的格式，最常用的格式有 Type 1（又称 PostScript 字体）、TrueType、OpenType、New CID 和 CID 无保护（仅限于日语）。

Photoshop 保留基于矢量的文字轮廓，并在缩放文字、调整文字大小、存储 PDF 或 EPS 文件或将图像打印到 PostScript 打印机时使用它们。因此，将可能生成带有与分辨率无关的犀利边缘的文字。

1. 点文本

点文本是一个水平或垂直文本行，它从在图像中单击的位置开始。要向图像中添加少量文字，在某个点输入文本是一种有用的方式。当输入点文字时，每行文字都是独立的，行的长度随着编辑增加或缩短，但不会换行。输入的文字即出现在新的文字图层中。点文本的创建由文本工具实现。

文本工具是最常用的文字工具，用于向图像中添加横向文本，输入文本后图像将自动地创建一个图层，一个文本图层，将输入的文本放置于新图层中并且处于浮选状态，因为文字处于一个新图层中，这为以后进行文字的编辑提供了条件。下面介绍文本工具的使用。在工具箱中选择文本工具，用户可以在工具选项栏中设置各项文字参数，也可以在字符面板中设置文字的各项属性参数，这两种设置的功能是一样的。字符设置面板中可以设置文本的字体系列、字体大小、字体颜色、垂直缩放、比例间距、字距调整、基线偏移、语言、字型、行距、水平缩放、字距微调等参数。

2. 段落文本

段落文字使用以水平或垂直方式控制字符流的边界。当想要创建一个或多个段落（比如为宣传手册创建）时，采用这种方式输入文本十分有用。

段落是末尾带有回车的任何范围的文字。使用"段落"面板设置应用于整个段落的选项，例如对齐、缩进和文字行间距等。对于点文字，每行是一个单独的段落。对于段落文字，一段可能有多行，具体视定界框的尺寸而定。

输入段落文字时，文字基于外框的尺寸换行。可以输入多个段落并选择段落调整选项。可以调整外框的大小，这将使文字在调整后的矩形内重新排列。可以在输入文字时或创建文字图层后调整外框。也可以使用外框来旋转、缩放和斜切文字。选择要进行编辑的段落文字，进行段落格式设置可以有以下三种操作方式：

（1）选择文字工具并在段落中点按，设置单个段落的格式。

（2）选择文字工具并选择包含多个段落的选区，设置多个段落的格式。

（3）选择图层面板中的文字图层，设置该图层中的所有段落的格式。

可以将文字与段落的一端对齐（对于水平文字是左、中或右对齐，对于直排文字是上、中或下对齐）以及将文字与段落两端对齐。对齐选项适用于点文字和段落文字；对齐段落选项仅适用于段落文字。

利用 Photoshop 可以制作出很神奇的文字特效。文本工具就是制作文字特效的基础。它用于在图像中输入、编辑文字，是一个很有用的工具，Photoshop 中的文字工具有 4 种，分别是："横排文字工具""横排文字蒙版工具""竖排文字工具"和"竖排文字蒙版工具"。实际上主要分为 2 大类即点文字和段落文本。

3. 横排文字工具

该工具是最常用的文字工具，用于向图像中添加横向文本，输入文本后图像将自动地创建一个图层，一个文本图层，将输入的文本放置于新图层中并且处于浮选状态，因为文字处于一个新图层中，这为以后进行文字的编辑提供了条件。下面介绍文本工具的使用。在工具箱中选择文本工具，用户可以在工具选项栏中设置各项文字参数，也可以在字符面板中设置文字的各项属性参数，这两种设置的功能是一样的。字符设置面板中各参数含义如下：

字体：此项用于设置文本的字体，每个人机器上安装的字体不一样，从下拉列表中可以选择系统已安装的字体。在选框的下面有 3 个复选框，这 3 个复选框分别设置下划线、粗体和斜体。

大小：此项用于设置字体的大小，值越大则字体也就越大。

颜色：此项用于设置字体的颜色，单击颜色方块，可以打开一个 "拾色器" 对话框。

行距：该项用于设定行与行之间的距离，一般用户可以不设置此项，系统会自动调节行距。

字距：该项用于设定字与字之间的距离，对于已经输入的文字，该项每次只能调整光标左右两字之间的距离。

追加：该项用于设定字距，当选中多个字符时，它就可以控制选中的几个已输入的文字。图 5.19 所示为字符面板。

基线：该项用于设定文本当前行的垂直距离，正值时，文本上升；负值时，文本下降。

消锯齿：该项用于在列表框中选择消锯齿的效果，消锯齿共有 4 种，分别为 "无""微皱""强" 和 "平滑"。

细微宽度：该项可使文字的宽度发生细微的变化。

预览：选择该项即可使输入的文本预览显示。

图 5.19 字符面板

适应窗口：选中此项使 "文本工具" 对话框中的文本以最合适的比例显示。

5.6.2 文字图层的编辑

创建文字图层后，可以编辑文字并对其应用图层命令。可以更改文字取向、应用消除锯齿、在点文字与段落文字之间转换、基于文字创建工作路径或将文字转换为形状等。可以像处理正常图层那样移动、重新叠放、拷贝和更改文字图层的图层选项。也可以对文字图层做以下编辑：

1. 在文字图层中编辑文本

（1）选择文字工具（T）。

（2）在 "图层" 面板中选择文字图层，或者点按文本项自动选择文字图层。

（3）在文本中置入插入点，然后执行下列操作之一：点按以设置插入点；选择要编辑的一个或多个字符。

（4）输入需要输入的文本。

（5）确认对文字图层的更改。

2. 栅格化文字图层

栅格化文字图层的作用是将文字图层转换为正常图层，可以先在图层面板中选择文字图层。然后选择 "图层""栅格化""文字" 命令来实现。

3. 更改文字图层的取向

文字图层的取向决定了文字行相对于文档窗口（对于点文字）或定界框（对于段落文字）

的方向。当文字图层垂直时，文字行上下排列；当文字图层水平时，文字行左右排列。不要把文字图层的取向与文字行中字符的方向混淆，可以先在图层面板中选择文字图层，再执行"图层""文字""水平"，或"图层""文字""垂直"来实现。

5.6.3　段落文本及属性

段落是末尾带有回车的任何范围的文字。使用"段落"面板设置应用于整个段落的选项，例如对齐、缩进和文字行间距等。对于点文字，每行是一个单独的段落。对于段落文字，一段可能有多行，具体视定界框的尺寸而定。

选择要进行编辑的段落文字，进行段落格式设置可以有以下三种操作方式：

图 5.20　段落文本面板

（1）选择文字工具（T）并在段落中点按，设置单个段落的格式。

（2）选择文字工具并选择包含多个段落的选区，设置多个段落的格式。

（3）选择图层面板中的文字图层，设置该图层中的所有段落的格式。

可以将文字与段落的一端对齐（对于水平文字是左、中或右对齐，对于直排文字是上、中或下对齐）以及将文字与段落两端对齐。对齐选项适用于点文字和段落文字；对齐段落选项仅适用于段落文字。段落文本面板设置如图 5.20 所示。

5.7　网店促销按钮视觉效果设计

（1）运行 Photoshop 软件，执行 Ctrl+N 命令，创建一个新文件，文件大小设置为宽度 750 像素，高度 300 像素，分辨率为 72 像素/英寸，具体如图 5.21 所示。

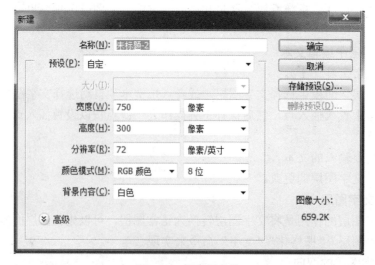

图 5.21　创建新文件

（2）单击软件工具箱中的前景色按钮设置前景色，在弹出的拾色器面板中设置 RGB 颜色为（187、194、187）。

（3）回到第一步创建的图像文件，在图层面板创建一个新图层，然后执行 Ctrl+Delete 命令，将前景色填充到新建的图层中作为图像文件的背景颜色，效果如图 5.22 所示。

图 5.22　填充背景

（4）单击工具箱中的前景色按钮，在弹出的拾色器面板中设置前景色，在拾色器中设置 RGB 为（4、116、183）。

（5）运用软件的椭圆选择工具，在图像文件中创建一个圆心选区，位置在图像文件的左边，在图层面板创建一个新图层，执行 Ctrl+Delete 命令，在新的图层用前景色填充圆心选区，然后执行 Ctrl+D 命令，取消选区，结果如图 5.23 所示。

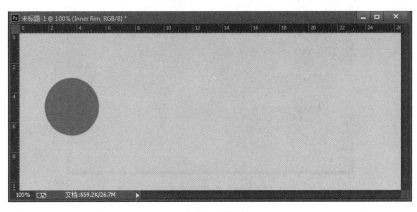

图 5.23　建立填充的圆形

（6）在图像文件的图层面板中双击蓝色椭圆所在的图层，弹出图层样式设置面板，进行图层样式设置，点选渐变叠加选项，设置渐变叠加选项参数，其中混合模式为正常，渐变角度为 90°，渐变缩放为 100%，具体如图 5.24 所示。

（7）下面设置渐变颜色，如图 5.25 所示，渐变类型为实底，平滑度为 100%，左右颜色 RGB 为（83、91、94），具体位置分别为 0 与 50%，中间颜色为白色，所在的位置为50%。

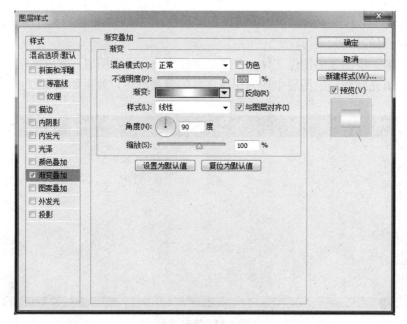

图 5.24　渐变参数设置

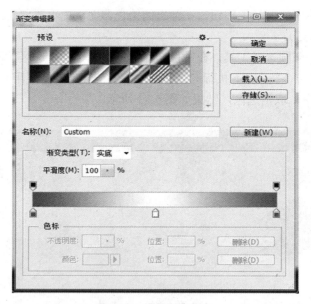

图 5.25　设置渐变颜色

　　（8）渐变选项与颜色设置完成以后，单击"确定"按钮，完成图层样式设置，样式效果如图 5.26 所示。

　　（9）再次单击软件工具箱中的前景色按钮，在弹出的拾色器面板中设置前景色，在拾色器中设置 RGB 为（4、116、183）。

　　（10）在文件的图层面板中创建一个新图层，然后运用选择工具在前面完成的渐变色填充的圆形正上方创建一个稍微小一点的圆形选区，执行 Ctrl+Delete 命令，用前景色填充，执行 Ctrl+D 命令取消选择，运用移动工具使上下两个圆形中间对齐，最后如图 5.27 所示。

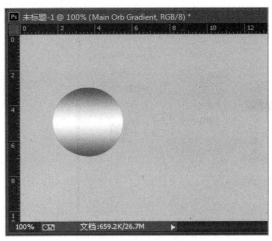

图 5.26　图层样式效果

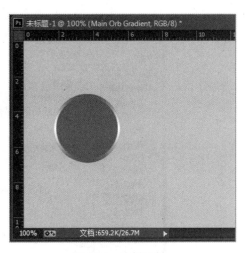

图 5.27　绘制圆形

（11）双击刚才创建的蓝色圆形所在的图层，进行图层样式设置，在弹出的图层样式面板中单击"内发光"与"渐变叠加"2 个选项，然后单击内发光文字按钮，进行内发光参数设置，其中混合模式为正常，不透明度设置为 49%，杂色数值设置为 0%，内发光颜色为黑色，图素方法为柔和，阻塞数值为 0，柔和大小为 10 个像素，品质参数中范围为 50%，抖动为 0，具体如图 5.28 所示。

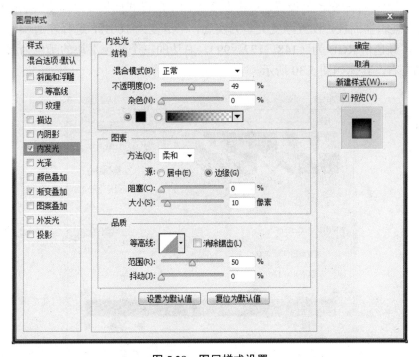

图 5.28　图层样式设置

（12）单击图层样式面板上的渐变叠加文字按钮，开始设置渐变叠加参数，其中颜色混合模式为正常，不透明度为 100%，渐变颜色在下一步中设置，渐变样式设置为线性，勾选与图层对齐选项，渐变角度为 90°，渐变缩放值为 100%，如图 5.29 所示。

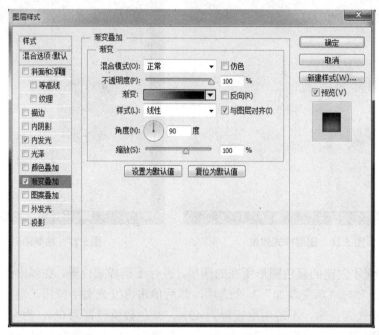

图 5.29　渐变叠加参数设置

（13）接下来进行渐变颜色设置，单击渐变叠加图层样式面板中"渐变"字体右侧的颜色框，弹出渐变编辑器面板，设置渐变类型为实底，平滑度为100%，选择左边颜色滑块的位置为10%左右，颜色值 RGB 为（148、177、99），右边的三个颜色滑块的颜色为黑色，位置间距相差 10%左右，具体如图 5.30 所示。

图 5.30　渐变编辑

（14）内发光、渐变选项与颜色设置完成以后，单击"确定"按钮，完成图层样式设置，样式效果如图 5.31 所示。

图 5.31　图层样式效果

（15）在软件的工具面板中，选取椭圆选择工具，设置羽化值为 0，在图中圆形按钮效果图像的上部绘制一个小型的圆形选区，然后在图层面板创建一个新图层。准备好以后，继续使用渐变填充工具，渐变模式为线性渐变，如图 5.32 所示。

图 5.32　渐变工具选项

（16）打开渐变编辑器设置渐变颜色，渐变颜色名称中选择"前景色到透明渐变"，渐变类型为实底，平滑度为 100%，如图 5.33 所示。

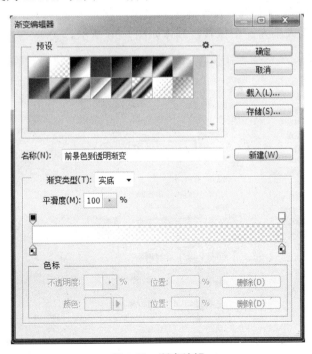

图 5.33　渐变编辑

（17）对前面创建的圆形选区进行白色到透明的渐变填充，并在图层面板中将不透明度设置为 42%，执行 Ctrl+D 命令取消选择，效果如图 5.34 所示。

（18）在图层面板继续创建一个新图层，利用选择工具或者形状工具在新建立的图层中建立一个蓝色的圆环，颜色 RGB 为（4、116、183），圆环大小适当超出上面第十步建立的圆 1～2 个像素，然后执行 Ctrl+T 命令适当调整圆环纵向的大小，同时使圆环与前面第十步建立的圆中心对齐，效果如图 5.35 所示。

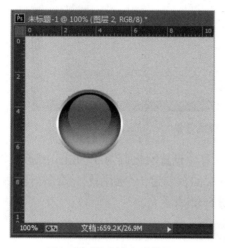 

图 5.34　渐变填充后效果　　　　　　　图 5.35　创建外环

（19）对外环设置图层样式，在图层面板双击外环所在的图层，弹出图层样式面板，勾选"内发光""渐变叠加""外发光"三个选项，单击内发光文字首先来设置内发光参数，其中混合模式为正常，不透明度为 75%，发光颜色为白色，发光渐变为白色到透明，图素方式为柔和，阻塞值为 0，图素大小为 5 个像素，具体如图 5.36 所示。

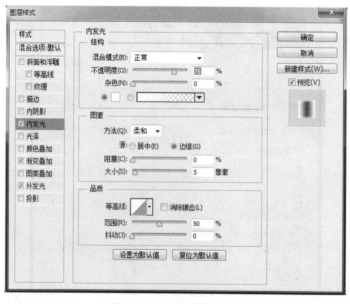

图 5.36　内发光参数设置

（20）渐变叠加图层样式参数设置，单击图层面板左边的渐变叠加文字进入渐变叠加参数面板，设置颜色混合模式为正常，不透明度为100%，渐变样式为线性，勾选"与图层对齐"选项，角度为0°，渐变缩放为100%，如图5.37所示。

（21）进行渐变颜色设置，单击渐变叠加面板中"渐变"字体右边的颜色选框，编辑设置渐变颜色，在弹出的渐变编辑器中，选择渐变预设为"silver"，渐变类型为实底，渐变平滑度为100%，如图5.38所示。

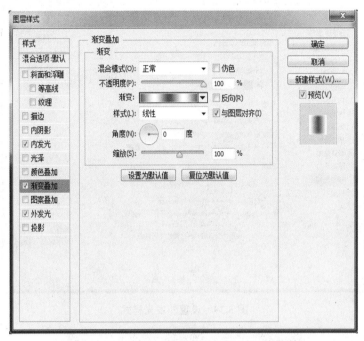

图5.37 渐变参数设置

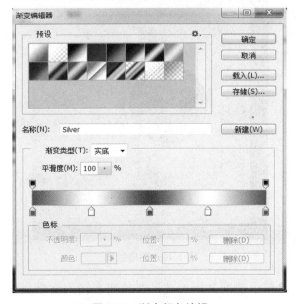

图5.38 渐变颜色编辑

（22）设置外发光图层样式，在图层面板中单击"外发光"文字所在区域，弹出外发光参数面板，设置外发光混合模式为滤色，不透明度数值为19%，杂色数值为0，发光颜色为黑色，图素方法为柔和，大小为8个像素，品质范围为50%，抖动为0。具体如图5.39所示。

（23）对圆环所在的图层执行"内发光""渐变叠加""外发光"样式确定后的图像效果如图5.40所示，完成第一个圆形按钮造型的制作。

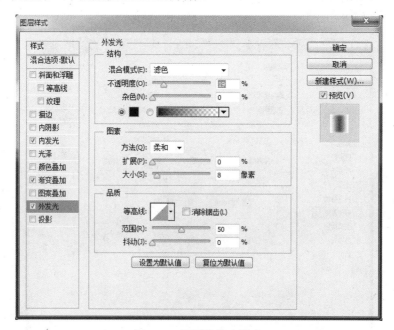

图 5.39　设置外发光样式

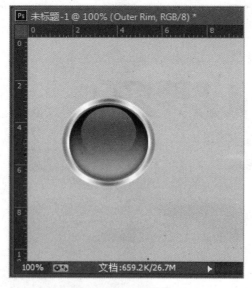

图 5.40　图层效果

（24）在软件的工具箱中选取文本工具，在按钮上输入文字，设置字体为"方正大黑简体"，字体大小为22.15点，字间距为31，字体颜色为白色，具体参数如图5.41所示。

（25）应用上一步设置好的文字工具，在按钮中部输入"人气"2个中文文字，并用工具箱中的移动工具移到准确的位置，如图 5.42 所示。

图 5.41　字体参数设置

图 5.42　输入文字

（26）在软件的图层面板创建一个图层文件夹，可以命名图层文件夹为"anniu 1"，也可以自行命名或不命名，将构成第一个促销按钮的各元素所在的 5 个图层，通过拖动全部放入"anniu 1"图层文件夹中，然后将"anniu 1"文件夹再进行整体复制，命名图层文件夹为"anniu 2"，运用软件工具箱中的移动工具或者键盘上的向右方向键将整个按钮水平向右移动一定的距离，如图 5.43 所示。

图 5.43　复制按钮

（27）修改"anniu 2"中图层 2 的渐变叠加颜色，双击"anniu 2"中图层 2 中的图层样式，打开图层样式面板，单击渐变叠加文字所在的区域，右边呈现渐变叠加参数面板，如图 5.44 所示，参数都不变。

（28）设置渐变颜色，单击渐变参数面板的"渐变"文字右边的颜色设置按钮。弹出渐变编辑器，其他参数都不变，单击左边的颜色滑块，位置比例不动，在弹出的拾色器面板中将颜色 RGB 值设置为（177、99、115），如图 5.45 所示。

（29）渐变叠加颜色设置好以后，单击图层样式确定按钮完成设置，然后将"人气"2个字修改成"爆款"，位置颜色等不变，效果如图 5.46 所示。

（30）将"anniu 1"文件夹再次进行整体复制，命名图层文件夹为"anniu 3"，运用软件工具箱中的移动工具或者键盘上的向右方向键将整个按钮水平向右移动一定的距离，然后用上一步同样的方法，修改渐变叠加图层样式中的右边的颜色，RGB 值为（97、110、191），再把"人气"2 个字修改为"新品"，效果如图 5.47 所示。

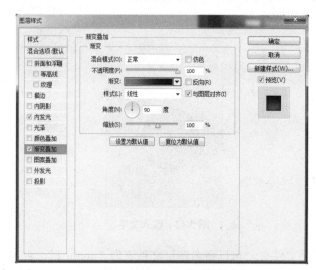
图 5.44　渐变叠加设置

图 5.45　渐变编辑

图 5.46　图层样式设置效果

图 5.47　修改按钮颜色

（31）将"anniu 1"文件夹再次进行整体复制，命名图层文件夹为"anniu 4"，运用软件工具箱中的移动工具或者键盘上的向右方向键将整个按钮水平向右移动一定的距离，然后用上一步同样的方法，修改渐变叠加图层样式中的右边的颜色，RGB 值为（177、99、176），再把"人气"2 个字修改为"推荐"，效果如图 5.48 所示。

图 5.48　修改按钮颜色

（32）将"anniu 1"文件夹再次进行整体复制，命名图层文件夹为"anniu 5"，运用软件
工具箱中的移动工具或者键盘上的向右方向键将整个按钮水平向右移动一定的距离，然后用
上一步同样的方法，修改渐变叠加图层样式中的右边的颜色，RGB 值为（205、201、78），
再把"人气"2 个字修改为"热卖"，最后促销按钮效果如图 5.49 所示。

图 5.49　修改按钮颜色

5.8　网店促销标签视觉效果设计

（1）运行 Photoshop 软件，在文件菜单中执行"新建"命令，或者执行 Ctrl+N 命令创建
一个新的图像文件，在弹出的创建新文件对话框中，设置文件的宽度为 460 像素，文件的高
度为 340 像素，分辨率为 72 像素/英寸，颜色模式为 RGB 模式，具体如图 5.50 所示。

（2）在软件的工具箱中选取圆角矩形工具，设置工具模式为"形状"，填充颜色为 RGB
（243、52、21），描边选项为"无"，圆角半径为 20 个像素，如图 5.51 所示。

（3）在新建立的文件中的图层面板创建一个新图层，然后在图像文件中绘制一个圆角矩
形，再用工具箱中的移动工具，将绘制的圆角矩形移动到图像文件的中央位置，如图 5.52 所示。

（4）设置圆角矩形的图层样式，在圆角矩形所在的图层双击，弹出图层样式面板，勾选
斜面与浮雕选项，并单击斜面与浮雕的文字，右边显示斜面与浮雕的效果参数，设置结构样
式为内斜面，方法为平滑，结构深度为 602%，方向为向上，大小为 4 个像素，软化值为 0
个像素，阴影角度为 112 度，高度为 64 度，勾选"使用全局光"选项，高光模式为滤色，不
透明度为 50%，阴影模式为正片叠底，不透明度为 50%，具体如图 5.53 所示。

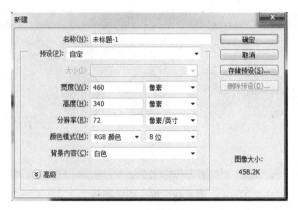

图 5.50 创建新文件

图 5.51 圆角矩形工具设置

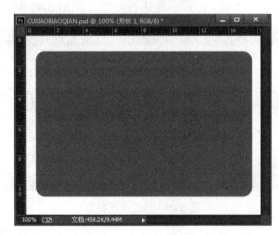

图 5.52 绘制圆角矩形

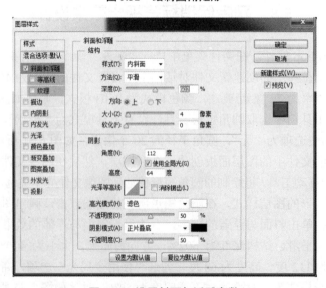

图 5.53 设置斜面与浮雕参数

（5）单击图层面板中的确定按钮后，圆角矩形的效果如图 5.54 所示。

（6）单击软件工具箱中的前景色按钮，在弹出的拾色器中设置前景色 RGB 为（250、157、0）。

（7）在图层面板创建一个新图层，用上述同样的方法创建大小一样的另外一个圆角矩形，并使 2 个完全相同的圆角矩形对齐。设置圆角矩形的图层样式，在圆角矩形所在的图层双击，弹出图层样式面板，勾选斜面与浮雕选项，并单击斜面与浮雕的文字，右边显示斜面与浮雕的效果参数，设置结构样式为内斜面，方法为平滑，结构深度为 144%，方向为向上，

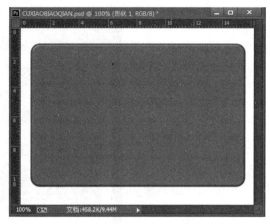

图 5.54　执行图层样式后的效果

大小为 7 个像素，软化值为 5 个像素，阴影角度为 112 度，高度为 64 度，勾选"使用全局光"选项，高光模式为滤色，不透明度为 50%，阴影模式为正片叠底，不透明度为 50%，效果如图 5.55 所示。

（8）在软件的工具箱中选取多边形套索工具，先按住键盘上的 Shift 键进行 45°绘制选区，然后放开 Shift 键，绘制成图 5.56 所示的一个选区。

图 5.55　图层样式效果

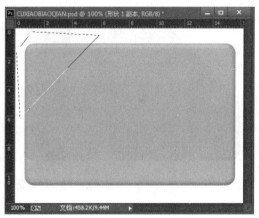

图 5.56　绘制选区

（9）执行 Ctrl+Shift+I 命令，将选区反选，确定工作在第二个圆角矩形所在的图层后，按键盘上的 Del 键，将反选后被选中的大部分矩形删除，如图 5.57 所示。

（10）在软件的工具箱中选取钢笔工具，设置工具模式为"形状"，填充颜色为白色，描边为无，如图 5.58 所示。

（11）在图层面板创建一个新图层，运用钢笔工具绘制一个 45°倾斜的形状，如图 5.59 所示。

（12）在图层面板，根据前几个步骤创建的图层顺序，在各图层的连接处，按住 Alt 键的同时进行单击，以设置图层剪切蒙版，效果如图 5.60 所示。

（13）在软件的工具箱中选取文字工具，在字符属性面板中设置字体为方正兰亭黑体，字体大小为 96.43 点，字符间距为–78，输入"满就送"3 个白色的文字，然后单独选中"送"

字，在字符面板将字体大小设置为 145.62 点，其他参数不变，具体如图 5.61 与图 5.62 所示。

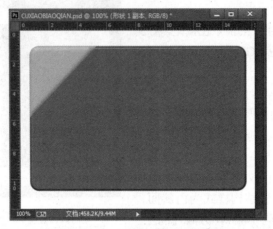

图 5.57　删除部分圆角矩形

图 5.58　钢笔工具设置

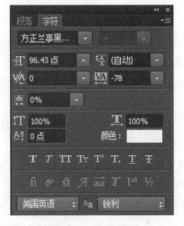

图 5.59　绘制形状

图 5.60　图层剪切蒙版

图 5.61　字体设置　　　　　　　　　图 5.62　字体设置

（14）将输入的文字用移动工具移到图像的合适区域，如图 5.63 所示。

（15）设置文字的图层样式，双击文字所在的图层，在弹出的图层样式面板中点选"投影"选项，设置投影结构的混合模式为正片叠底，颜色为黑色，不透明度为 58%，角度为 112 度，勾选"使用全局光"选项，距离为 3 个像素，扩展值为 13%，大小为 6 个像素，杂色设置为 0，如图 5.64 所示。

（16）投影图层样式设置完成，单击确定按钮，文字效果如图 5.65 所示。

图 5.63 文字设置

（17）再次在软件的工具箱中选取文字工具，在字符面板中设置字体为"Book Antiqua"，字体大小为 30 点，字符间距为–29，单击颜色区域，弹出颜色拾取器面板，设置文字颜色 RGB 为（243、52、21），具体如图 5.66 所示。

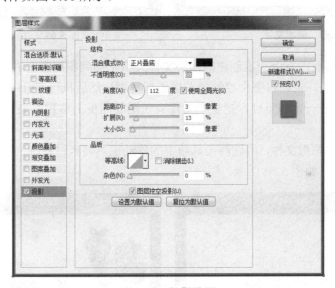

图 5.64 投影设置

图 5.65 文字图层效果

图 5.66 字体参数设置

（18）在图像的左上方输入英文文字，然后执行 Ctrl+T 命令将文字旋转 45°，并放置在合适的位置，如图 5.67 所示。

（19）在图层面板，创建一个图层文件夹，将前面所创建的所有图层拖放到图层文件夹中，选中图层文件夹，执行 Ctrl+T 命令将前面创建的图像整体进行缩小，如图 5.68 所示。

图 5.67　编辑文字　　　　　　　　　　　　图 5.68　　编辑图像

（20）在图层面板，将上一步创建的图层文件夹整个拖到图层面板右下角的新建按钮上，复制一个图层文件夹，也即将整个绘制的图像进行复制，然后执行 Ctrl+T 命令把新复制的图像整体缩小，并旋转一定的角度，把整个文件夹在图层面板上移到原来文件夹的下方，最后如图 5.69 所示。

（21）打开素材图像文件，用软件工具箱中的移动工具将素材移到文件中，去除背景，使素材图像背景透明，如图 5.70 所示。

图 5.69　编辑整体图像　　　　　　　　　　图 5.70　　编辑素材

（22）执行 Ctrl+T 命令，将素材图像缩小，在图层面板中将素材所在的图层置于 2 个"满就送"图层的下方，并将素材移到合适的位置，如图 5.71 所示。

（23）用上一步同样的方法，再次将素材图像移到文件中，并通过缩放、旋转编辑与图层编辑，把素材图像放置合适的位置，如图 5.72 所示。

图 5.71　编辑素材（1）　　　　　　　　图 5.72　编辑素材（2）

（24）在软件的工具箱中选择椭圆选择工具，设置羽化值为 8 个像素，其他参数不变，如图 5.73 所示。

图 5.73　椭圆选择工具

（25）在图像文件中圆角矩形下方的位置绘制一个羽化的椭圆形选区，然后在白色背景图层的上方（其他图层的最下方）创建一个新图层，并用一种稍微浅一点的灰色填充，如图 5.74 所示。

（26）取消选择，可以再次执行以上方法，在前面灰色填充图层的上方再创建一个新图层，用带羽化的椭圆形选择工具创建一个小一点的椭圆选区，并用较深点的灰色填充，取消选择后如图 5.75 所示。

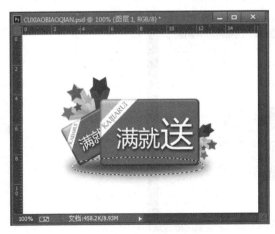

图 5.74　灰色填充（1）　　　　　　　　图 5.75　填充灰色（2）

（27）在图层面板选择最前面一次创建的圆角矩形，如图 5.76 所示。

（28）不取消圆角矩形的选区，在图层面板的最上面一个图层，创建一"渐变填充"图层效果，设置渐变颜色由黑色到透明，样式为线性，角度为 90 度，缩放为 100%，勾选"与图层对齐"选项，如图 5.77 所示。

图 5.76　选取圆角矩形

（29）在图层面板设置渐变填充所在的图层的不透明度为 24%，填充值 82%，如图 5.78 所示。

图 5.77　设置渐变填充图层效果

图 5.78　设置图层属性

（30）取消选择，保存文件，最后的促销标签图像效果如图 5.79 所示。

图 5.79　最后图像效果

第六章

网店视觉图像的修饰与美化

本章导语

"如果两眼生来为着注视，美就是她存在的原因。"

——拉尔夫·沃尔多·爱默生

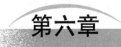

网店视觉图像的
修饰与美化

6.1　商品图像的裁剪

在实际工作过程中，不管是用于网店销售的商品图像详情信息的制作，还是促销广告的制作，抑或是网店装修，一般用数码相机拍摄的图是不能直接使用的，一般都需要图像处理软件进行处理，才能适合不同情况下的使用要求。通常数码相机拍摄的图像，其精度较高、容量与尺寸较大。而网页上图像的容量大小直接影响消费者打开网页浏览的速度，图像容量越大浏览器打开网页的速度越慢。所以理想的状态是图像越小越好，但是图像的清晰度越高越好。这就需要对拍摄好的商品图像以压缩处理、格式转换等方式进行编辑，有些直接用切片处理，分割图像。

在实际运用过程中，拍摄好的图像的尺寸往往是偏大的，因为数码单反相机的分辨率普遍较高，而网页上的图像分辨率通常是 72 像素/英寸，这就需要对图像的分辨率进行调整，需要对图像的尺寸大小进行设计以满足不同电子商务平台的使用。

在实际运用过程中，拍摄好的商品图像往往存在一些不足或缺点，比如图像中存在多余的素材，图片图像的主体比例不合理，商品图像的位置不合理等，这些都需要对拍摄好的图像进行修饰，只有通过修饰后的图像才能运用于网络销售中的主图、商品详图、商品促销广告图中。所以商品图像的裁剪、修饰、尺寸处理是商品图像信息制作的第一步。

在 Photoshop 中图像的裁剪一般运用裁剪工具，如图 6.1 所示，其工具选项与操作方法如下：

图 6.1　裁剪工具选项

（1）首先选择裁剪工具。
（2）在选项栏中设置重新取样选项。

如果要裁剪图像而不重新取样（默认），请确保选项栏中的"分辨率"文本框是空白的。可以单击"清除"按钮以快速清除所有文本框。

如果要在裁剪过程中对图像进行重新取样，请在选项栏中输入高度、宽度和分辨率的值。除非提供了宽度或高度以及分辨率，否则裁剪工具将不会对图像重新取样。如果输入了高度和宽度尺寸并且想要快速交换值，请单击"高度和宽度互换"图标。

如果要基于另一图像的尺寸和分辨率对一幅图像进行重新取样，请打开依据的那幅图像，选择裁剪工具，然后单击选项栏中的"前面的图像"。使要裁剪的图像成为现用图像。若在裁剪时进行重新取样，将使用"常规"首选项中设置的默认插值方法。

（3）在图像中要保留的部分上拖动，以便创建一个选框。选框不必精确，可以稍后调整它。

（4）如有必要，请调整裁剪选框：如果要将选框移动到其他位置，请将指针放在外框内并拖动。如果要缩放选框，请拖动手柄。如果要约束比例，请在拖动角手柄时按住 Shift 键。如果要旋转选框，请将指针放在外框外（指针变为弯曲的箭头）并拖动。如果要移动选框旋转时所围绕的中心点，请拖动位于外框中心的圆。不能在位图模式中旋转选框。

（5）设置用于隐藏或屏蔽裁剪部分的选项。指定是否想使用裁剪屏蔽来遮盖将被删除或隐藏的图像区域。选中"屏蔽"时，可以为裁剪屏蔽指定颜色和不透明度。取消选择"屏蔽"后，裁剪选框外部的区域即显示出来。指定是要隐藏还是要删除被裁剪的区域。选择"隐藏"将裁剪区域保留在图像文件中。可以通过用移动工具移动图像来使隐藏区域可见。选择"删除"将扔掉裁剪区域。"隐藏"选项不适用于只包含背景图层的图像。如果想通过隐藏来裁剪背景，请首先将背景转换为常规图层。

（6）完成裁剪。要完成裁剪，按 Enter 键（Windows）或 Return 键（Mac OS）；单击选项栏中的"提交"按钮；或者在裁剪选框内双击。要取消裁剪操作，请按 Esc 键或单击选项栏中的"取消"按钮。

6.1.1 图像大小的编辑

图像大小的变化是指将数码相机拍摄的高精度图像，转变为网店可用的相对容量较小的图像。图 6.2 是一张宽度为 7 000 像素，高度为 4 667 像素，分辨率为 300 像素/英寸，图像大小容量为 93.5 兆的大图，具体转换方法如下：

（1）启动 Photoshop 软件，打开图像文件，执行"图像"菜单"图像大小"命令，开启图像大小对话框，观察商品图像的原始数值，如图 6.3 所示。

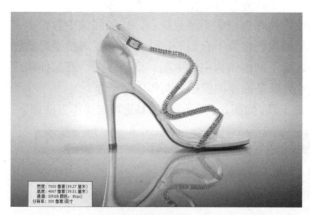

图 6.2　高清晰大图

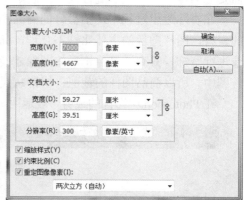

图 6.3　图像大小

（2）首先修改图像的分辨率。如图 6.4 所示，把图像的 300 像素/英寸分辨率，修改为屏幕分辨率 72 像素/英寸。从图中可以看出，分辨率的改变大大缩小了图像的大小，图像的大小由原来的 93.5 兆变为 5.38 兆，同时，图像的宽度与高度也发生了改变，宽度由原来的 7 000像素变为 1 680 像素，高度由原来的 4 667 像素变为 1 120 像素。

（3）上一步操作已经大大缩小了文件本身的大小，但是相对于商品网络销售平台来说还是太大，需要修改图像的宽度与高度尺寸。在像素大小栏，分别设置新图像的高度和宽度值，要勾选下面的"缩放样式""约束比例""重定图像像素"三个选项。通常各个平台网店上的商品信息图像的高度是不定的，但宽度不同的平台有不同的数字，一般情况为 750 像素。现在把宽度值修改为 750 像素，如图 6.5 所示。由图可以看出，图像的高度值也随之改变为 500像素。

（4）通过上一步可知，图像大小发生进一步缩小，由 5.38 兆变为 1.07 兆，单击"确定"按钮。如图 6.6 所示，图像外观本身没有什么变化，但是显示的百分比与图像大小发生了明显变化。

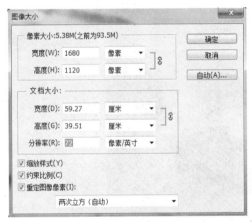

图 6.4　修改图像分辨率（1）

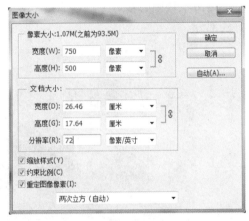

图 6.5　修改图像分辨率（2）

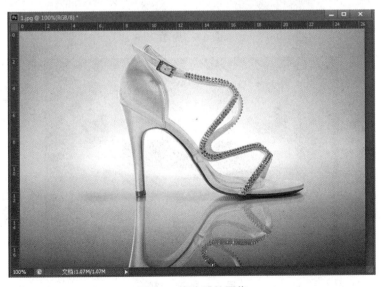

图 6.6　修改后的图像

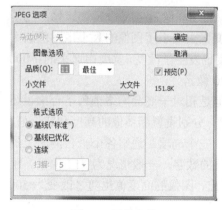

图 6.7　压缩文件

（5）保存图像，执行"文件"菜单中的"存储为"命令，保存图像文件，重新对文件名命名，选择 JPEG 文件格式保存文件，弹出压缩文件对话框，可以看到文件得到进一步压缩，变成 151.8 K，但是基本没有改变图像的外观视觉效果，可以用来表述商品图像信息，如图 6.7 所示。

6.1.2　图像瑕疵部分的裁剪

在商品图像拍摄过程中，因受到各种外部因素的影响难免会存在瑕疵或不足，在使用前必须把有瑕疵的地方进行剔除，具体方法如下：

（1）启动图像处理软件，打开拍摄好的需要修剪的商品图片，如图 6.8 所示，在鞋的背景中还有商品拍摄台的造型，必须把不必要的部分图像剪去。

（2）运用软件中的裁剪工具，如图 6.9 所示，通过设置裁剪工具的 8 个控制点，选择画面较好的部分。

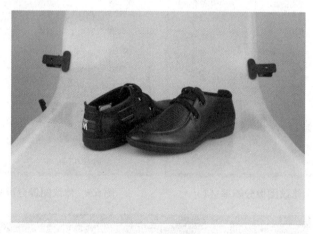

图 6.8　原图

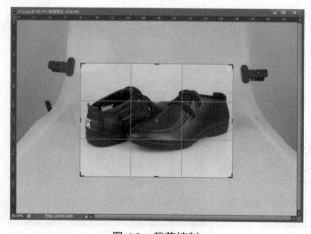

图 6.9　裁剪控制

（3）在图像画面中双击鼠标，完成裁剪工作，如图 6.10 所示，裁剪好图像备用，当然画布的尺寸是变小的。

6.1.3　图像裁剪并重新构图

通过数码相机拍摄产生的图像构图不合理，是不可避免的，为了能得到合理的构图，把图片用于不同的场合就需要进行裁剪，同时进行重新构图。具体操作方法很多，要根据具体情况来决定，下面是一种裁剪方法。

图 6.10　裁剪后的图像

（1）用 Photoshop 软件打开有瑕疵的商品图片，如图 6.11 所示，拍摄时商品鞋的图像处画面的正中间，构图上相对不够活泼，而且在图像的下面和上面明显存在拍摄时产生的不足。这就需要剪去不足的部分，对图像进行重新构图。

图 6.11　拍摄的图像

（2）选用 Photoshop 中的裁剪工具，进行裁剪，如图 6.12 所示，通过控制点把图像的上边与下边有瑕疵的地方排除在外，同时把大部分左边的图像截去，而保留右边的图像。

（3）在裁剪工具状态下双击鼠标，完成图像裁剪，图 6.13 为瑕疵裁剪后的图像，可以看出鞋子视觉重心明显地偏向了图像的左边，而且视觉中心定位在了两只交叉重合部分，符合黄金分割视觉规律。

（4）最后对图像进行简单的修饰，方法不一而足，设计人员可以自行设计，但用来修饰的辅助对象要简单、短小，不能喧宾夺主，只能起到烘托商品主体的作用，如图 6.14 所示。

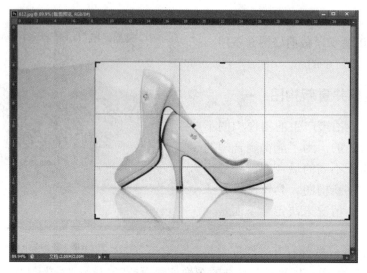

图 6.12　裁剪控制

图 6.13　瑕疵裁剪后的图像

图 6.14　重新构图

6.1.4　图像固定尺寸裁剪

　　固定尺寸裁剪是指当一批商品图像拍摄好以后，为取得一批图像一致的大小，而实行的一种裁剪方式，其结果是裁剪所得的图像大小规格一致。这种图像的裁剪方式主要是通过裁剪工具选项中的高度与宽度设计来完成。

　　（1）在剪切工具中，设置裁剪图像大小与分辨率，如图 6.15 所示，输入宽度与高度尺寸为 750 像素与 500 像素。并存储为裁剪预设。

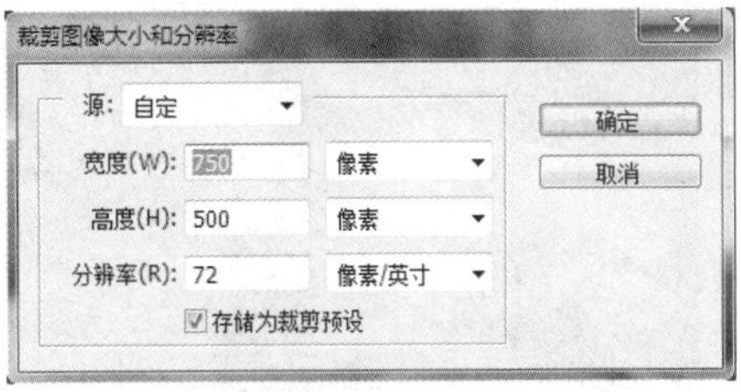

图 6.15　裁剪图像

　　（2）分别打开要裁剪的一组商品图片中的一个文件，如图 6.16 所示，进行控制点设置。控制点的选择应以商品主体图的合理布局为基础。

　　（3）执行裁剪命令以后，就裁剪成固定大小的图片，如图 6.17 所示。

图 6.16　裁剪控制

图 6.17　裁剪后效果

　　4. 用同样方法对另外需要裁剪的商品图进行裁剪，得到大小一致的系列图片，如图 6.18～图 6.21 所示。

图 6.18　裁剪控制

图 6.19　裁剪后效果

图 6.20　裁剪控制

图 6.21　裁剪后效果

6.1.5　图像放大与旋转裁剪

放大裁剪图像是指在设计商品详图的过程中，为展示商品的局部图像，或者设计局部的细节图时经常以放大图像的方法来截取，操作的方法比较简单。

（1）运行软件打开目标原文件，如图 6.22 所示。

（2）运用视图放大工具把需要裁剪的图像局部放大，并移到图像窗口合理位置，如图 6.23 所示。

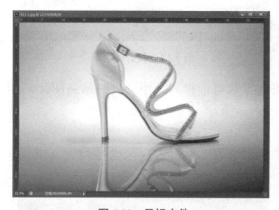

图 6.22　目标文件

图 6.23　局部放大

（3）运用裁剪工具，编辑控制点，选定需要的部分图像，如图 6.24 所示。

（4）执行裁剪命令，得到如图 6.25 所示的放大局部图像。

（5）前面裁剪所得的图像是自然状态的图像，软件具有裁剪过程中图像的旋转功能，可以进行旋转截图。旋转后的图如图 6.26 所示。

（6）执行裁剪命令可以得到旋转后的截图，视觉效果上比较符合常规，如图 6.27 所示。

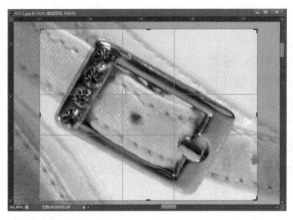

图 6.24 裁剪控制

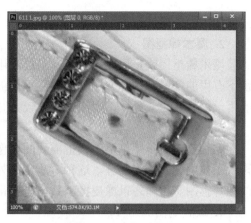

图 6.25 裁剪后的效果

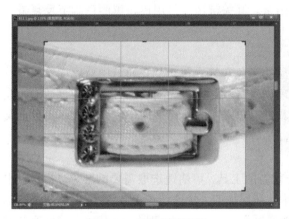

图 6.26 旋转裁剪控制

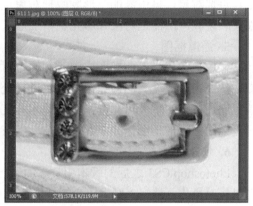

图 6.27 旋转裁剪后的效果

6.2 网店视觉图像的抠取

抠图是图像处理中最常做的操作技术之一，是将图像中需要的部分从画面中精确地提取出来。抠图是后续图像处理的基础，只有把图抠好了，一些后继的图像处理工作才能展开。在网店商品图像处理与网店视觉设计中抠图是一项必不可少的工作。

在 Photoshop 图像处理软件中，抠图就是把静态图像或动态影像的某一部分从原始图像或影像中分离出来成为单独的图层，又称去背或退底，是指把图像中的"前景"和"背景"分离的操作。抠图的主要目的是为后期的图像合成与处理做准备。

在 Photoshop 图像处理软件中，抠图的方法有很多种，常见的抠图方法有套索工具、选框工具、橡皮擦工具等直接选择、快速蒙版、钢笔勾画路径后转选区、抽出滤镜、外挂滤镜抽出、通道、计算、应用图像法，等等。具体用什么方法要看图像处理人员的爱好，还要看图像本身的情况，方法多样，要灵活运用。

1. 橡皮擦抠图

橡皮擦抠图就是用橡皮擦工具擦掉不用的部分，留下有用的部分。这种方法属外形抠图方法，简单好用，但处理效果不好，可用于外形线条简单的图形抠图。但主要用于对其他方法抠图后的效果进行进一步处理。

2. 魔术棒抠图

魔术棒抠图就是用魔术棒工具点选不用的部分，或者点选要用的部分再反选，然后删除，留下有用的部分。这种方法属于颜色抠图的范畴，使用简便，但不易达到预期效果。因此只能用于图片要用部分和不用部分色差较大时抠图或用于其他抠图方法的辅助方法。

3. 路径抠图

路径抠图就是用钢笔工具把需要的图像部分描画起来，然后将路径作为选区载入，反选，再从图层中删除不用部分。这种方法也属外形抠图方法，可用于外形比较复杂、色差又不大的图片抠图。再辅之以橡皮擦工具，可取得较好的效果。

4. 蒙版抠图

蒙版抠图是综合性抠图方法，既利用了图中对象的外形也利用了它的颜色。先用魔术棒工具点选对象，再用添加图形蒙版把对象选出来。其关键环节是用白、黑两色画笔反复减、添蒙版区域，从而把对象外形完整精细地选出来。

5. 通道抠图

通道抠图属于颜色抠图方法，利用了对象的颜色在红、黄、蓝三通道中对比度不同的特点，从而在对比度大的通道中对对象进行处理。先选取对比度大的通道，再复制该通道，在其中通过进一步增大对比度，再用魔术棒工具把对象选出来。可适用于色差不大，而外形又很复杂的图像的抠图，如头发、树枝、烟花，等等。

6. 快速抠图方法

Photoshop CS3 之后的版本中，添加了一款新的工具，可快速选取需要的部分，初学者也可以轻易操作。选择"魔术棒"的扩展工具中，新增加的"快速选择工具"。根据需要选取部分的大小，对画笔大小进行调整。选择"增加选区"。在对象所在图层不断移动，选取需要的部分。过程中还可以不断调整画笔大小，对细小部分进行精确选取。执行复制粘贴命令，完成抠图。

6.2.1 矩形椭圆形多边形工具抠图

（1）运行 Photoshop 软件，执行文件"打开"命令，开启原始的图像素材，图 6.28 所示为一双休闲鞋的商品主体图。一般情况下用于抠图的原始图的尺寸不能太小，否则会影响图像的质量。

图 6.28　原图

（2）执行"文件"菜单下的"新建文件"命令，创建一个新文件，文件的尺寸设置为宽度 1 024 像素，高度 683 像素，分辨率为 72 像素/英寸，颜色模式一定要设置为 RGB，否则有可能建立的图像是灰色的图像，设置文件的背景色为白色，如图 6.29 所示。

（3）在工具面板，双击设置前景色按钮，弹出前景色设置对话框，设置颜色 R、G、B 分别为 175、175、174，三个数值直接输入，或者在 RGB 的下方，直接输入颜色代码

#afafae，如图 6.30 所示，单击"确定"按钮，完成前景色的设置工作。

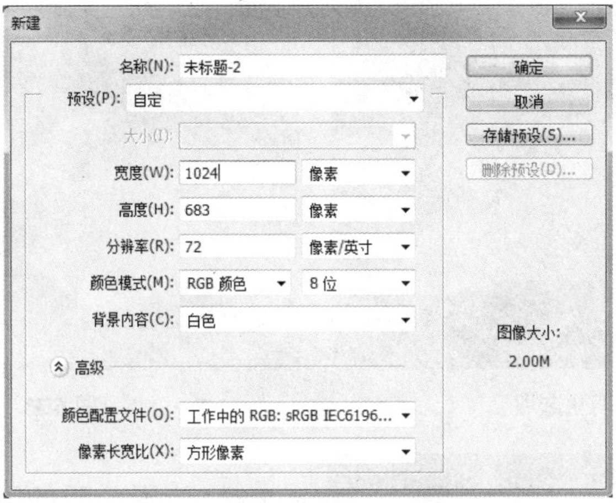

图 6.29 创建新文件

图 6.30 颜色设置

（4）工作到新创建的文件中，在图层面板底部，单击"创建新图层"按钮，新建一个图层（也可以不建，但初学者还是应该养成新建图层的习惯）。选中新建的图层，选择"编辑"菜单填充命令，在图层中填充前景色，如图 6.31 所示。

（5）在工具箱中选择椭圆选择工具，首先在工具选项栏中设置"羽化"值，使选区边缘羽化，"羽化"值要具体情况具体分析，根据图像大小来确定，如图 6.32 所示选中的图中鞋的主体图。

（6）把椭圆工具选中的图像复制到剪贴板中，把图像粘贴到新的文件中去，效果如图 6.33 所示。

图 6.31 填充背景

图 6.32　羽化选取

图 6.33　最后效果

图 6.34　原图

6.2.2　边界分明的图像抠图

（1）启动 Photoshop 软件，执行"文件"菜单中"打开"文件命令，打开需要抠图的商品图片，如图 6.34 所示，从图中可以看出，鞋子的图像边缘总体上比较清晰，边界比较分明，可以采用套索选择工具抠图。注意，在选择抠图方法前一定要先对图像的明暗分布情况进行分析，不能麻木机械地选择抠图方法，一定要具体情况具体分析。

（2）从选择工具中，单击磁性套索工具，磁性套索工具的特点是能根据图像的对比度自动识别并跟踪图像的边缘，所以对于所要选取的图像与背景混合的边缘比较明显时可以用此方法。设置对比度值为 20%，频率为 57，工具选项如图 6.35 所示。

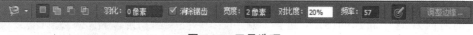

图 6.35　工具选项

（3）首先来选取商品图像的外部轮廓，运用磁性套索工具沿着鞋子图像的边缘，慢慢地移动，注意鼠标标识不能离图像边缘太远，否则就不能有效跟踪图像边缘。仔细地慢慢移动鼠标，起点与终点会合后，选区就会自动闭合，如果选择不够理想，可以用加选与减选的方法进行修正，最后选择的结果如图 6.36 所示，把鞋图像轮廓全部选择。

（4）从图 6.36 中可以看出，前面一步构建的选区，在把鞋图像整体选中的同时，也把两只鞋交叉的中间部分凸显选中了，但那属于背景图像，不是所需的图像，必须去除。还是用磁性套索工具，在工具选项中选择"减选"模式，用同样的方法将两只鞋交叉的区域减选掉，如图 6.37 所示。

图 6.36 选择造型

图 6.37 减选

（5）当选择工作完成以后，在图层面板，双击图像所在的背景图层，将背景图层转化为像素图层，即普通图层。然后执行键盘上的删除键，把商品图像以外的像素全部删除，出现透明的由灰白正方形构成的网格图案背景，说明在商品所在的图层上，除了商品图像的造型以外，其他区域是没有任何像素的，如图 6.38 所示。

（6）回到软件的工具箱，执行前景色与背景色编辑工具，根据自己设计的需要或者爱好，在颜色拾取器中选择一种合理的颜色，颜

图 6.38 去除背景

色色相与明度范围完全可以自定，这是一种临时的背景衬托颜色，具体设计中还要根据具体情况设置，如图 6.39 所示，选择 R、G、B 分别为 211、231、160 的颜色。

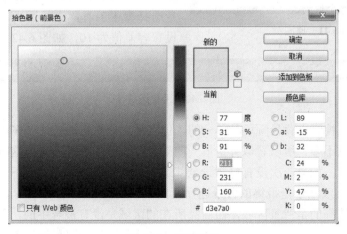

图 6.39 选择颜色

（7）在图层面板，在商品图像所在的图层下方，构建一个新的图层，执行填充命令，为商品重新设定一个新的背景。注意，一定要在商品图像的下方创建图层，否则新图层会把商

品所在的图层遮挡。最后换背景以后的效果如图 6.40 所示，抠图完成，图像备用。

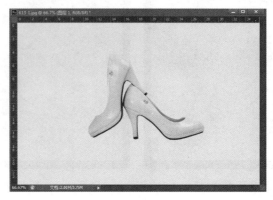

图 6.40 变换背景

6.2.3 背景色单一的图像抠图

（1）准备好需要抠图的商品图像，启动 Photoshop 软件，执行"文件"菜单"打开文件"命令，把准备好的商品图像开启，如图 6.41 所示。从图中可以看出，这个商品图像的背景是单纯的白色，图像背景颜色单一明了，就连商品的边缘都没有因光照产生的阴影，而且图像边界也很分明，说明商品图像拍摄的效果非常好，这类图像的抠图非常简单，所以高质量的商品图像拍摄，可以为后期的处理工作带来事半功倍的效果。

图 6.41 原图

（2）这种背景单一颜色的图像抠取，只需要执行魔术选择工具单击背景就可以了，方法是选择魔术工具，进行适当的容差设置，这里设置容差值为 10，如图 6.42 所示。

图 6.42 工具选项

（3）注意，在视觉上背景颜色是单一的，但实际上计算机能表达 1 670 万种颜色，人的眼睛能分辨的颜色不多，所以看似背景单一的颜色，实际上可能不是，这时可以通过容差值来控制选取的范围。如果一次没有将背景全部选中，则可以在加选模式下，把没有选进的背景区域选进。图 6.43 所示是最终的背景选择区域。

（4）上一步选择的是背景区域，而商品所在的区域是没有被选中的，现在图中只有被选中区域与没有被选中区域两个部分，那么执行"选择"菜单的"反选"命令，就可以在被选中区域与没有被选中区域之间进行切换，在商品图像成为被选中区域以后，执行删除背景命令，如图 6.44 所示。

图 6.43　选取图像　　　　　　　　　　　图 6.44　去除背景

（5）最后，还是新建一个图层，选择合适的背景颜色，为商品图像替换背景，效果如图
6.45 所示。

6.2.4　快速选择抠图

（1）快速选择抠图是 Photoshop 软件近期几个版本新增的功能，其原来也是根据颜色边
界进行选取图像，打开图 6.46 所示的已经拍摄好的商品图像文件。

图 6.45　替换背景　　　　　　　　　　　图 6.46　原图

（2）在工具面板上选择快速选区工具，设置工具选项，把笔刷形状设置为圆形，大小为
30，这要根据图像的实际情况进行设定，如图 6.47 所示。

图 6.47　工具选项

（3）运用快速选择工具，在需要选择的商品图像区域单击，按住鼠标不放，然后慢慢移
动，可以看到选区会随着鼠标的移动扩大，而且能识别图像的边缘，如图 6.48 所示。

（4）继续移动鼠标，直到把整个商品图像全部选中，注意图像的边缘，如果有多选或者
少选，可以用别的选择方式进行弥补，如图 6.49 所示。

（5）当全部选中商品图像后，应删除背景像素，同理执行反选命令，把背景区域选中后

直接删除背景图像，然后新建一个图层，选择合理的颜色填充，如图 6.50 所示。

图 6.48　选取

图 6.49　完全选取

6.2.5　钢笔工具抠图

（1）启动图像处理软件，打开已经拍摄好的需要抠图的商品图片，如图 6.51 所示。注意，图中商品带有明显的投影，本例中投影不在选择抠取范围之内。

图 6.50　替换背景

图 6.51　原图

（2）在工具面板中选取钢笔工具，如图 6.52 所示，选择"路径"模式。路径实际上是绘制矢量线段，有直线与曲线，点击的时候是直线，拖动的时候变成曲线，这点要特别注意。

图 6.52　工具选项

（3）用钢笔工具沿着商品图片的边缘，仔细地逐个设置路径锚点，注意锚点的设置以包围商品图像为原则，有顺序地进行，如图 6.53 所示。

（4）设置锚点时遇到直线形状的商品图像边缘可以设置直线段，如果遇到曲线的形状边缘，可以用曲线段，即用拖动鼠标绘制，然后调整路径锚点的 2 个控制方向。直到路径完全闭合，如图 6.54 所示。

图 6.53　路径绘制

图 6.54　完成路径绘制

（5）在经过调整路径的各个锚点，使锚点完全吻合商品图像边缘以后，接下来要把路径转换为选区，路径与选区是可以相互转化的，方法也比较多，可以在路径面板菜单执行"建立选区"命令，设置如图 6.55 所示，羽化值为 0。

（6）把路径转化为选区后如图 6.56 所示，如果存在不足，可以用加选与减选的方法加以调整，使选区更合理。

图 6.55　建立选区选项

图 6.56　选区建立

（7）同样把商品图像的背景删除，最后如图 6.57 所示，完成抠图工作。

6.2.6　其他方法抠图

1. 运用通道抠图

通道是图像处理技术的重要内容，一般分为图像颜色信息通道、Alpha 通道、专色通道等，颜色通道是在打开新图像时自动创建的。图像的颜色模式决定了所创建的颜色通道的数目。例如，RGB 图像的每种颜色（红色、绿色和蓝色）都有一个通道，并且还有一个用于编辑图像的 RGB 复合通道。Alpha 通道一个选区存储而成的灰度图像，可以添加 Alpha 通道来创建

图 6.57　除去背景

和存储蒙版，这些蒙版用于处理或保护图像的某些部分。专色通道是指定用于专色油墨印刷的附加印版。一个图像最多可有 56 个通道。所有的新通道都具有与原图像相同的尺寸和像素数目。图像的通道有着独特的功能，可以制作各种特色的图像效果。运用通道技术抠图实际上是应用了通道的灰度图像特征，具体操作方法如下：

（1）在 Photoshop 中打开事先拍摄好的商品图像，如图 6.58 所示。

（2）设置通道面板，分别观察 R、G、B 三个通道的图像灰度情况，选择图像灰度对比最明显的通道，并复制一个通道，如图 6.59 所示。

图 6.58　原图

图 6.59　通道的选择

（3）运用"色阶"命令强化通道图像的对比度，这一步非常重要，也是这种抠图方法的难点，必须对图像的色阶分布做出正确的判断，如图 6.60 和图 6.61 所示。

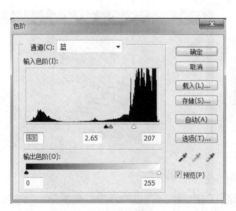

图 6.60　色阶调整

图 6.61　调整后的效果

（4）接下来将图像的色彩翻转，执行 Ctrl+I 命令，运用毛笔工具或颜色变换工具，将所要选择的图像用白色填充，将不需要的背景图像全部用黑色填充。如果有头发等纤细物体可以用手指涂抹工具进行适当编辑，目的是使图像黑白分明，这样很容易使白色区域成为选取。如图 6.62 所示。

（5）通道面板中设置到 RGB 通道，回到正常的图像显示状态，选择图层面板，在原文件图层中复制背景图层，并关闭背景图层，如图 6.63 所示。

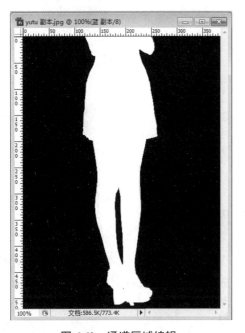

图 6.62　通道区域编辑

图 6.63　复制背景图层

（6）最后在新复制的图层副本中建立图层蒙版，即可去除背景图像，完成选择工作，如图 6.64 所示。

2. 运用滤镜工具抠图

Photoshop 提供了很多图像特效制作滤镜，这些滤镜基本上可以分为修饰性的和破坏性的，各有各的特色。其中的"抽取"滤镜具有较好的商品抠图功能，对于一些复杂的图像能较好地进行背景去除，方便而且快捷。具体操作是在打开的商品图片上执行"滤镜"——"抽取"命令，设置"Brush Size"的大小参数，使用左边第一个边缘高光处理工具，描绘所需抠图的轮廓，如图 6.65 所示。用左边第二个填充工具对所选的图像区域进行填充，设置"Smooth"的值为 70，按"OK"按钮完成抠图工作。滤镜工具应用完成后，图像边缘存在不理想的区域，可以用橡皮擦工具等进行适当处理。效果如图 6.66 所示。

图 6.64　创建图层蒙版

图 6.65 抽取滤镜设置

图 6.66 应用抽取滤镜后的效果

6.3 网店视觉图像的编辑

在网店销售的商品图像处理与制作过程中，当商品图像的抠图完成以后，在设计商品图像信息详图的过程中，一般都会对抠好的图像进行编辑，因此对抠好的图像编辑是网店商品图像信息处理的又一个重要内容，必须认真掌握。

图 6.67 素材图

6.3.1 商品图像的缩小放大

（1）商品图像的缩小与放大不是指视图上的缩小与放大，视图上的缩小、放大与移动用放大镜工具与抓手工具完成，这里的图像的放大与缩小是指图像本身像素区域的编辑问题。如图 6.67 所示，启动软件，打开前面已经处理好的商品文件。

（2）在软件中执行建立新文件命令，创建一个新的图像文件，大小为 1 024×683，分辨率为 72 像素/英寸，RGB 色彩模式，背景为白色，如图 6.68 所示。

（3）在新创建的文件中，在图层面板新建一个图层，并运用多边形套索工具，绘制图 6.69 所示的一个梯形选区，注意斜度的绘制。然后在新的图层，在前景色选择一种灰色颜色，进行填充，如图 6.69 所示，完成后取消选择。

（4）将准备好的、已经完成抠图并去除背景的商品主体图像，用工具箱中的移动工具移到新的文件中，如图 6.70 所示。

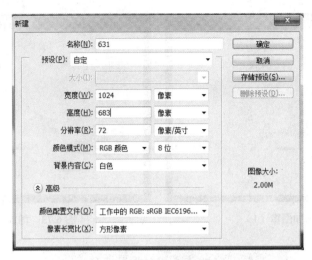

图 6.68　创建新文件

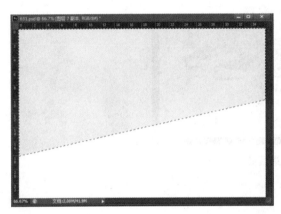

图 6.69　背景造型

图 6.70　缩放图像

（5）执行自由变换命令，对商品图像的大小与位置进行调整，如图 6.71 所示。注意调整商品图像时应保持商品原有的结构造型，如果所设计的商品信息不符合商品的原来面貌，在销售过程中将会带来巨大的麻烦，商品图像与实际商品的外观造型一定要一致，否则有可能认定存在欺诈嫌疑，遭到消费者的投诉。

（6）继续从抠好的素材图中选取商品图像移动到新的文件中，并对其大小与位置进行调整，如图 6.72 与图 6.73 所示。

图 6.71　位置设置

（7）如图 6.74 所示，用同样的方法设置 4 个商品图像，进行缩放与位置调整以后，形成一种由近到远的视觉排列效果，构建一个新的商品展示图，完成设计工作。

图 6.72　增加图像（1）

图 6.73　增加图像（2）

图 6.74　最后效果

6.3.2　商品图像的旋转对称排列

（1）商品图像的旋转对称排列也是商品图像造型编辑的重要内容，在商品销售图像制作过程中经常应用。启动图像编辑软件，打开一商品素材文件，已经经过抠图，背景颜色为白色，如图 6.75 所示。

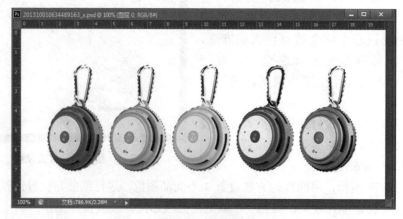

图 6.75　素材图

（2）在软件的"文件"菜单中执行命令，创建一个新文件，大小设置为1 000像素×1 000像素，文件为正方形，其他设置如图6.76所示。

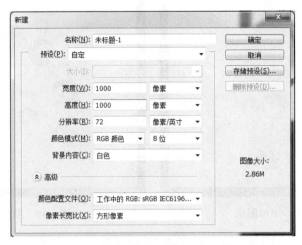

图6.76　创建新文件

（3）在商品素材图中不同颜色的商品，抠好图去背景后是在同一个图层中的，应运用选择与减选工具，逐个选区商品图像，并将选中的商品移到新创建的文件中，如图6.77所示。

（4）执行编辑变换命令，对商品图像进行编辑，转动一定的角度，角度大小根据情况来定，如图6.78所示。

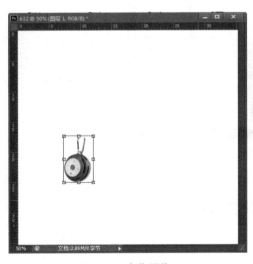

图6.77　变化图像

图6.78　旋转图像

（5）继续在素材图中选择第二个商品，移到新文件中，进行编辑，如图6.79所示。

（6）当所选的商品分开选择移动到新文件，并进行角度旋转，位置调整后如图6.80所示。

（7）由于不同颜色的商品是逐个移动到新文件中的，各个不同颜色的商品在新文件中分别放置在不同的图层，最后必须对这些图层上的商品进行逐个调整，相当于把商品图像的布局进行了重构，最后效果如图6.81所示。

图 6.79　增加图像

图 6.80　图像排列

图 6.81　编辑图像后的效果

6.4　网店视觉图像的修饰

6.4.1　商品图像修饰的基本方法

1. 使用橡皮擦工具组去除图像背景

（1）使用橡皮擦工具抹除。橡皮擦工具可将像素更改为背景色或透明。如果您正在背景中或已锁定透明度的图层中工作，像素将更改为背景色；否则，像素将被抹成透明。还可以使用橡皮擦使受影响的区域返回到"历史记录"面板中选中的状态。操作步骤如下：

　　首先选择橡皮擦工具，如果在背景或已锁定透明度的图层中进行抹除，设置要应用的背景色。

选取橡皮擦的模式。"画笔"和"铅笔"模式可将橡皮擦设置为像画笔和铅笔工具一样工作。"块"是指具有硬边缘和固定大小的方形，并且不提供用于更改不透明度或流量的选项。

对于"画笔"和"铅笔"模式，选取一种画笔预设，并在选项栏中设置"不透明度"和"流量"。100%的不透明度将完全抹除像素。较低的不透明度将部分抹除像素。

（2）使用魔术橡皮擦工具更改相似的像素。用魔术橡皮擦工具在图层中单击时，该工具会将所有相似的像素更改为透明。如果在已锁定透明度的图层中工作，这些像素将更改为背景色。如果在背景中单击，则将背景转换为图层并将所有相似的像素更改为透明。操作步骤如下：

首先选择魔术橡皮擦工具。在选项栏中设置好参数：输入容差值以定义可抹除的颜色范围。低容差会抹除颜色值范围内与单击像素非常相似的像素，高容差会扩大将被抹除的颜色范围。"消除锯齿"可使抹除区域的边缘平滑。"连续"只抹除与单击像素连续的像素，取消选择则抹除图像中的所有相似像素。"对所有图层取样"，以便利用所有可见图层中的组合数据来采集抹除色样。指定不透明度以定义抹除强度。100%的不透明度将完全抹除像素，较低的不透明度将部分抹除像素。最后单击要抹除的图层部分。

（3）使用背景橡皮擦工具将像素更改为透明。背景橡皮擦工具可在拖动时将图层上的像素抹成透明，从而可以在抹除背景的同时在前景中保留对象的边缘。通过指定不同的取样和容差选项，可以控制透明度的范围和边界的锐化程度。

背景橡皮擦采集画笔中心（也称为热点）的色样，并删除在画笔内的任何位置出现的该颜色。它还在任何前景对象的边缘采集颜色。因此，如果前景对象以后粘贴到其他图像中，将看不到色晕。可开展如下操作：

首先在"图层"面板中，选择要抹除的区域所在的图层。然后选择背景橡皮擦工具。

单击选项栏中的画笔样本，并在弹出式面板中设置画笔选项：选取"直径""硬度""间距""角度"和"圆度"选项的设置。如果使用的是压力传感式数字化绘图板，请选取"大小"和"容差"菜单中的选项，以便改变描边路线上背景橡皮擦的大小和容差。选取"钢笔压力"根据钢笔压力而变化。选取"喷枪轮"根据钢笔拇指轮的位置而变化。

在选项栏中设置参数： 选取抹除的限制模式："不连续"（抹除出现在画笔下面任何位置的样本颜色）、"邻近"（抹除包含样本颜色并且相互连接的区域）和"查找边缘"（抹除包含样本颜色的连接区域，同时更好地保留形状边缘的锐化程度）。对于"容差"，输入值或拖动滑块。低容差仅限于抹除与样本颜色非常相似的区域。高容差抹除范围更广的颜色。选择"保护前景色"可防止抹除与工具框中的前景色匹配的区域。选取"取样"选项："连续"（随着拖动连续采取色样）、"一次"（只抹除包含第一次单击的颜色的区域）和"背景色板"（只抹除包含当前背景色的区域）。

拖过要抹除的区域。背景橡皮擦工具指针显示为带有表示工具热点的十字线画笔形状。

2. 使用修饰和修图工具美化

（1）使用仿制图章工具进行修饰。仿制图章工具将图像的一部分绘制到同一图像的另一部分或绘制到具有相同颜色模式的任何打开的文档的另一部分。也可以将一个图层的一部分绘制到另一个图层。仿制图章工具对于复制对象或移去图像中的缺陷很有用。

要使用仿制图章工具，要从其中拷贝（仿制）像素的区域上设置一个取样点，并在另一个区域上绘制，如图 6.82 所示。要在每次停止并重新开始绘画时使用最新的取样点进行绘制选择"对齐"选项。取消选择"对齐"选项将从初始取样点开始绘制，而与停止并重新开始绘制的次数无关。

可以对仿制图章工具使用任意的画笔笔尖，这将能够准确控制仿制区域的大小。也可以使用不透明度和流量设置以控制对仿制区域应用绘制的方式。

图 6.82 工具选项

使用该工具的操作步骤如下：

首先选择仿制图章工具。然后在选项栏中，选择画笔笔尖并为混合模式、不透明度和流量设置画笔选项。

要指定如何对齐样本像素以及如何对文档中的图层数据取样，在选项栏中设置以下任一选项：对齐连续对像素进行取样，即使释放鼠标按钮，也不会丢失当前取样点。如果取消选择"对齐"，则会在每次停止并重新开始绘制时使用初始取样点中的样本像素。样本从指定的图层中进行数据取样。要从现用图层及其下方的可见图层中取样，选择"当前和下方图层"；要仅从现用图层中取样，选择"当前图层"；要从所有可见图层中取样，选择"所有图层"；要从调整图层以外的所有可见图层中取样，选择"所有图层"，然后单击"取样"弹出式菜单右侧的"忽略调整图层"图标。

可通过将指针放置在任意打开的图像中，然后按住 Alt 键并单击来设置取样点。在要校正的图像部分上拖移。

（2）使用修复画笔工具进行修饰。修复画笔工具可用于校正瑕疵，使它们消失在周围的图像中。与仿制工具一样，使用修复画笔工具可以利用图像或图案中的样本像素来绘画。但是，修复画笔工具还可将样本像素的纹理、光照、透明度和阴影与所修复的像素进行匹配。从而使修复后的像素不留痕迹地融入图像的其余部分。图 6.83 和图 6.84 所示为修复人脸上的污渍。

图 6.83 修复前   图 6.84   修复后

该工具的使用方法如下：

首先选择修复画笔工具。单击选项栏中的画笔样本，并在弹出面板中设置"画笔"选项：选取"钢笔压力"，根据钢笔压力而变化。选取"喷枪轮"，根据钢笔拇指轮的位置而变化。模式指定混合模式。选择"替换"，可以在使用柔边画笔时，保留画笔描边的边缘处的杂色、胶片颗粒和纹理。

在选项栏中设置好如下参数：源指定用于修复像素的源。"取样"可以使用当前图像的像素，而"图案"可以使用某个图案的像素。选择"对齐"连续对像素进行取样，即使释放鼠标按钮，也不会丢失当前取样点。如果取消选择"对齐"，则会在每次停止并重新开始绘制时使用初始取样点中的样本像素。样本从指定的图层中进行数据取样。

可通过将指针定位在图像区域的上方，然后按住 Alt 键并单击来设置取样点。在图像中拖移。每次释放鼠标按钮时，取样的像素都会与现有像素混合。

（3）使用修补工具修补区域。通过修补工具，可以用其他区域或图案中的像素来修复选中的区域。像修复画笔工具一样，修补工具会将样本像素的纹理、光照和阴影与源像素进行匹配。如图 6.85 与图 6.86 所示，我们可以修复照片图像中的时间日期显示为水面。

图 6.85　修复前

图 6.86　修补后

修补工具使用操作步骤：

首先选择修补工具。

然后在图像中拖动以选择想要修复的区域，并在选项栏中选择"源"。或者在图像中拖动，选择要从中取样的区域，并在选项栏中选择"目标"。

调整选区，可以按住 Shift 键并在图像中拖动，可添加到现有选区。按住 Alt 键并在图像中拖动，可从现有选区中减去一部分。按住 Alt+Shift 组合键并在图像中拖动，可选择与现有选区交叠的区域。

将指针定位在选区内，如果在选项栏中选中了"源"，将选区边框拖动到想要从中进行取样的区域。松开鼠标按钮时，原来选中的区域被使用样本像素进行修补。但如果在选项栏中选定了"目标"，请将选区边界拖动到要修补的区域。释放鼠标按钮时，将使用样本像素修补新选定的区域。

6.4.2　图像污点修饰

（1）商品图像在拍摄过程中存在污点，或者存在不必要的图像，或者存在影响视觉效果的图像，这些现象的出现是不可避免的，再技术高超的摄影师也不可能做到，所以图像的修饰也是商品图像信息处理过程中一个重要环节。如图 6.87 所示，这是一幅拍摄好的男鞋图像，画面中存在明显多余的部分图像与鞋子左右两边淡淡的污迹，从图像的状况看出，可以运用仿制图章工具进行修复。

（2）选择工具面板中的仿制图章工具，设置笔刷为一种边缘柔化的圆形，调整笔刷的大小，先按住 Alt 键在需要的地方进行去点，这个要根据图像状况进行判断，然后放开 Alt 键，逐步对污迹进行修复，如图 6.88 所示，要控制好取点的方向。

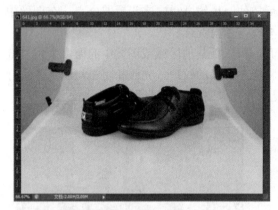

图 6.87 原图

图 6.88 图像修复

图 6.89 完成效果

（3）当把不需要的图像基本修复完成后，适当修改画笔的不透明度，对过渡不自然的区域进行进一步的修正，最后如图 6.89 所示，完成修复工作。

6.4.3 图像水印的去除

（1）去除水印的方法很多，大致可归纳为以下几种：

① 使用仿制图章工具去除：这是比较常用的方法。具体的操作是，选取仿制图章工具，按住 Alt 键，在无文字区域点击相似的色彩或图案采样，然后在文字区域拖动鼠标复制以覆盖文字。需要注意的是，采样点即为复制的起始点。选择不同的笔刷直径会影响绘制的范围，而不同的笔刷硬度会影响绘制区域的边缘融合效果。

② 使用修补工具去除：如果图片的背景色彩或图案比较一致，使用修补工具就比较方便。具体的操作是，选取修补工具，在公共栏中选择修补项为"源"，关闭"透明"选项。然后用修补工具框选文字，拖动到无文字区域中色彩或图案相似的位置，松开鼠标就完成复制。修补工具具有自动匹配颜色的功能，复制出的效果与周围的色彩较为融合，这是仿制图章工具所不具备的。

③ 使用修复画笔工具去除：操作的方法与仿制图章工具相似。按住 Alt 键，在无文字区域点击相似的色彩或图案采样，然后在文字区域拖动鼠标复制以覆盖文字。修复画笔工具与修补工具一样，也具有自动匹配颜色的功能，可根据需要进行选用。

④ 应用"消失点"滤镜进行处理：对于一些透视效果较强的画面，可以应用"消失点"

滤镜进行处理。图例中的操作方法是，框选要处理的文字区域，（防止选区以外的部分也被覆盖）执行菜单命令"滤镜""消失点"，进入消失点滤镜编辑界面。然后选取左边工具栏中的创建面板工具，由地板砖缝交汇处开始，沿着缝隙，依次点四个点，连成一个有透视效果的矩形。然后拖动其边线向右方及下方扩展，令面板完全覆盖水印文字。再选取左边工具栏中的图章工具，按住 Alt 键点击选取源图像点，绿色十字变红后，在文字区域拖动便完成复制。

（2）下面是一幅带有水印的商品图像，现在进行修复，启动软件，打开需修复的文件，如图 6.90 所示。

（3）使用修复画笔工具，调整笔刷形状的大小，放大图像，先对商品图像上面的水印进行修复，如图 6.91 所示。这一步很关键，必须保证商品表面的明暗、纹路、色调一致，如果不一致修复就失败了，必须撤销操作重新修复。

图 6.90　原图

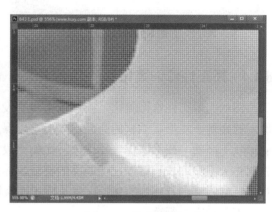

图 6.91　放大修图

（4）修复商品图像以外的污点，这个修复相对比上面这一步的修复简单，如图 6.92 所示，只要控制好笔刷，确保图像过渡自然就可以了。

（5）修复图像细部的污点，如放大商品阴影区域发现存在污点，一般在修复过程中需要对图像的各个部位进行放大检查，确保修复全面正确，如图 6.93 所示。

图 6.92　外部修图

图 6.93　细部修图

（6）图 6.94 所示为细部污迹修复后的效果。

（7）最后的修复效果如图 6.95 所示，完成修复工作。

图 6.94　修复后

图 6.95　完成修复

6.4.4　矫正性修饰美化

图像的矫正性修饰美化是指图像本身并没有太大的拍摄方面的问题，但是拍摄对象的造型，特别是一些形状柔软的商品，外形难以保证准确全面的展现，往往会出现商品主体图像的形状不准确，或不够优美等现象，比如一般人体模特比例不具备理想的头身比例，大部分腿部先天不够细长，难以表现商品的特征，体现商品着装状态下的美感，很多商家往往都会对模特的腿部进行修饰美化，这就是矫正性修饰。图 6.96 所示就是一只有点倾斜的双肩包造型，下面对它进行矫正。

（1）启动软件，打开需要矫正的图像文件，如图 6.96 所示。

（2）应用矩形选区工具，框选商品图像所在的区域，如图 6.97 所示。

图 6.96　原图

图 6.97　矩形选择

（3）选择"编辑"菜单下面的"变换"命令组中的"变形"命令，如图 6.98 所示。

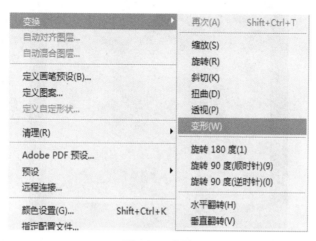

图 6.98 变形

（4）如图 6.99 所示，对"变形"命令的各个控制点进行调整，促使图像的造型不倾斜。注意调整过程中幅度不能太大。

（5）在图像中执行上次修正操作后，从工具面板中选择，再一次运用矩形选择工具，在图像中细心地选择商品的上半部分，如图 6.100 所示。

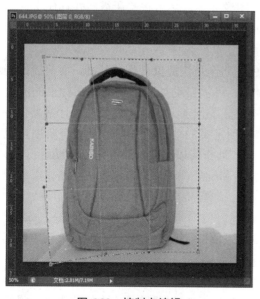

图 6.99 控制点编辑

图 6.100 选取图像

（6）执行"编辑"菜单下面的"变换"命令组中的"变形"命令，修正商品的上部造型，图 6.101 所示为最后的矫正效果，包的倾斜度已经明显变小。注意矫正商品时不能过多地破坏商品原有的造型，只能修正。

图 6.101 修复后的效果

6.5 网店视觉图像编辑的批处理

1. 动作的基本知识

动作是指在单个文件或一批文件上执行的一系列任务，如菜单命令、面板选项、工具动作等。例如，可以创建这样一个动作，首先更改图像大小，然后按照所需格式存储文件。动作可以包含相应步骤，使可以执行无法记录的任务（如使用绘画工具等）。动作也可以包含模态控制，使可以在播放动作时在对话框中输入值。

图 6.102 Photoshop 动作面板

在 Photoshop 中，动作是快捷批处理的基础，而快捷批处理是一些小的应用程序，可以自动处理拖动到其图标上的所有文件。Photoshop 附带安装了预定义的动作以帮助执行常见任务。可以按原样使用这些预定义的动作，根据自己的需要来自定它们，或者创建新动作。动作将以组的形式存储以帮助组织它们。可以记录、编辑、自定和批处理动作，也可以使用动作组来管理各组动作。

（1）动作面板概述。使用"动作"面板（"窗口——动作"）可以记录、播放、编辑和删除各个动作。此面板还可以用来存储和载入动作文件（如图 6.102 所示）。

（2）对文件播放动作，播放动作可以在活动文档中执行动作记录的命令。（一些动作需要先行选择才可播放；而另一些动作则可对整个文件执行。）可以排除动作中的特定命令或只播放单个命令。如果动作包括模态控制，可以在对话框中指定值或在动作暂停时使用模态工具。

另外，在按钮模式下，点按一个按钮将执行整个动作，但不执行先前已排除的命令。

如果需要，可以选择要对其播放动作的对象或打开文件，执行以下任一操作均可：

若要播放一组动作，请选择该组的名称，然后在"动作"面板中单击"播放"按钮，或从面板菜单中选择"播放"。

若要播放整个动作，请选择该动作的名称，然后在"动作"面板中单击"播放"按钮，或从面板菜单中选择"播放"。

如果为动作指定了组合键，则按该组合键就会自动播放动作。

若要仅播放动作的一部分，请选择要开始播放的命令，并单击"动作"面板中的"播放"按钮，或从面板菜单中选择"播放"。

若要播放单个命令，请选择该命令，然后按住 Ctrl 键并单击"动作"面板中的"播放"按钮。也可以按住 Ctrl 键并双击该命令。

2. 创建动作

（1）应用记录动作时需注意以下一些原则要点：首先应该明确在动作中可以记录大多数（而非所有）命令。可以记录的操作有"选框""移动""多边形""套索""魔棒""裁剪""切片""魔术橡皮擦""渐变""油漆桶""文字""形状""注释""吸管"和"颜色取样器"工具执行的操作，也可以记录在"历史记录""色板""颜色""路径""通道""图层""样式"和"动作"面板中执行的操作。

执行记录动作结果取决于文件和程序设置变量，如现用图层和前景色。例如，3 像素高斯模糊在 72 ppi 文件上创建的效果与在 144 ppi 文件上创建的效果不同。"色彩平衡"也不适用于灰度文件。

如果记录的动作包括在对话框和面板中指定设置，则动作将反映在记录时有效的设置。如果在记录动作的同时更改对话框或面板中的设置，则会记录更改的值。

模态操作和工具以及记录位置的工具都使用当前为标尺指定的单位。模态操作或工具要求按 Enter 键或 Return 键才可应用其效果，例如变换或裁剪。如果记录将在大小不同的文件上播放的动作，应将标尺单位设置为百分比。这样，动作将始终在图像中的同一相对位置播放。

最后可以记录"动作"面板菜单上列出的"播放"命令，使一个动作播放另一个动作。

（2）记录动作步骤。创建新动作时，所用的命令和工具都将添加到动作中，直到停止记录。

为了防止出错，请在副本中进行操作：在动作开始时，在应用其他命令之前，记录"文件——存储副本"命令或记录"文件——存储为"命令并选择"作为副本"。或者，也可以在 Photoshop 中单击"历史记录"面板上的"新快照"按钮，以便在记录动作之前拍摄图像快照。

打开文件后，在"动作"面板中，单击"创建新动作"按钮，或从"动作"面板菜单中选择"新建动作"。

输入一个动作名称，选择一个动作集，然后设置附加选项：功能键为该动作指定一个键盘快捷键。可以选择功能键、Ctrl 键（Windows）或 Command 键（Mac OS）和 Shift 键的任意组合（例如，Ctrl+Shift+F3），但有如下例外，在 Windows 中，不能使用 F1 键，也不能将 F4 或 F6 键与 Ctrl 键一起使用。如果指定动作与命令使用同样的快捷键，快捷键将适用于动作而不是命令。颜色为按钮模式显示指定一种颜色。

单击"开始记录"。"动作"面板中的"开始记录"按钮变为红色。

重要的是在记录"存储为"命令时，不要更改文件名。如果输入新的文件名，每次运行动作时，都会记录和使用该新名称。在存储之前，如果浏览到另一个文件夹，则可以指定另一位置而不必指定文件名。

执行要记录的操作和命令。并不是动作中的所有任务都可以直接记录；不过，可以用"动作"面板菜单中的命令插入大多数无法记录的任务。

若要停止记录，请单击"停止播放/记录"按钮，或从"动作"面板菜单中选择"停止记录"。

第七章

网店视觉图像的色彩调整

 **本章导语**

　　"生命是有颜色的，颜色是有生命的。每个人对生命有着不同的感受，就像一千个读者就有一千个哈姆莱特。"

——海岩

网店视觉图像的
色彩调整

7.1　网店视觉图像的色彩调整技术

7.1.1　色彩的基础知识

　　对于一个图像爱好者来说，创建完美的色彩是至关重要的。颜色是一个强有力的、高刺激性的设计元素，用好了往往能收到事半功倍的效果。颜色能激发人的感情，完美的色彩可以使一幅图像充满了活力，能向观察者表达出一种信息。当色彩运用得不正确的时候，表达的意思就不完整，甚至可能表达出一种错误的感觉。为了能在计算机图像处理中能成功地选择正确的颜色，首先得懂得色彩模式（Color Models）。在图像中，将图像中各种不同的颜色组织起来的方法，称为色彩模式。色彩模式决定着图像以何种方式显示和打印。制作各种精美的图像，或者用于各种输出的稿件，选择正确的色彩模式是至关重要的。各种色彩模式之间存在一定的通性，可以很方便地相互转换；它们之间又存在各自的特性，不同的色彩模式对颜色的组织方式有各自的特点。色彩模式除了决定图像中可以显示的颜色数目外，还会直接决定图像的通道数量和图像的大小。

　　色彩模式是用来提供将一种颜色转换成数字数据的方法，从而使颜色能够在多种媒体中得到连续的描述，能够跨平台使用，比如从显示器到打印机，从 MAC 机到 PC 机。常见的色彩模式有：RGB、CMYK、HSB 和 Lab。RGB 颜色模式，是一种加光模式。它是基于与自然界中光线相同的基本特性的，颜色可由红（Red）、绿（Green）、蓝（Blue）三种波长产生，这就是 RGB 色彩模式的基础。红、绿、蓝三色称为光的基色。显示器上的颜色系统便是 RGB 色彩模式的。这三种基色的中每一种都有一个 0~255 的值的范围，通过对红、绿、蓝的各种值进行组合来改变像素的颜色。所有基色的相加便形成白色。反之，当所有的基色的值都为

0 时，便得到了黑色。值得注意的是：RGB 色彩空间是与设备有关的，不同的设备 RGB 再现的颜色是不完全相同的。

7.1.2 颜色的基本属性

一般的颜色都是用色相、饱和度、亮度三个特性来描述的，也就是所说的 HSB。严格地说，在 Photoshop 中 HSB 并不是一种色彩模式，它针对 Photoshop 而言，只是一种配色方式。可以根据它的特性配出需要的颜色来为其他彩色模式的图像所用。但 Photoshop 中并不存在 HSB 模式，其他的色彩模式也不能转换为 HSB 模式。只要选定了一定的色相、饱和度、亮度，就能配出所需要的颜色。

1. 色相（Hue）

色相也称色调，是指人眼对各种不同波长的光所产生的色彩感觉。某一物体的色调，是物体透射或反射各种颜色光谱的物理属性，在人的视觉与心理形成的特性。通过对不同光波波长的感受可区分不同的颜色，它的范围以 0～360 度之间的角度值表示。色相是以颜色的名称来识别的，如红色、橙色或绿色。

人的视觉所见各部分色彩有某种共同的因素，这就构成了统一的色调。若一幅画没有统一的色调，则色彩将杂乱无章，难以表现画面的主题和情调。一般将各种色彩和不同分量的白色混合统称为明调，和不同分量的黑色混合统称为暗调。

2. 饱和度（Saturation）

饱和度指颜色的强度或纯度，可以比较一个色调与其他色调的相对强度。饱和度表示色相中灰色成分所占的比例，用 0～100%（纯色）来表示。对于同一色调的彩色光，饱和度越大，则颜色越鲜艳，掺入白色、黑色或其他颜色越少；反之，则颜色越暗淡，掺入白色、黑色或其他颜色越多。

3. 亮度（Brightness）

亮度也称明度，是指颜色的相对明暗程度。亮度与物体呈现的色彩和物体反射光的强度有关，通常用 0（黑）～100%（白）来度量。

7.1.3 色彩模式的转换

在 Photoshop 中，可以自由地转换图像的各种色彩模式，但是由于不同的色彩模式所包含的颜色范围不同，以及它们特性存在差异，因而在转换时或多或少会产生一些数据的丢失。此外，色彩模式与输出设备也息息相关，因而在进行模式转换时，就应该考虑到这些问题，尽量做到按照需求，适当谨慎地处理图像色彩模式，避免产生不必要的损失，以获得高效率、高品质的图像。

1. 色彩模式转换注意问题

在选择使用色彩模式，通常要考虑以下几个方面的问题：

（1）图像输出和输入方式：输出方式就是图像是以什么方式输出，若以印刷输出则必须使用 CMYK 模式存储图像，若只是在屏幕上显示则以 RGB 或索引色彩模式输出较多。输入方式是指在扫描输入图像时以什么模式存储，通常使用的是 RGB 模式，因为该模式有较广阔的颜色范围和操作空间。

（2）编辑功能：在选择模式时，需要靠在 Photoshop 中能够使用的功能，例如 CMYK 模式的图像不能使用某些滤镜，位图模式下不能使用自由旋转、层功能等。所以，在编辑时可以选择 RGB 模式来操作，完成编辑后再转换为其他模式进行保存。这是因为 RGB 图像可以使用所有滤镜和其他 Photoshop 的所有功能。

（3）颜色范围：不同模式有不同的颜色范围，所以编辑时可以选择颜色范围较广的 RGB 和 LAB 模式，以获得最佳的图像效果。

（4）文件占用的内存和磁盘空间：不同模式保存的文件的大小是不一样的，索引色彩模式的文件大约是 RGB 模式文件的 1～3，而 CMYK 模式的文件又比 RGB 大得多。而文件越大所占用的内存越多，因此为了提高工作效率和操作需要，可以选择文件较小的模式，但同时还应考虑上述 3 个方面，比较而言，RGB 模式是最佳选择。

2. 各种色彩模式之间的转换

（1）将彩色图像转换为灰度模式。将彩色图像转换为灰度模式时，Photoshop 会扔掉原图中所有的颜色信息，而只保留像素的灰度级。

灰度模式可作为位图模式和彩色模式间相互转换的中介模式。

（2）将其他模式的图像转换为位图模式。将图像转换为位图模式会使图像颜色减少到两种，这样就大大简化了图像中的颜色信息，并减小了文件大小。要将图像转换为位图模式，必须首先将其转换为灰度模式。这会去掉像素的色相和饱和度信息，而只保留亮度值。但是，由于只有很少的编辑选项能用于位图模式图像，所以最好是在灰度模式中编辑图像，然后再转换它。

在灰度模式中编辑的位图模式图像转换回位图模式后，看起来可能不一样。例如，在位图模式中为黑色的像素，在灰度模式中经过编辑后可能变为灰色。如果像素足够亮，当转换回位图模式时，它将成为白色。

（3）将其他模式转换为索引模式。在将色彩图像转换为索引颜色时，会删除图像中的很多颜色，而仅保留其中的 256 种颜色，即许多多媒体动画应用程序和网页所支持的标准颜色数。只有灰度模式和 RGB 模式的图像可以转换为索引颜色模式。由于灰度模式本身就是由 256 级灰度构成，因此转换为索引颜色后无论颜色还是图像大小都没有明显的差别。但是将 RGB 模式的图像转换为索引颜色模式后，图像的尺寸将明显减小，同时图像的视觉品质也将多少受损。

（4）将 RGB 模式的图像转换成 CMYK 模式。如果将 RGB 模式的图像转换成 CMYK 模式，图像中的颜色就会产生分色，颜色的色域就会受到限制。因此，如果图像是 RGB 模式的，最好选在 RGB 模式下编辑，然后再转换成 CMYK 图像。

（5）用 Lab 模式进行模式转换。在 Photoshop 所能使用的颜色模式中，Lab 模式的色域最宽，它包括 RGB 和 CMYK 色域中的所有颜色。所以使用 Lab 模式进行转换时不会造成任何色彩上的损失。Photoshop 便是以 Lab 模式作为内部转换模式来完成不同颜色模式之间的转换。例如，在将 RGB 模式的图像转换为 CMYK 模式时，计算机内部首先会把 RGB 模式转换为 Lab 模式，然后再将 Lab 模式的图像转换为 CMYK 模式的图像。

（6）将其他模式转换成多通道模式。多通道模式可通过转换颜色模式和删除原有图像的颜色通道得到。

将 CMYK 图像转换为多通道模式可创建由青、洋红、黄和黑色专色（专色是特殊的预混油墨，用来替代或补充印刷四色油墨；专色通道是可为图像添加预览专色的专用颜色通道）构成的图像。

RGB 图像转换成多通道模式可创建青、洋红和黄专色构成的图像。

从 RGB、CMYK 或 Lab 图像中删除一个通道会自动将图像转换为多通道模式。原来的通道被转换成专色通道。

7.1.4 图像的色调调整

1. 色阶与自动色阶

色阶是指挥图像中颜色或者颜色中某一个组成部分的亮度范围。在"图像"——"调整"子菜单中提供了两个命令来调整图像的色阶：色阶（L），快捷键是 Ctrl + L；自动色阶，快捷键是 Shift + Ctrl + L。当使用自然色阶命令时，系统不会显示任何对话框，而只以默认的值来调整图像颜色的亮度。一般来说，这种调整只能是对该图像所有颜色来进行，而不能只针对某一种色彩来调整。例如，打开一个文件，如图 7.1 所示，使用自动色阶 Shift + Ctrl + L 命令对其进行调整，如图 7.2 所示。

图 7.1　自动色阶前

图 7.2　自动色阶后

色阶命令能够精确地用手工进行调整色阶，执行色阶命令后，会打开"色阶"对话框，如图 7.3 所示。

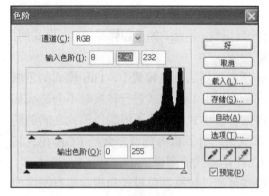

图 7.3　色阶

使用对话框中的选项能够修改图像的最亮处、最暗处及中间色调，使用吸管工具可以精确地读出每个位置在变化前后的色调值。对话框中各选项含义如下：

（1）通道：该列表框中包括了所使用的色彩模式以及各种原色通道。默认时图像应用 RGB 颜色模式，可以选择 RGB 颜色模式、红色通道、绿色通道和蓝色通道。在这里所做的选择直接影响到对话框的其他选项。

（2）输入色阶（L）：该参数主要用来指定通道下图像的"最暗处""中间色调""最亮处"的值，输入的数值直接影响着色调分布图中 3 个滑块的位置。

（3）色阶分布图：用以显示图像中明、暗色调的分布示意图。根据在通道选项中选择的颜色通道的不同，该示意图会有不同的显示。

（4）最暗色调控制滑块，该滑块主要用来调整图像中最暗处的值，默认时该滑块位于最左端，向右拖动会使图像的颜色变暗。

（5）中间色调控制滑块：用以调整图像的中间色调的值。默认时，位于中间位置，向左拖动增加图像的亮度，向右拖动则会使图像变暗。

2. 曲线调整

曲线调整命令是一个用途非常广泛的色彩调整命令。它不像"色阶"对话框那样只用了3 个控制点来调整颜色，而是将颜色范围分为若干个小方块，每个小方块都能够控制一个亮度层次的变化。

利用曲线调整命令可以综合调整图像的亮度、对比度色彩等。因此，该命令实际上是反相、色调分离、亮度——对比度等多个色彩调整命令的综合，用户可以调整 0～255 范围内的任意点,同时又可以保持 15 个其他值不变。"曲线"命令对话框如图 7.4所示。

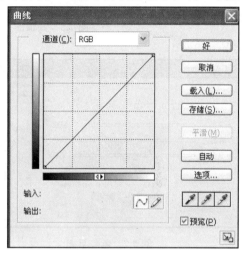

图 7.4　曲线

3. 亮度与对比度命令

"亮度——对比度"命令是对图像的色调范围进行简单调整的最简单方法，与"曲线"和"色阶"不同，这个命令一次调整图像中所有像素的高光、暗调和中间调。另外，"亮度——对比度"对话框命令对单个通道不起作用，建议不要用于高档输出。

执行"亮度——对比度"命令，打开"亮度——对比度"对话框，拖移滑块以调整亮度和对比度。向左拖移降低亮度和对比度，向右拖移则增加亮度和对比度。每个滑块右侧的数字显示有亮度或对比值，数值的范围为–100+100。对比度命令自动映射图像中最亮的像素为白和黑，使高光更亮和阴影更黑。自动调整对比度时，Photoshop 忽略图像中黑白像素前 0.5%的范围，颜色值的这种裁剪可保证白值和黑值是图像中有代表性的。

要自动调整对比度，可以选择执行"图像"——"调整"——"自动对比度"命令。

4. 反相命令

"反相"命令可以对图像进行反相，即使黑色的图像部分转化为白色，白色的图像部分转化为黑色。使用这个命令可以将一个阳片变成黑白阴片，或从扫描的黑白阴片中得到一个阳片。要反相一个图像选取执行"图像"——"调整"——"反相"命令。

5. 色调均化命令

"色调均化"命令能重新分布图像中像素的亮度值，以便它们更均匀地呈现所有亮度级范围。当扫描的图像显得比原稿暗，而要平衡这些值以产生较亮的图像时，可以使用此命令。

6. 阈值命令

使用"阈值"命令将一个灰度或彩色图像转换为高对比度的黑白图像。此命令是将一定的色阶指定为阈值。所有比该阈值亮的像素会被转化为白色，所有比该阈值暗的像素会被转换为黑色，其对话框如图 7.5 所示。

7. 色调分离命令

"色调分离"对话框如图 7.6 所示。用于在照片中制作特殊效果，此命令非常有用。在要减少灰度图像中的灰色色阶数时，它的效果最明显。它也可以在彩色图像中产生一些特殊效果。

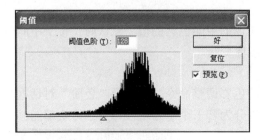

图 7.5　阈值图

图 7.6　色调分离

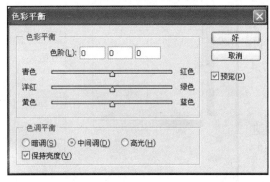

图 7.7　色彩平衡

8. 色彩平衡

与"亮度——对比度"命令一样，这个工具提供一般化的色彩校正，要想精确控制单个颜色成分，使用"色阶""曲线""色相/饱和度""替换颜色"等专门的色彩校正工具。打开"色彩平衡"对话框，如图 7.7 所示。

可以将三角形拖向需要在图像中增加的颜色或减少的颜色。颜色条上的值显示红色、绿色和蓝色通道的颜色变化，数值范围从 $-100 \sim +100$。

9. 关于直方图

直方图用图形表示图像的每个亮度级别的像素数量，展示像素在图像中的分布情况。直方图显示阴影中的细节（在直方图的左侧部分显示）、中间调（在中部显示）以及高光（在右侧部分显示）。直方图可以帮助确定某个图像是否有足够的细节来进行良好的校正。

直方图还提供了图像色调范围或图像基本色调类型的快速浏览图。低色调图像的细节集中在阴影处，高色调图像的细节集中在高光处，而平均色调图像的细节集中在中间调处。全色调范围的图像在所有区域中都有大量的像素。识别色调范围有助于确定相应的色调校正，图 7.8 显示了不同曝光度的照片及其直方图信息。

（a）曝光过度

（b）正确曝光

（c）曝光不足

图 7.8　不同曝光度的直方图

其中（a）为曝光过度照片及其直方图，（b）为正确曝光照片及其直方图，（c）为曝光不足照片及其直方图。在 Photoshop 中，我们可以使用直方图面板查看图像信息，也可以在"图像/调整"菜单命令下的色阶和曲线命令查看并调整。

7.1.5　图像的色彩调整

1. 色相与饱和度命令

"色相/饱和度"命令是用来调整图像中单个颜色成分的色相、饱和度和亮度。调整色相或颜色表现为在色轮中移动；调整饱和度或颜色的纯度表现为在半径上移动。也可以使用"着色"选项将颜色添加到已转换为 RGB 的灰度图像，或添加到 RGB 图像，通过将颜色值减到一个色相，使其看起来像双色调图像。执行命令打开"色相/饱和度"对话框，如图 7.9 所示。

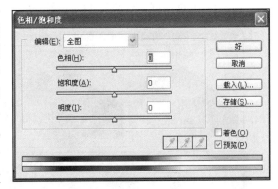

图 7.9　色相与饱和度

使用"色相/饱和度"命令一般需要以下过程：

（1）执行命令打开"色相/饱和度"对话框。在对话框中显示有两个颜色条，它们以各自的顺序表示色轮中的颜色。上面的颜色条显示调整前的颜色，下面的颜色条显示调整如何以全饱和状态影响所有色相。

（2）对于"编辑"选项，选取"全图"可以一次调整所有颜色。如果要调整的颜色选取超出其中的一个预设颜色范围，一个调整滑块会出现在颜色条之间，可以用它来编辑任何范围的色相。

（3）对于"色相"选项，输入一个值，或拖移滑块，直至出现需要的颜色。文本框中显示的值反映像素原来的颜色在色轮中旋转的度数。正值表示顺时针旋转，负值表示逆时针旋转。数值的范围可以从–180 到+180。

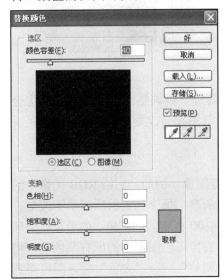

图 7.10　替换颜色

（4）对于"饱和度"选项，输入一个值，或将滑块向右拖移增加饱和度，向左拖移减少饱和度。颜色相对于所选像素的起始颜色值，从色轮中心向外移动，或从外向色轮中心移动。数值范围可以从–100 到+100。

（5）对于"明度"选项，输入一个值，或将滑块向右拖移增加明度，向左拖移减少明度。数值范围可以从–100 到+100。

2. 替换颜色命令

"替换颜色"命令基于在图像中取样的颜色，来调整图像的色相、饱和度和明度值。实际上是在图像中基于特定颜色创建蒙版，然后替换图像中的那些颜色，蒙版是暂时的。选取"图像"——"调整"——"替换颜色"命令。对话框如图 7.10 所示。

其中"选区（C）"在预览框中显示蒙版。被蒙版区域是黑色，未蒙版区域是白色。"图像（M）"在预览框中显示图像。在处理放大的图像或仅有有限屏幕空间时，该选项非常有用。通过拖移"颜色容差"滑块或输入一个值来调整蒙版的容差。此选项控制选区中包括哪一种相关颜色的程度。

3. 变化命令

"变化"命令可以调整图像或选区的色彩平衡、对比度和饱和度，此命令对于不需要精确色彩调整的平均调图最有用，但不能用在索引颜色图像上。

打开变化对话框，如图 7.11 所示。对话框顶部的两个缩览图显示原来和调整后的图像。

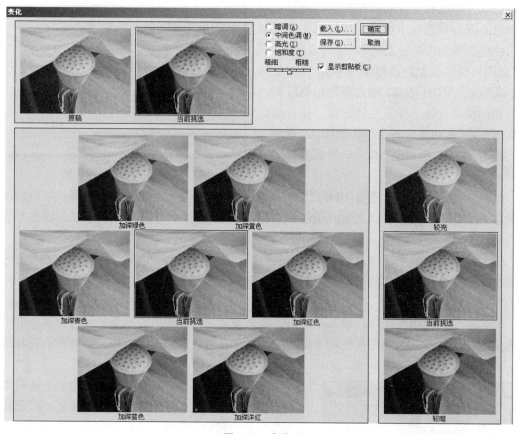

图 7.11 变化

在第一次打开该对话框时，这两个图像是一样的。随着进一步调整，"当前挑选"图像会改变以反映操作的设置。每次单击一个缩览图，所有的缩览图都会改变。中间缩览图总是反映当前的选择。

4. 去色命令

"去色"命令将彩色图像转换为相同颜色模式下的灰度图像。例如，它给 RGB 图像中的每个像素指定相等的红色、绿色和蓝色值，使图像表现为灰度。每个像素的明度值不改变。此命令与在"色相/饱和度"对话框中将"饱和度"设置为–100 有相同的效果。如果正在处理多层图像，则"去色"命令仅转换所选图层。执行该命令去掉彩色图像中的所有颜色值，将其转换为相同颜色模式的灰度图像。选取"图像"——"调整"——"去色"后，即可得到去色效果了。

5. 渐变映射

"渐变映射"命令将相等的图像灰度范围映射到指定的渐变填充色。如果指定双色渐变填充，则图像中的暗调映射到渐变填充的一个端点颜色，高光映射到另一个端点颜色，中间调映射到两个端点间的层次。

6. 色调分离

"色调分离"命令可以指定图像中每个通道的色调级（或亮度值）的数目，然后将像素映射为最接近的匹配色调。例如，在 RGB 图像中选取两个色调级可以产生六种颜色：两种红色、两种绿色、两种蓝色。

在照片中创建特殊效果，如创建大的单调区域时，此命令非常有用。在减少灰度图像中的灰色色阶数时，它的效果最为明显。但它也可以在彩色图像中产生一些特殊效果。

如果想在图像中使用特定数量的颜色，则将图像转换为灰度并指定需要的色阶数。然后将图像转换回以前的颜色模式，并使用想要的颜色替换不同的灰色调。

7. 可选颜色

可选颜色是校正高端扫描仪和分色程序使用的一项技术，它在图像中的每个加色和减色的原色图素中增加和减少印刷色的量。即使"可选颜色"使用 CMYK 颜色校正图像，也可以将其用于校正 RGB 图像以及将要打印的图像。

可选颜色校正基于这样一个表，该表显示用来创建每个原色的每种印刷油墨的数量。通过增加和减少与其他印刷油墨相关的印刷油墨的数量，可以有选择地修改任何原色中印刷色的数量，而不会影响任何其他原色。例如，可以使用可选颜色校正显著减少图像绿色图素中的青色，同时保留蓝色图素中的青色不变。

7.2 网店视觉图像亮度与对比度调整

（1）启动软件，打开需要调整的商品图片，如图 7.12 所示，图片明显偏暗，鞋面的亮度不够，对比度也不够，无法很好地展现鞋子的外观特征与细节质感。

（2）首先在"图像"菜单选择"亮度/对比度"方案调整图像色彩，如图 7.13 所示，亮度设置为 89，对比度设置为 17，调整到什么程度要根据图像的具体情况来确定，不同的图像用不同的调整方案与调整参数。

图 7.12　原图

图 7.13　亮度与对比度

（3）第一次调整后的具体效果如图 7.14 所示，对比原图视觉效果已经有明显的改善。

（4）再进行一次"曲线"调整，如图 7.15 所示，调整的力度不能太大，只能做稍微地调整，否则图像可能会偏白。

图 7.14　调整的效果

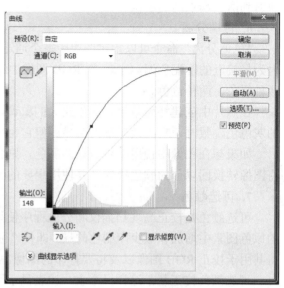

图 7.15　曲线调整

（5）第二次调整后的效果如图 7.16 所示，图像画面变得比较整洁。

（6）最后在背景色为白色的条件下，用橡皮擦工具，把图像中的不必要部分全部擦除，使图像变得整洁，以为其他图的制作做备用，如图 7.17 所示。

图 7.16　曲线调整后的效果

图 7.17　修饰后的效果

7.3　网店视觉图像偏色的调整

商品拍摄过程中导致图像偏色，主要的调整方式是用"色相/饱和度"调整命令，以及"色彩平衡"命令来调整。

应用"色相/饱和度"调整命令一般执行以下步骤：

（1）单击"调整"面板中的"色相/饱和度"图标或"色相/饱和度"预设。

（2）选择"图层——新建调整图层——色相/饱和度"。在"新建图层"对话框中单击"确定"。在对话框中显示有两个颜色条，它们以各自的顺序表示色轮中的颜色。上面的颜色条显示调整前的颜色，下面的颜色条显示调整如何以全饱和状态影响所有色相。

另外也可以选择"图像——调整——色相/饱和度"。但是，这个方法直接对图像图层进行调整并扔掉图像信息。

（3）在"调整"面板中，从"编辑"弹出式菜单中选择要调整的颜色：

选取"全图"可以一次调整所有颜色。要为调整的颜色选取列出其他一个预设颜色范围。

（4）对于"色相"，输入一个值或拖移滑块，框中显示的值反映像素原来的颜色在色轮中旋转的度数。正值指明顺时针旋转，负值指明逆时针旋转。值的范围可以是−180～+180。

（5）对于"饱和度"，输入一个值，或将滑块向右拖移增加饱和度，向左拖移减少饱和度。颜色将变得远离或靠近色轮的中心。值的范围可以是−100（饱和度减少的百分比，使颜色变暗）到+100（饱和度增加的百分比）。

（6）对于"明度"，输入一个值，或者向右拖动滑块以增加亮度（向颜色中增加白色）或向左拖动以降低亮度（向颜色中增加黑色）。值的范围可以是−100（黑色的百分比）到+100（白色的百分比）。

对于普通的色彩校正，"色彩平衡"命令更改图像的总体颜色混合。色彩平衡"命令的操作一般步骤如下：

（1）确保在"通道"面板中选择了复合通道。只有当查看复合通道时，此命令才可用。

（2）单击"调整"面板中的"色彩平衡"图标，这个方法直接对图像图层进行调整并扔掉图像信息。或者选取"图层——新建调整图层——色彩平衡"在"新建图层"对话框中单击"确定"。

（3）在"调整"面板中，选择"阴影""中间调"或"高光"，以选择要着重更改的色调范围。

（4）选择"保持亮度"以防止图像的亮度值随颜色的更改而改变。该选项可以保持图像的色调平衡。

（5）将滑块拖向要在图像中增加的颜色；或将滑块拖离要在图像中减少的颜色。颜色条上方的值显示红色、绿色和蓝色通道的颜色变化。（对于 Lab 图像，这些值代表 a 和 b 通道。）值的范围可以是−100～+100。

下面是对一件已经偏色的商品图像进行调整。

（1）准备好需要调整的商品图片，如图 7.18 所示，图像的色彩明显偏向红色，本来应该是一件蓝色的风衣。

（2）调整的方案是首先进行"曲线"调整，使图像整体的亮度加大，如图 7.19 所示。

（3）用"曲线"调整后的效果如图 7.20 所示，图像已经明显变亮。

图 7.18　商品原图

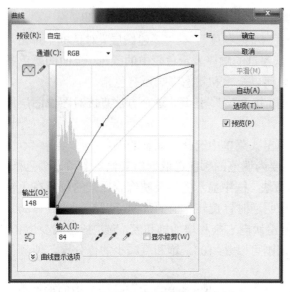

图 7.19　曲线调整

图 7.20　曲线调整后的效果

（4）进行"色相/饱和度"调整，如图 7.21 所示，控制调整参数。

（5）调整后的图像效果已经明显发生变化，如图 7.22 所示。

图 7.21　色相与饱和度调整

图 7.22　调整后的效果

（6）从图 7.22 可以看出，服装的下面部分色彩还不够好，还需要进行"色彩平衡"，具体调整参数如图 7.23 所示。使用"色彩平衡"后的调整效果如图 7.24 所示。

（7）最后对图像的亮度与对比度做适当的补充性调整，幅度不能太大，参数可以根据具体情况来定。亮度与对比度调整参数如图 7.25 所示，亮度值为 58，对比度值为 20。

（8）图像最后的调整效果如图 7.26 所示，服装的整体颜色回归到本色效果。

图 7.23　色彩平衡

图 7.24　调整后的效果

图 7.25　亮度与对比度

图 7.26　最后的效果

第八章

网店促销广告的视觉设计

网店促销广告的
视觉设计

本章导语

"广告中原创的诀窍，不在制造新奇花哨的图像文字，而是组合那些熟悉的文字与图片，产生全新的趣味。"

——李奥·贝纳

8.1 图像视觉设计常用技术

8.1.1 滤镜在图像效果制作中的应用

1. 滤镜的概念

滤镜实际上是一些独立开发设计的小程序，它们可以被图像编辑程序所调用，用来处理已经打开的图像中的像素，通过对原图像像素的颜色及亮度值的重新计算与修改，以产生变化后的图像。Photoshop 除了可以调用自带的滤镜外，还可以调用预知兼容的第三方厂商提供的外挂滤镜，这些滤镜能使图像产生许多特殊的效果。Photoshop 的内置滤镜共有 14 组，达 100 多种，每种滤镜都有自己不同的功能和图像效果。

在 Photoshop 中，大多数滤镜都是破坏性滤镜，这些滤镜执行的效果非常明显，有时会使被处理的图像面目全非，产生无法恢复的破坏。破坏性滤镜包括：艺术效果滤镜组、画笔描边滤镜组、扭曲滤镜组、像素化滤镜组、渲染滤镜组、素描滤镜组、风格化滤镜组、纹理滤镜组等。

滤镜就是处理已经打开的图像中的像素，通过对原图像像素的颜色及亮度值的重新计算修改，使之产生特殊的艺术效果。Photoshop 除了可以使用自带的滤镜外，还可以安装与之兼容的外挂滤镜，安装后的滤镜都在"滤镜"菜单下，这些滤镜能使图像产生更多特殊的效果。滤镜命令在使用时要注意以下几点内容。

（1）Photoshop 所有滤镜都按特效归类放在"滤镜"菜单下，比如：艺术效果滤镜可以使图像成为绘画作品，杂色滤镜可以改善图像的质量，扭曲滤镜可以使图像产生不同的变形效果等。因此，在执行滤镜命令前，首先要确定图像是否为所有滤镜都认可的 RGB 模式。滤镜不能应用于位图模式、索引颜色和 16 位/通道图像，一些滤镜对 CMYK、Lab 模式也不能应用，因此，当要处理的图像不能执行有些滤镜命令时，就要将该图像模式转换为 RGB 模式。

（2）使用滤镜时要先在图像工作区中建立选区，否则，滤镜执行时会对当前可见图层或当前通道起作用。

（3）对文字层应用滤镜，执行"图层——栅格化——图层"命令将文字层转换为普通的图层，滤镜才能对该层起作用。

（4）有些滤镜，例如素描滤镜组的应用效果与前景色、背景色的设置有关，因此对于这一类的滤镜要首先设置当前前景色和背景色。

2. 滤镜的使用

在执行"滤镜"菜单命令时，如果滤镜名称后跟有省略号（…），就会弹出该滤镜的参数设置命令。滤镜参数命令中一般都有预览窗口，用来预览滤镜效果，预览满意后正式应用滤镜。在对话框中，当用鼠标拖动某个滤镜参数下的三角滑块或在参数输入框内设置不同的参数值后，预览比例数值下的线条会不停地闪烁，表示 Photoshop 正在处理预览，当线条停止闪烁时，滤镜预览框就会显示出该参数下的滤镜预览效果。单击预览框下的"+"按钮，可以放大预览图像的显示比例，可预览图像细部的变化，此时如将鼠标指向预览框，则光标会变成手抓工具，拖动鼠标就可预览图像的不同区域；单击预览框下的"−"按钮，可以缩小预览图像的显示比例，可预览滤镜作用后整幅图像的效果；当改变不同的参数预览效果后，想要回到刚打开参数设置对话框时的参数值状态时，可按住 Alt 键，此时"取消"按钮变成"复位"按钮，单击"复位"按钮就会回到最初的设置状态。对预览效果满意后，就可单击对话框中的"确定"按钮，则退出滤镜参数设置对话框，正式应用滤镜效果。图像尺寸越大，分辨率越高，应用所要的时间越长。滤镜创建特殊效果的运用有以下几个途径。

（1）创建边缘效果。可以使用多种方法来处理只应用于部分图像的边缘效果。要保留清晰边缘，只需应用滤镜即可。要得到柔和的边缘，则将边缘羽化，然后应用滤镜。要得到透明效果，请应用滤镜，然后使用"渐隐"命令调整选区的混合模式和不透明度。

（2）将滤镜应用于图层。可以将滤镜应用于单个图层或多个连续图层以加强效果。要使滤镜影响图层，图层必须是可见的，并且必须包含像素，例如中性的填充色。

（3）将滤镜应用于单个通道。可以将滤镜应用于单个通道，对每个颜色通道应用不同的效果，或应用具有不同设置的同一滤镜。

（4）创建背景。将效果应用于纯色或灰度形状可生成各种背景和纹理。然后可以对这些纹理进行模糊处理。尽管有些滤镜（例如"玻璃"滤镜）在应用于纯色时不明显或没有体现出效果，但其他滤镜却可以产生明显的效果。

（5）将多种效果与蒙版或复制图像组合。使用蒙版创建选区，可以更好地控制从一种效果到另一种效果的转变。例如，可以对使用蒙版创建的选区应用滤镜。也可以使用历史记录画笔工具将滤镜效果绘制到图像的某一部分。首先，将滤镜应用于整个图像。接下来，在"历史记录"面板中返回到应用滤镜前的图像状态，并通过单击该历史记录状态左侧的方框将历史记录画笔源设置为应用滤镜后的状态。然后绘制图像。

（6）提高图像品质和一致性。可以掩饰图像中的缺陷，修改或改进图像，或者对一组图像应用同一效果来建立关系。使用"动作"面板记录修改一幅图像的步骤，然后对其他图像应用该动作。

3. 滤镜库

滤镜库可提供许多特殊效果滤镜的预览。可以应用多个滤镜、打开或关闭滤镜的效果、复位滤镜的选项以及更改应用滤镜的顺序。如果用户对预览效果感到满意，则可以将它应用于图像。滤镜库并不提供"滤镜"菜单中的所有滤镜。选取"滤镜——滤镜库"，单击滤镜的类别名称，可显示可用滤镜效果的缩览图。

4. 艺术效果滤镜

"艺术效果"滤镜用来模拟天然或传统的艺术效果。运用这些滤镜可以使图像看上去具有不同画派艺术家使用不同的画笔和颜料创作的艺术品。"艺术效果"滤镜共包括 15 种滤镜，此组滤镜不能应用于 CMYK 和 Lab 模式的图像。由于 Photoshop 中滤镜很多，本书只做简要的介绍，不一一全面展开。

（1）彩色铅笔滤镜。彩色铅笔滤镜的作用是在图像上产生一种铅笔线条绘制的效果。它保持了原图的大部分色彩，但大片的背景区域会改变成纸张的颜色。当铅笔宽度的值较小时，描绘的线条会较多；当描边压力的值较大时，原图的细节会比较多；纸张颜色是指当前工具箱的背景色从最暗到最亮的颜色，是通过调整纸张亮度的值来得到的。当纸张亮度的亮度为 0，纸张为黑色，亮度为 50 时，纸张为白色，在 0～50，是不同程度的灰色。

（2）壁画滤镜。壁画滤镜通过在图像中加入大量的黑色斑点，模仿在潮湿的墙上绘制的古壁画效果。在对话框中通过调节画笔大小来控制模仿壁画的画笔粗细；通过画笔细节来控制壁画的细腻程度；通过调节纹理来控制壁画效果的颜色之间的柔和程度。

（3）粗糙蜡笔滤镜。该滤镜是通过在图像中增加彩色线条和纹理，使图像产生不同纹理浮雕的质地效果。在滤镜参数设置对话框中，线条长度和线条细节用来控制笔画的力度和细节；在纹理的下拉框中可选择预设的不同纹理；还可以在光照方向下拉选择框中选择光线照射的不同方向；当选择反相时可反转纹理表面的亮色和暗色。

（4）底纹效果滤镜。底纹效果滤镜是根据所选择纹理的不同，将纹理图与图像融合在一起，产生图像好像是在纹理上直接喷绘的效果。

（5）绘画涂抹滤镜。该滤镜通过向图像添加涂抹线条，将图片模拟出绘画作品效果。在滤镜设置对话框中，可在画笔类型下拉选择框中简单、未处理光照、未处理深色、宽锐化、宽模糊和火花六种类型的涂抹方式中选择不同类型的画笔；通过调节画笔大小值来控制涂抹笔画的粗细，值越小，涂抹后的画面越清晰；通过调节锐化程度控制涂抹笔触颜色渐变的柔和程度，值越小，颜色过渡越柔和。

5. 画笔描边滤镜

"画笔描边"滤镜主要模拟使用不同的画笔和油墨进行描边创造出的绘画效果。该滤镜组共包含 8 个滤镜，可以分别为图像添加杂色、细化边缘、增加纹理的效果。此类滤镜也不能应用在 CMYK 和 Lab 模式下的图像。该滤镜通过为图像产生交叉网线来模拟钢笔画素描效果。在滤镜参数设置对话框中，通过调节方向平衡的值来控制两种交叉线的比例，当值大于 50 时，主要为"|"线条；小于 50 时，主要为"\"线条；线条长度值用来控制线条的长度；锐化程度值用来控制线条的锐利程度，值越小，线条的饱和度就越低，线条之间的反差就降低，图像就越模糊、柔和。

6. 扭曲效果滤镜

"扭曲效果"滤镜通过对图像应用扭曲变形实现各种效果。共包含十几种滤镜效果。这些滤镜在运行时会占用很多内存。因此，在使用扭曲滤镜组时要谨慎处理，并要对达到的变形程度和变形效果进行精心调整。

（1）波浪滤镜。波浪滤镜使图像产生波浪扭曲效果。其生成器数用来控制产生波的数量，范围是 1～999。波长是其最大值与最小值决定相邻波峰之间的距离。波幅是其最大值与最小值决定波的高度。类型有三种：正弦波、三角波和方波。

（2）波纹滤镜。波纹滤镜可以在选取图像上创建起伏的图案，使图像产生类似水波纹的效果。主要调节数量控制波纹的变形幅度，范围大小为 -999%～999%，有大、中和小三种波纹可供选择。

（3）玻璃滤镜。玻璃滤镜是通过使选区产生细小的纹理变形，使图像看上去如同隔着玻璃观看一样，此滤镜不能应用于 CMYK 和 Lab 模式的图像。

（4）海洋波纹滤镜。该滤镜为图像表面增加随机间隔的纹理，使图像产生普通的海洋波纹效果，此滤镜不能应用于 CMYK 和 Lab 模式的图像。其主要参数为波纹大小调节波纹的尺寸。波纹幅度控制波纹振动的幅度。

（5）水波滤镜。水波滤镜是沿径向来扭曲变形图像，使图像产生同心圆状的波纹效果。其数量参数是控制水波纹扭曲变形的方向和程度。变化值从 -100～+100，越远离中心，变形效果越明显。

（6）旋转扭曲滤镜。该滤镜使图像产生旋转扭曲的效果。形成旋涡，旋转时中心比边缘变化更强烈。其主要调节参数为 Angle 角度，用来调节旋转的角度，范围是 -999°～999°。

7. 像素化滤镜

像素化滤镜将图像分成一定的区域，将这些区域转变为相应的色块，再由色块构成图像，类似于色彩构成的效果。

（1）点状化滤镜。该滤镜将图像分解为随机分布的网点，模拟点状绘画的效果。使用背景色填充网点之间的空白区域。主要用 Cell Size 单元格大小调整单元格的尺寸，来控制网点的尺寸，范围是 3～300。值越大，网点尺寸越大。

（2）铜版雕刻滤镜。该滤镜根据所选模式的不同，会将灰度图像转换为黑白区域的随机图案，或将彩色图像转换为全饱和颜色随机图案。它共有 10 种类型，分别为精细点、中等点、粒状点、粗网点、短线、中长直线、长线、短描边、中长描边和长边。

（3）马赛克滤镜。马赛克滤镜会将选区内图像颜色相近的像素合并在方块区域内，产生马赛克效果。Cell Size 单元格大小用来调整色块的尺寸。范围在 2～64 平方像素，值越大，马赛克的尺寸越大。

8. 渲染效果滤镜

渲染效果滤镜使图像产生三维映射云彩图像、折射图像和模拟光线反射等效果，还可以用灰度文件创建纹理进行填充，具体有以下几种。

（1）云彩滤镜。云彩滤镜使用介于前景色和背景色之间的随机值生成柔和的云彩效果，如果按住 Alt 键使用云彩滤镜，将会生成色彩相对分明的云彩效果。

（2）分层云彩滤镜。分层云彩滤镜使用随机生成的介于前景色与背景色之间的值来生成云彩图案，产生类似负片的效果，此滤镜和云彩滤镜的区别就是该滤镜产生的云彩图案和已有的图像会以差值模式混合，进而产生一种特殊的混合效果，不能应用于 Lab 模式的图像。

8.1.2　通道在图像效果制作中的应用

1. 通道的概念

在 Photoshop 中通道是非常独特的，它不像图层那样容易上手。通道是由分色印刷的印版概念演变而来的。例如，我们在生活中司空见惯的五颜六色的彩色印刷品，其实在其印刷的过程中仅仅用了四种颜色。在印刷之前先通过计算机或电子分色机将一件艺术品分解成四色，并打印出分色胶片；一般地，一张真彩色图像的分色胶片是四张透明的灰度图，单独看每一张单色胶片时不会发现什么特别之处，但如果将这几张分色胶片分别着以 C（青）、M（品红）、Y（黄）和 K（黑）四种颜色并按一定的网屏角度叠印到一起时，我们会惊奇地发现，这原来是一张绚丽多姿的彩色照片。所以从印刷的角度来说，通道（Channels）实际上是一个单一色彩的平面。它是在色彩模式这一基础上衍生出的简化操作工具。譬如说，一幅 RGB 三原色图有三个默认通道：Red（红）、Green（绿）、Blue（蓝）。但如果是一幅 CMYK 图像，就有了四个默认通道：Cyan（蓝绿）、Magenta（紫红）、Yellow（黄）、Black（黑）。

2. 通道的作用

在图像的通道中，记录了图像的大部分信息，这些信息自始至终与各种操作密切相关，具体看起来，通道的作用主要有：

（1）表示选择区域。通道中白色的部分表示被选择的区域。黑色部分表示没有选中。利用通道，一般可以建立精确选区。

（2）表示墨水强度。利用 Info 面板可以体会到这一点，不同的通道都可以用 256 级灰度来表示不同的亮度。在 Red 通道里的一个纯红色的点，在黑色的通道上显示就是纯黑色，即亮度为 0。

（3）表示不透明度。

（4）表示颜色信息。例如预览 Red 通道，无论鼠标怎样移动，Info 面板上都仅有 R 值，其余的都为 0。

3. 通道的分类

通道作为图像的组成部分，是与图像的格式密不可分的，图像颜色、格式的不同决定了通道的数量和模式，在通道面板中可以直观地看到。在 Photoshop 中涉及的通道主要有：

（1）复合通道（Compound Channel）：复合通道不包含任何信息，实际上它只是同时预览并编辑所有颜色通道的一个快捷方式。它通常被用来在单独编辑完一个或多个颜色通道后使通道面板返回到它的默认状态。对于不同模式的图像，其通道的数量是不一样的。在 Photoshop 之中，通道涉及三个模式。对于一个 RGB 图像，有 RGB、R、G、B 四个通道；对于一个 CMYK 图像，有 CMYK、C、M、Y、K 五个通道；对于一个 Lab 模式的图像，有 Lab、L、a、b 四个通道。

（2）颜色通道（Color Channel）：在 Photoshop 中编辑图像时，实际上就是在编辑颜色通道。这些通道把图像分解成一个或多个色彩成分，图像的模式决定了颜色通道的数量，RGB 模式有 3 个颜色通道，CMYK 图像有 4 个颜色通道，Bitmap 色彩模式、灰度模式和索引色彩模式只有 1 个颜色通道，它们包含了所有将被打印或显示的颜色。

（3）专色通道（Spot Channel）：专色通道是一种特殊的颜色通道，它指的是印刷上想要对印刷物加上一种专门颜色（如银色、金色等），它可以使用除了青色、洋红（有人叫品红）、黄色、黑色以外的颜色来绘制图像。专色在输出时必须占用一个 Channel，.psd、.tiff、.dcs 2.0

等文件格式可保留专色通道。专色通道一般人用得较少且多与印刷相关。

（4）Alpha 通道（Alpha Channel）：Alpha 通道是计算机图形学中的术语，指的是特别的通道。有时，它特指透明信息，但通常的意思是"非彩色"通道。这是我们真正需要了解的通道，可以说我们在 Photoshop 中制作出的各种特殊效果都离不开 Alpha 通道，它最基本的用处在于保存选取范围，并不会影响图像的显示和印刷效果。

（5）单色通道：这种通道的产生比较特别，也可以说是非正常的。如果在通道面板中随便删除其中一个通道，所有的通道都会变成"黑白"的，原有的彩色通道即使不删除也变成"黑白"的了。这就是单色通道。

4. Alpha 通道的编辑方法

对图像的编辑实质上是对通道的编辑。因为通道是真正记录图像信息的地方，无论色彩的改变、选区的增减、渐变的产生，都可以追溯到通道中去。常见的编辑方法有：

（1）利用选择工具：Photoshop 中的选择工具包括遮罩工具（Marquee）、套索工具（Lasso）、魔术棒工具（Magic Wand）、字体遮罩（Type Mask）以及由路径转换来的选区等，其中包括不同羽化值的设置。利用这些工具在通道中进行编辑与对一个图像的操作是相同的。

（2）利用绘图工具：绘图工具包括喷枪（Airbrush）、画笔（Paintbrush）、铅笔（Pencil）、图章（Stamp）、橡皮擦（Eraser）、渐变（Gradient）、油漆桶（Paint Bucket）、模糊锐化和涂抹（Blur、Sharpen、Smudge）、加深减淡和海绵（Dodge、Burn、Sponge）。选择区域可以用绘图工具在通道中去创建，去修改，利用绘图工具编辑通道的一个优势在于可以精确地控制笔触，从而得到更为柔和以及足够复杂的边缘。

（3）利用滤镜：在通道中进行滤镜操作，通常是在有不同灰度的情况下进行的。而运用滤镜的原因，通常是我们刻意追求一种出乎意料的效果或者只是想控制边缘。原则上讲，可以在通道中运用任何一个滤镜去试验，从而建立更适合的选区。各种情况比较复杂，需要根据目的的不同做相应处理。

（4）利用调节工具：特别有用的调节工具包括色阶（Level）和曲线（Curves）。在用这些工具调节图像时，会看到对话框上有一个 Channel 选单，在这里可以调整所要编辑的颜色通道。按住 Shift 键，再单击另一个通道，可以强制这些工具同时作用于一个通道。

8.1.3　路径在图像效果制作中的应用

1. 创建新的工作路径

（1）选择形状工具或钢笔工具，然后单击选项栏中的"路径"按钮。

（2）设置工具特定选项并绘制路径。

（3）选择路径区域选项以确定重叠路径组件如何交叉。

添加到路径区域：将新区域添加到重叠路径区域。

从路径区域减去：将新区域从重叠路径区域移去。

交叉路径区域：将路径限制为新区域和现有区域的交叉区域。

重叠路径区域除外：从合并路径中排除重叠区域。

2. 用钢笔工具创建路径

Photoshop 提供多种钢笔工具。标准钢笔工具可用于绘制具有最高精度的图像；自由钢笔工具可用于像使用铅笔在纸上绘图一样来绘制路径；磁性钢笔选项可用于绘制与图像中已定义区域的边缘对齐的路径。

使用"钢笔"工具可以绘制的最简单路径是直线，方法是通过单击"钢笔"工具创建两个锚点。继续单击可创建由角点连接的直线段组成的路径。图 8.1 所示为用钢笔工具绘制五角星。

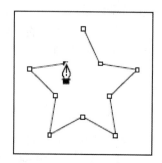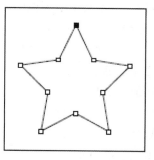

图 8.1　用钢笔工具绘制直线

使用钢笔工具更多的是为了创建曲线，在绘制时在曲线改变方向的位置添加一个锚点，然后拖动构成曲线形状的方向线。方向线的长度和斜度决定了曲线的形状。绘制不规则形状对象时原则是应使用尽可能少的锚点拖动曲线，这样更容易编辑曲线并且系统可更加快地速显示和打印它们。使用过多点还会在曲线中造成不必要的凸起。若要急剧改变曲线的方向，可以按住 Alt 键并沿曲线方向拖动方向点，图 8.2 所示为绘制 S 形曲线的操作。

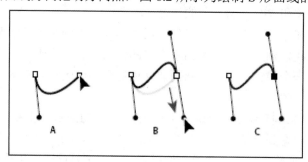

图 8.2　绘制 S 形曲线

如果要在绘制好的路径上添加或删除锚点可以使用工具箱包含用于添加或删除点的三种工具：钢笔工具、添加锚点工具和删除锚点工具。

添加锚点可以增强对路径的控制，也可以扩展开放路径。但最好不要添加多余的点。点数较少的路径更易于编辑、显示和打印。也可以通过删除不必要的点来降低路径的复杂性。默认情况下，当将钢笔工具定位到所选路径上方时，它会变成添加锚点工具；当将钢笔工具定位到锚点上方时，它会变成删除锚点工具。

另外在直线和曲线之间进行转换或者说在平滑点和角点之间进行转换时也可以使用工具箱上的转换点工具，或者使用钢笔工具并按住 Alt 键，如图 8.3 所示。

3. 路径面板

"路径"面板（"窗口——路径"）列出了每条存储的路径、当前工作路径和当前矢量蒙版的名称和缩览图像。要查看路径，必须先在"路径"面板中选择路径名。

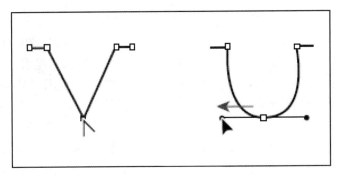

图 8.3　转换点工具

路径面板下方的按钮分别是填充路径、描边路径、将路径作为选区载入、从选区生成工作路径、新建路径、删除路径。下面介绍路径面板上的这些功能：

（1）新建路径按钮同时包含了存储路径的功能，当使用钢笔工具或形状工具创建工作路径时，新的路径以工作路径的形式出现在"路径"面板中。工作路径是临时的；必须存储它以免丢失其内容。如果没有存储便取消了选择的工作路径，当再次开始绘图时，新的路径将取代现有路径。存储路径的操作只需将绘制好的工作路径拖动到新建路径按钮上即可。

（2）将路径转换为选区边界：路径提供平滑的轮廓，可以将它们转换为精确的选区边框。任何闭合路径都可以定义为选区边框。可以从当前的选区中添加或减去闭合路径，也可以将闭合路径与当前的选区结合。要将路径转换为选区，在"路径"面板中选择路径，然后单击"路径"面板底部的"将路径作为选区载入"按钮。如果要对选区进行设置，按住 Alt 键并单击"路径"面板底部的"将路径作为选区载入"按钮。

在"建立选区"对话框中，选择"渲染"选项：羽化半径定义羽化边缘在选区边框内外的伸展距离。输入以像素为单位的值。消除锯齿在选区中的像素与周围像素之间创建精细的过渡效果。确保"羽化半径"设置为 0。选择"操作"选项：新建选区只选择路径定义的区域。从选区中减去从当前选区中移去路径定义的区域。与选区交叉选择路径和原选区的共有区域。如果路径和选区没有重叠，则不会选择任何内容。

（3）从选区生成工作路径：使用选择工具创建的任何选区都可以定义为路径。建立选区，单击"路径"面板底部的"从选区生成工作路径"按钮。如果要对工作路径进行设置，按住 Alt 键并单击"路径"面板底部的"从选区生成工作路径"按钮。

在"建立工作路径"对话框中，输入容差值，或使用默认值。容差值的范围为 0.5～10 之间的像素，用于确定"建立工作路径"命令对选区形状微小变化的敏感程度。容差值越高，用于绘制路径的锚点越少，路径也越平滑。

（4）填充路径：使用钢笔工具创建的路径只有在经过描边或填充处理后，才会成为图素。该命令可用于使用指定的颜色、图像状态、图案或填充图层来填充包含像素的路径。在"路径"面板中选择路径，单击路径面板底部的"填充路径"按钮。如果要选择使用其他内容填充路径，按住 Alt 键并单击"路径"面板底部的"填充路径"按钮。Photoshop 会跳出"填充路径"对话框。

在对话框中，对于"使用"，用于选取填充内容。可以指定填充的不透明度，要使填充更透明，应使用较低的百分比。100%的设置使填充完全不透明。还可以选取填充的混合模式。

"模式"列表中提供了"清除"模式，使用此模式可抹除为透明，但必须在背景以外的图层中工作才能使用该选项。选取"保留透明区域"仅限于填充包含像素的图层区域。选择"渲染"选项：羽化半径定义羽化边缘在选区边框内外的伸展距离。输入以像素为单位的值。消除锯齿通过部分填充选区的边缘像素，在选区的像素和周围像素之间创建精细的过渡效果。

（5）描边路径："描边路径"命令可用于绘制路径的边框，"描边路径"命令可以沿任何路径创建绘画描边（使用绘画工具的当前设置）。这和"描边"图层的效果完全不同，它并不模仿任何绘画工具的效果。在描边前，可以先选择绘画工具，然后在"路径"面板中选择路径，单击"路径"面板底部的"描边路径"按钮。每次单击按钮都会增加描边的不透明度，这在某些情况下会使描边看起来更粗。如果没有选择绘画工具，要对描边工具进行设置，可按住 Alt 键并单击"路径"面板底部的"描边路径"按钮。Photoshop 会跳出"描边路径"对话框。

4. 绘制矢量图形

矢量形状是使用形状或钢笔工具绘制的直线和曲线。矢量形状与分辨率无关，因此，它们在调整大小、打印到 PostScript 打印机、存储为 PDF 文件或导入基于矢量的图形应用程序时，会保持清晰的边缘。可以创建自定形状库和编辑形状的轮廓（称作路径）和属性（如描边、填充颜色和样式）。

路径是可以转换为选区或者使用颜色填充和描边的轮廓。形状的轮廓是路径。通过编辑路径的锚点，可以很方便地改变路径的形状。工作路径是出现在"路径"面板中的临时路径，用于定义形状的轮廓。

使用形状或钢笔工具时，可以使用三种不同的模式进行绘制。在选定形状或钢笔工具时，可通过选择选项栏中的图标来选取一种模式。下面对这三种模式进行介绍。

（1）形状图层在单独的图层中创建形状。可以使用形状工具或钢笔工具来创建形状图层。因为可以方便地移动、对齐、分布形状图层以及调整其大小，所以形状图层非常适于为 Web 页创建图形。可以选择在一个图层上绘制多个形状。形状图层包含定义形状颜色的填充图层以及定义形状轮廓的链接矢量蒙版。形状轮廓是路径，它出现在"路径"面板中。

（2）路径在当前图层中绘制一个工作路径，可随后使用它来创建选区、创建矢量蒙版，或者使用颜色填充和描边以创建栅格图形（与使用绘画工具非常类似）。除非存储工作路径，否则它是一个临时路径。路径出现在"路径"面板中。

（3）填充像素直接在图层上绘制，与绘画工具的功能非常类似。在此模式中工作时，创建的是栅格图像，而不是矢量图形。可以像处理任何栅格图像一样来处理绘制的形状。在此模式中只能使用形状工具。

5. 绘制形状

形状是链接到矢量蒙版的填充图层。通过编辑形状的填充图层，可以很容易地将填充更改为其他颜色、渐变或图案。也可以编辑形状的矢量蒙版以修改形状轮廓，并对图层应用样式。

（1）要更改形状颜色，请双击"图层"面板中形状图层的缩览图，然后用拾色器选取一种不同的颜色。

（2）要使用图案或渐变来填充形状，请在"图层"面板中选择形状图层，然后选择"图层——图层样式——渐变叠层"，并设置渐变选项。

（3）要使用图案或渐变来填充形状，请在"图层"面板中选择形状图层，然后选择"图层——图层样式——图案叠加"，并设置图案选项。

（4）要修改形状轮廓，请在"图层"面板或"路径"面板中单击形状图层的矢量蒙版缩览图。然后，使用"直接选择"工具和"钢笔"工具更改形状。

（5）要移动形状而不更改其大小或比例，请按住空格键的同时拖动形状。

6．在形状图层上创建形状

（1）选择一个形状工具或钢笔工具。确保在选项栏中选中了"形状图层"按钮。

（2）要选取形状的颜色，请在选项栏中单击色板，然后从拾色器中选取一种颜色。

（3）在选项栏中设置工具选项。单击形状按钮旁边的反向箭头以查看每个工具的其他选项。

（4）要为形状应用样式，请从选项栏的"样式"弹出式菜单中选择预设样式。

（5）在图像中拖动以绘制形状：要将矩形或圆角矩形约束成方形、将椭圆约束成圆或将线条角度限制为 45°的倍数，请按住 Shift 键。要从中心向外绘制，请将指针放置到形状中心所需的位置，按下 Alt 键，然后沿对角线拖动到任何角或边缘，直到形状已达到所需大小。

7．编辑形状

形状是链接到矢量蒙版的填充图层。通过编辑形状的填充图层，可以很容易地将填充更改为其他颜色、渐变或图案。也可以编辑形状的矢量蒙版以修改形状轮廓，并对图层应用样式。

如果要更改形状颜色，请双击"图层"面板中形状图层的缩览图，然后用拾色器选取一种不同的颜色。

如果要使用图案或渐变来填充形状，请在"图层"面板中选择形状图层，然后选择"图层——图层样式——渐变叠加"，并设置渐变选项。

如果要使用图案或渐变来填充形状，请在"图层"面板中选择形状图层，然后选择"图层——图层样式——图案叠加"，并设置图案选项。

如果要修改形状轮廓，请在"图层"面板或"路径"面板中单击形状图层的矢量蒙版缩览图，然后，使用"直接选择"工具和"钢笔"工具更改形状。

如果要移动形状而不更改其大小或比例，请按住空格键的同时拖动形状。

8．形状工具选项

选择形状工具将会更改选项栏中的可用选项。要访问这些形状工具选项，单击选项栏中的形状按钮旁边的反向箭头。

箭头的起点和终点向直线中添加箭头。选择直线工具，然后选择"起点"，即可在直线的起点添加一个箭头；选择"终点"即可在直线的末尾添加一个箭头。选择这两个选项可在两端添加箭头。形状选项将出现在弹出式对话框中。输入箭头的"宽度"值和"长度"值，以直线宽度的百分比指定箭头的比例（"宽度"值从 10%～1 000%，"长度"值从 10%～5 000%）。输入箭头的凹度值（从–50%～+50%）。凹度值定义箭头最宽处（箭头和直线在此相接）的曲率。

圆：将椭圆约束为圆。

定义的比例：基于创建自定形状时所使用的比例对自定形状进行渲染。

定义的大小：基于创建自定形状时的大小对自定形状进行渲染。

固定大小：根据用户在"宽度"和"高度"文本框中输入的值，将矩形、圆角矩形、椭圆或自定形状渲染为固定形状。

从中心：从中心开始渲染矩形、圆角矩形、椭圆或自定形状。

缩进边：依据将多边形渲染为星形。在文本框中输入百分比，指定星形半径中被点占据的部分。如果设置 50%，则所创建的点占据星形半径总长度的一半；如果设置大于 50%，则创建的点更尖、更稀疏；如果小于 50%，则创建更圆的点。

比例：根据用户在"宽度"和"高度"文本框中输入的值，将矩形、圆角矩形或椭圆渲染为成比例的形状。

半径：对于圆角矩形，指定圆角半径。对于多边形，指定多边形中心与外部点之间的距离。

边：指定多边形的边数。

平滑拐角或平滑缩进：用平滑拐角或缩进渲染多边形。

对齐像素：将矩形或圆角矩形的边缘对齐像素边界。

正方形：将矩形或圆角矩形约束为方形。

不受约束：允许通过拖动设置矩形、圆角矩形、椭圆或自定形状的宽度和高度。

粗细：以像素为单位确定直线的宽度。

8.2 淘宝直通车促销广告视觉设计

8.2.1 淘宝直通车基本知识

淘宝直通车是由阿里巴巴集团下的雅虎中国和淘宝网进行资源整合，推出的一种全新的搜索竞价模式。其竞价结果不只可以在雅虎搜索引擎上显示，还可以在淘宝网（以全新的图片+文字的形式显示）上充分展示。每件商品可以设置 200 个关键字，卖家可以针对每个竞价词自由定价，并且可以看到在雅虎和淘宝网上的排名位置，排名位置可用淘大搜查询，并按实际被点击次数付费。淘宝直通车将推出"个性化搜索"服务，所谓个性化搜索，即搜索同一关键词，搜索结果将根据不同消费者的特征，将商品进行个性化展示投放。

直通车是为淘宝卖家量身定制的，按点击付费的效果营销工具，实现商品的精准推广。淘宝直通车推广，在给商品带来曝光量的同时，精准的搜索匹配也给商品带来了精准的潜在买家。淘宝直通车推广，用一个点击，让买家进入指定的店铺，产生一次甚至多次的店铺内跳转流量，这种以点带面的关联效应可以降低整体推广的成本和提高整店的关联营销效果。同时，淘宝直通车还给用户提供了淘宝首页热卖单品活动和各个频道的热卖单品活动以及不定期的淘宝各类资源整合的直通车用户专享活动。

直通车在淘宝网上出现在搜索宝贝结果页面的右侧和宝贝结果页的最下端。搜索页面可一页一页往后翻，展示位以此类推。展现形式是：图片+文字（标题+简介）。

（1）其他展示位："已买到宝贝"页面中的掌柜热卖，"我的收藏"页面中的掌柜热卖，"每日焦点"中的热卖排行，"已买到宝贝"中的物流详情页面。

（2）直通车活动展示位：淘宝首页下方的热卖单品；各子频道下方的热卖单品等。

（3）天猫页面的直通车展示位：通过输入搜索关键词或点击搜索类目时，在搜索结果页面的最下方"商家热卖"的五个位置，展示位以此类推。

直通车的出价看起来简单，但是商户常常为不知道应该出多少钱而犯愁，淘宝直通车的出价也是很讲究技巧的，因为这是决定直通车效果的关键指标之一。出价越高意味着排名越靠前，被展现的概率越大，带来的流量也就越多。

淘宝直通车的优点可以简单地概括为：多、快、好、省四个字。

多是指：多维度、全方位提供各类报表以及信息咨询，为推广商品打下坚实的基础。

快是指：快速、便捷的批量操作工具，让商品管理流程更科学、更高效。

好是指：智能化的预测工具，商户在制定商品优化方案时更胸有成竹、信心百倍。

省是指：人性化的时间、地域管理方式，有效控制推广费用，省时、省力，更省成本。

淘宝直通车的关键词优化策略简单地说有以下几点：

（1）根据转化数据调整关键词出价。

（2）删除过去 30 天展现量大于 100、点击量为 0 的关键词。

（3）根据转化数据，找到成交量排名前 50 的关键词，提高关键词出价。

（4）根据转化数据，将关键词的花费由高到低排序，降低转化低于 2% 的关键词出价。

对于开直通车淘宝商户来说，关键词的质量得分是很重要的，因为质量分就意味着钱，提高质量分就是做直通车首要的工作。那么质量分和哪些因素有关系呢？

第一是商品上架时所选的类目属性一定要正确、完整。比如说上架的是一款雪纺长裙，商品的属性有：雪纺、印花、无袖、纽扣、拼接、长度超过 126 厘米、背心裙等信息，在勾选的时候一定要全部选择。这不仅是提高质量得分的基础工作，也有利于提高商品的自然搜索排名。

第二是商品标题的优化。商品的标题应该和类目属性具有较大的关联性，当然，也要综合考虑流量大的关键词或者是热门搜索词。

第三是设置商品的推广标题。参加直通车的商品可以有两个标题，每个标题 20 个字，一定要利用好这 20 个字。这 20 个字的内容尽量把与商品的关联性最大的词语放进去，比如前面所讲的雪纺长裙，是一款波西米亚风格的沙滩裙，应把这些信息尽可能地填写进去。

第四是推广的连续性，如果只是周一到周五白天从 8 点到晚上 12 点推广的话，质量分必然会受到影响。因此，在 0 点到 8 点这个时间段，可以设置按照比例来进行投放，这样就不会影响到质量分了。

第五是点击率，点击率越高，质量分也就越高，因此，能够提高点击率的、有促销文字和创意的图片也是提高直通车质量得分的有力法宝。

8.2.2　淘宝直通车广告图视觉优化策略

在直通车推广中，商品图片是获得点击率的最重要因素。商品图片不美观，甚至模糊不清，根本不能引起消费者的注意，就没法吸引消费者点击商品，没有关注就没有点击率，没有点击率就没有流量，没有流量就等于没有销量，开展直通车推广也就不会有什么效果。

从最开始的商品展示（商品图片）、商品包装（主图设计）、商品展示（文字与图片展示）等都会影响消费者的视觉感官，消费者通过搜索从直通车展示位最先看到的就是图片和标题，图片又占了大部分位置，极大程度上影响了点击率的好坏，好的图片能吸引消费者，继而刺激消费者下单，从而提升直通车推广的效果。所以，在直通车推广中必须从以下几个方面进行商品图像的视觉优化：

（1）色彩要呼应。相似色配色容易出现的问题是，过于相似会导致背景和产品的粘连。对比色要是用得好的话，就能达到更好的效果。

（2）文案要简明。我们有时看到的文案只是一种文字的堆砌，没有组织，显得非常杂乱，反而降低了品牌的感觉。

（3）定位要准确。直通车的图片视觉优化最重要的部分是商品首图，它是消费者了解商品最初的地方，也是推广商品的唯一入口。所以这个商品图片的设计有很多的要求。

首先，根据直通车的投放计划确定直通车商品推广所投放的位置（第几页、第几个商品），方便对周边商品进行分析，从而在设计上更为突出，更容易让消费者注意。

其次，确定推广的商品所针对的消费群体，同时分析消费者的喜好，来确定设计风格及颜色，分析消费者的消费能力，来确定使用什么样的促销方式是消费者最容易接受的，以及分析消费者的生活习惯，方便调整投放时间和策略，与竞争者拉开差距，增加投放效率。

（4）要突出商品的主体，弱化背景。在设计时合理选择背景颜色，或者在拍摄中尽量使用与商品本身色彩差异较大的背景颜色，背景颜色尽量简单，切勿太杂太乱，否则会影响商品主体图像在直通车图片中的主导地位。如果是必须使用的颜色，可以把直通车图片的背景做适当的模糊效果，以突出商品主体。

（5）主次要分明。商品主体一般要占据整个直通车图片的三分之二左右，这样消费者就会自动根据图片中对象的比例关系去区分商品，避免造成误解。同时，要保证商品不能被任何素材及文字覆盖，保证图片与素材或文字的间距至少 10 像素。

（6）要保证图片的清晰度。作为直通车推广的图片，清晰度是最为重要的。在图片设计的时候，要注意，较暗的图片可以用色阶调亮，模糊的图片可以适当锐化，让它变得更清晰。在缩放商品图片时，商品图像会相应变模糊，因此在缩小商品后可以适当锐化处理，但是，缩小了的图片不能放大使用，因为会影响图片的精度。

（7）图文排版要做到整齐统一，整齐与统一缺一不可。整齐即所有文字或左或中或右对齐。所谓统一，就是字体、样式、颜色、大小、行距、字间距等统一，对于其中重点信息可以通过改变字体大小或颜色来体现主次。要尽可能减少首图上的文字信息，以展示图片为主。对于商品展示文案的具体内容，必须分析商品及受众消费群体，提炼出最精髓的信息予以展示，比如对于功能类产品以展示功效为主、对于普通工薪消费人群以展示优惠折扣为主、对于优势突出的商品以展示优势为主，同时也可以考虑给消费者更多的选择空间，切勿盲目展示，否则得不偿失。

8.2.3　淘宝直通车广告图的视觉设计

直通车的广告图在淘宝平台上是系统直接调用商品主图的，但有时需要另外制作。但是钻石展位广告图是需要设计的，有些网络销售平台与淘宝平台不一样，具体要看投放平台的系统要求，每个平台的大小要求也是不一样的，有需要提供 310 像素×310 像素的，或者 320 像素×320 像素的，也有 400 像素×600 像素的，还有要求 800 像素×800 像素的，但都会有详细的说明。本书以 800 像素×800 像素为例，具体讲解下面这一直通车广告图的设计方法，如图 8.4 所示。

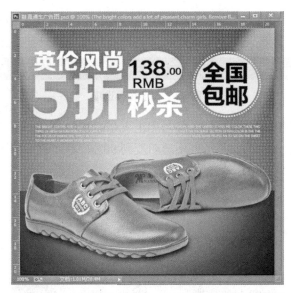

图 8.4　直通车广告图

（1）启动计算机，运行 Photoshop 软件，执行 Ctrl+T 命令创建一个新文件，在弹出的对话框中设置文件的宽度为 800 像素，文件的高度为 800 像素，分辨率为 72 像素/英寸，颜色模式为 RGB，背景为白色。

（2）在软件的工具箱中，单击前景色按钮设置前景色，在弹出的对话框中设置 RGB 为（27、17、15）。

（3）将上一步设置好的前景色进行填充图像，先在图层面板底部的"创建新图层"按钮上单击创建一个新图层，然后执行 Ctrl+Delete 命令，在新图层填充前景色。

（4）运用工具箱中的矩形选择工具，在图像文件的底部创建一个矩形选区（如图 8.5 所示的位置），在图层面板创建一个新图层，并用黑色填充矩形选区。

图 8.5　制作背景

（5）在软件工具箱中，设置前景色为白色，然后选择工具箱中的渐变填充工具，选择"白色到透明"的渐变颜色类型，渐变方式选择"径向渐变"，具体如图 8.6 所示。

图 8.6　渐变工具选项

（6）在图层面板创建一个新图层，然后用上一步设置好的渐变填充工具，在图像的中间位置进行渐变填充，可以适当调整图层不透明度到 90%，具体效果如图 8.7 所示。

图 8.7　渐变填充效果

（7）在软件中打开素材文件"sucai-1.psd"文件，将素材文件透明图层中的图像用移动工具移到新创建的目标图像文件中，执行 Ctrl+T 命令调整素材图像文件的大小和位置，如图 8.8 所示，并把这个素材图像所在的图层移到上一个渐变填充所在的图层的下方。

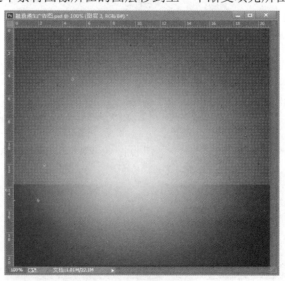

图 8.8　设置素材图像

（8）在软件中打开素材文件——"sucai–2.psd"文件，将素材文件中已经抠好的鞋的图像用移动工具移到新创建的目标图像文件中，执行 Ctrl+T 命令调整素材图像文件的大小和位置，如图 8.9 所示。

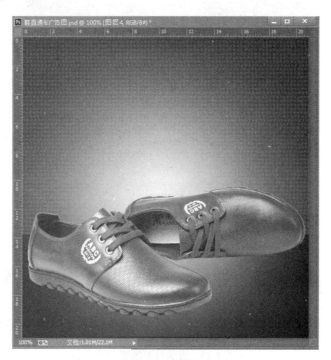

图 8.9　放置素材图像

（9）在软件的工具箱中选择画笔工具，设置笔刷大小为 26 像素，画笔边缘造型柔软，具体如图 8.10 所示。

图 8.10　设置画笔工具选项

（10）在软件的图层面板创建一个新图层，并将新图层的位置移到鞋图像所在图层的下方，然后用画笔工具仔细地在鞋图像的下方边缘进行填色，绘制出一种鞋的阴影效果，具体如图 8.11 所示。

（11）首先在软件的图层面板，创建一个新图层，单击前面几步创建的 3 个图层左侧的眼睛图标，关闭图层，然后在工具箱中选取椭圆选择工具，设置羽化值为 15 像素，如图 8.12 所示。

（12）再在工具箱中选取渐变填充工具，设置渐变颜色为白色到透明，渐变方式为线性渐变，如图 8.13 所示。

（13）在目标图像文件的下方合适的区域绘制一个带羽化的椭圆选区，确定当前图层为新创建的图层，然后从左到右对选区进行渐变填充，如图 8.14 所示。

（14）选区工具箱中的橡皮擦工具，设置画笔大小为 125 像素，画笔造型为边缘柔软，不透明度设置为 46%，流量设置为 28%，具体如图 8.15 所示。

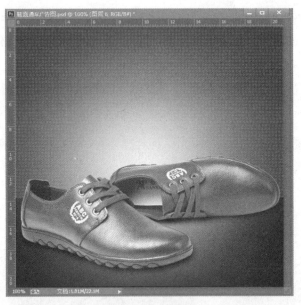

图 8.11　鞋阴影绘制

图 8.12　设置椭圆选择工具

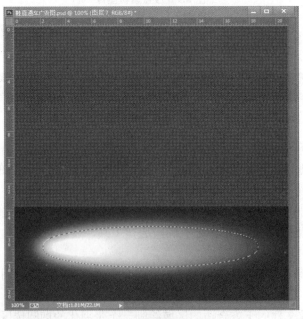

图 8.14　渐变填充选区

图 8.15　设置橡皮擦工具选项

（15）执行 Ctrl+D 命令，取消选择，然后用橡皮擦工具擦除末端的部分渐变填充图像，然后执行 Ctrl+T 命令，对渐变填充造型旋转一个角度，并用移动工具移到右上角的位置调整好，效果如图 8.16 所示。

图 8.16　编辑造型

（16）在图层面板把前面一步创建的图像所在的图层的不透明度设置为 50%，把图层混合模式设置为"明度"。

（17）在图层面板将上面几步设置好的图像所在的图层进行复制，然后执行编辑菜单中，变换子菜单下面的"水平翻转"命令，将图像翻转，然后移到左边对称的位置，具体如图 8.17 所示。

图 8.17　变换图像

（18）在图层面板，单击被关闭的图层左边的眼睛按钮，将上面关闭的图层图像重新打开，然后在工具箱中选取文字工具，设置字体为方正正大黑简体，字体大小为 54 点，字间距为–16，颜色为白色，具体如图 8.18 所示。

（19）在目标图像的左上方输入"英伦风尚"几个文字，并用移动工具移到合适的位置，如图 8.19 所示。

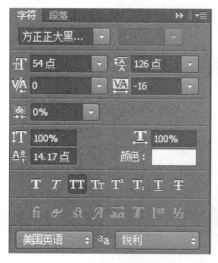

图 8.18　字体属性设置

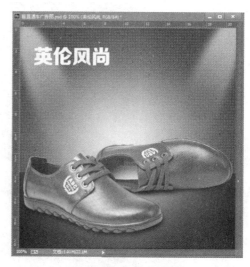

图 8.19　文本设置

（20）继续运用文本工具，字体保持不变，设置字体大小为 126 点，字间距为 48，颜色为黄色，输入字体为"5 折"。

（21）继续运用文本工具，字体保持不变，设置字体大小为 67 点，字间距为–39，颜色为白色，输入字体为"秒杀"。

（22）用移动工具将输入的文字"5 折"进行移动使之与"英伦风尚"文字上下对齐，然后使文字"秒杀"与"5 折"文字下边对齐，效果如图 8.20 所示。

图 8.20　设置文本位置

（23）在软件的工具箱中选取椭圆选择工具，设置羽化值为 0，具体如图 8.21 所示。

图 8.21 设置椭圆选择工具

（24）在文字"秒杀"上方绘制一椭圆选区，注意大小与位置，具体如图 8.22 所示。

图 8.22 绘制椭圆选区

（25）在软件的工具箱中选取矩形选择工具，设置羽化值为 0，具体如图 8.23 所示。

图 8.23 矩形选择工具设置

（26）设置选择模式为加选，或者按住 Shift 键不动，在椭圆形选区的左下方增加一矩形选区，具体如图 8.24 所示。

图 8.24 增加选区

（27）单击软件工具箱中的前景色按钮，设置前景色，RGB 值为（255、246、82）。

（28）在软件的图层面板创建一个新图层，将前景色对选区进行填充，并执行 Ctrl+D 命令取消选区，如图 8.25 所示。

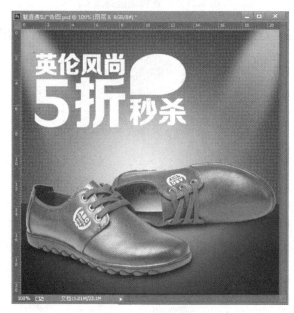

图 8.25　填充选区

（29）在软件的工具箱中选取文本工具，设置文字字体为方正兰亭粗体，字体大小为 28 点，字符间距为–19，字体颜色为黑色，如图 8.26 所示。

（30）在图像中输入"RMB"文字，并用移动工具移到合适的区域，如图 8.27 所示。

图 8.26　字体属性设置

图 8.27　输入文字

（31）继续运用文字工具，设置文字字体为方正兰亭粗体，字体大小为 43.19 点，字符间距为–102，字体颜色为黑色，如图 8.28 所示。

（32）在图像中输入"138.00"文字，其中将".00"文字大小变小，并用移动工具移到合适的区域，如图 8.29 所示。

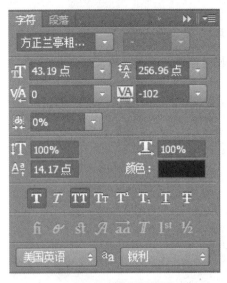

图 8.28　字符属性设置　　　　　　　　　　　图 8.29　设置文本

（33）在工具箱中选取椭圆形状工具，设置绘制方式为"形状"，填充颜色为前面设置的黄色，描边为无，具体如图 8.30 所示。

图 8.30　形状工具设置

（34）创建一个新图层，在图像的右边位置运用工具绘制一个圆形，设置字体属性，字体为方正兰亭特黑，字体大小为 55 点，字符间距为–28，颜色为黑色，具体如图 8.31 所示。

（35）在图像中输入"全国包邮"文字，并将文字移动到圆形形状内部，如图 8.32 所示。

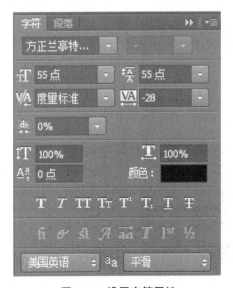

图 8.31　设置字符属性　　　　　　　　　　　图 8.32　设置文字

（36）选取软件工具箱中的椭圆形状工具，设置绘制方式为路径，如图 8.33 所示。

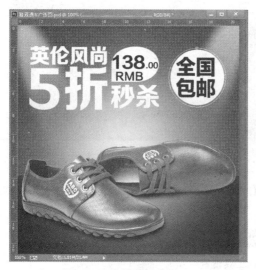

图 8.33　设置路径属性

（37）在上一步绘制的圆形形状的周围绘制一个圆形路径，使路径与圆形形状对齐，具体如图 8.34 所示。

（38）在软件的工具面板，运用文字工具，字符属性同上不变，然后沿着圆形路径输入路径文本，文字为短划符号，具体如图 8.35 所示。

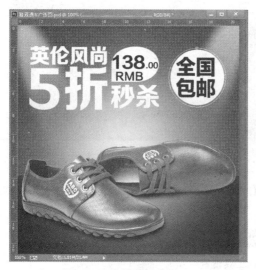
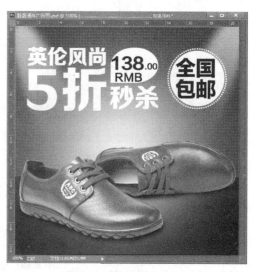

图 8.34　绘制圆形路径　　　　　　　　　　图 8.35　输入路径文本

（39）继续运用文字工具，设置字体为微软雅黑，字符间距为–29，行间距为 10.93，设置为大写，字体颜色为浅灰色。

（40）在大写的状态下输入以下英文段落，并移动到合适的位置，最后效果如图 8.36 所示。

图 8.36　最后图像效果

8.3　聚划算店铺促销图的视觉设计

（1）运行 Photoshop 软件，创建一个新的图像文件，设置文件大小为宽度 468 像素，高度 187 像素，文件高度与宽度应根据平台的要求来确定，分辨率 72 像素/英寸，RGB 色彩模式。

（2）在软件的工具箱中选取渐变填充工具，设置渐变方式为径向渐变，混合模式为正常，不透明度为 100%，具体如图 8.37 所示。

图 8.37　设置渐变选项

（3）设置渐变填充颜色类型为前景色到背景色，设置前景色 RGB 为（52、45、37），设置背景色 RGB 为（17、13、11），接着在图像文件的图层面板创建一个新图层，用设置好的渐变填充工具进行径向渐变填充，具体如图 8.38 所示。

图 8.38　渐变填充

（4）选择软件的工具箱中的矩形选择工具，设置羽化值为 0 像素，在图像文件的下方绘制一个矩形选区，设置前景色为黑色，创建一个新图层后填充长方形选区，如图 8.39 所示。

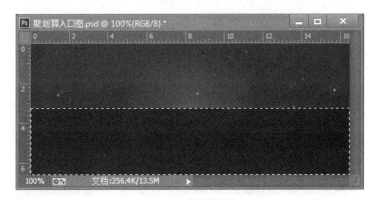

图 8.39　填充选区

（5）在软件中打开系列鞋的素材文件，运用移动工具将素材拖进图像文件中，执行 Ctrl+T 命令对素材图像进行大小位置调整，具体如图 8.40 所示。

图 8.40　设置素材

（6）选用选择工具，确定当前编辑图层为素材图像所在的图层，选中素材的背景，并删除背景，可以用橡皮擦工具辅助擦除背景，如图 8.41 所示。

图 8.41　编辑素材

（7）打开花瓣素材文件，对花瓣素材图像进行编辑删除背景，如图 8.42 所示。

图 8.42　编辑素材图像

（8）选用选择工具与移动工具，将部分花瓣图像移到目标文件中，用 CTRL+T 命令进行大小与位置的调整，具体如图 8.43 所示。

图 8.43　设置素材

（9）使当前的工作图层分别为花瓣素材所在的图层，复制花瓣素材所在的图层，建立副本，然后用编辑菜单中的垂直翻转命令将花瓣素材翻转，适当设置倒转以后的花瓣图像所在图层的透明度，具体如图 8.44 所示。

图 8.44　编辑图层

（10）运用软件的圆角形状工具，设置绘图方式为形状，描边选项为无，设置圆角半径为 4 个像素，具体如图 8.45 所示。

图 8.45　设置圆角半径

（11）创建一个新图层以后，在图像的右上角绘制一个圆角矩形形状，并使圆角矩形在合理的位置。双击圆角矩形形状所在的图层，设置图层样式，首先设置"斜面与浮雕"样式，在结构模块中，设置样式为内斜面，方法为雕刻柔和，深度为 42%，方向向上，大小为 4 像素，软化为 3 像素，阴影角度为 120 度，具体如图 8.46 所示。

（12）设置渐变叠加图层样式，渐变混合模式为叠加，不透明度 100%，渐变颜色由一种深红色到红色，渐变样式为线性，角度为 90 度，缩放为 100%，具体如图 8.47 所示。

（13）设置完成渐变叠加与浮雕图层样式以后，效果如图 8.48 所示。

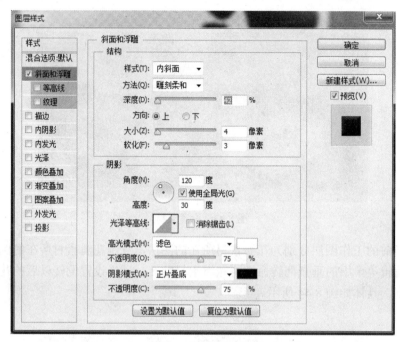

图 8.46　设置斜面与浮雕样式

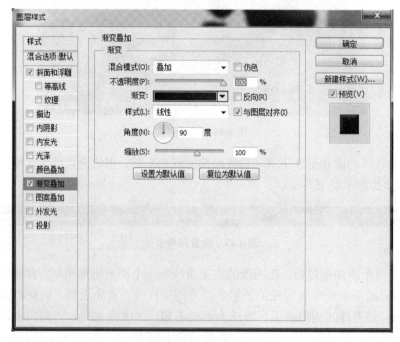

图 8.47　设计渐变叠加

图 8.48　图层效果

（14）在软件的工具箱中选择多边形套索工具，设置羽化值为 0 像素，具体如图 8.49 所示。

图 8.49　设置羽化值

（15）单击前景色按钮设置前景色，选取一种黄色，也可以设置 RGB 为（246、221、3）。

（16）在圆角矩形形状的左上角，运用多边形套索工具绘制一个斜线相互平行的条形选区，创建一个新图层后用前景色填充，取消选择后效果如图 8.50 所示。

图 8.50　绘制条形形状

（17）在图层面板，在条形填充与圆角矩形形状之间，按住 Alt 键单击，创建剪切图层，然后运用文字工具，设置字体为方正粗宋简体，大小为 18 点，字符间距为–5，颜色为白色，斜体。

（18）在圆角矩形形状范围内输入文字"厂家直销"，并将文字移到合适的位置，最后效果如图 8.51 所示。

图 8.51　最后效果图

第九章

网店商品详情图的视觉设计

 **本章导语**

网店商品详情图
的视觉设计

"像其他设计一样，视觉设计也是解决问题，不是个人喜好。"

——Bob Baxley

　　视觉设计是针对眼睛官能的主观形式的表现手段和结果。视觉设计是属于信息设计的范畴，据有关研究可知，信息设计学的建立将是空前的，它的规模非常庞大，因为将来人所获得的信息近 80% 来自视觉，人类将进入从知识爆炸到信息爆炸的现代文明进程，优秀媒体和新媒体无一不是对视听渠道的整合结果，高科技时代的嗅觉、味觉和知觉需要已经在充分发掘。可见信息设计学可能产生广泛而深远的影响，从而极大地催动新学科新科技的诞生。网店商品图像信息也是信息设计的范畴。

　　商品的详细信息是消费者了解商品功能属性与使用价值的重要渠道，不论是什么形式的网络销售方式，商品详细信息是非常重要的，它是决定商品网络销售成败的关键因素之一，而商品的信息与企业的网店一样是要进行整体的规划与设计的。本章以实际工作为依据，以全面展现商品信息为原则，展开讲解网店商品图像信息的整体规划与设计，具体主要讲解商品主图设计，商品基本参数展示图的设计，商品色码属性展示图的设计，商品设计理念与风格展示图的设计，商品主体多角度展示图的设计，商品使用体验展示图的设计，商品细节展示图的设计，商品功能与适用性展示图的设计，商品售后、品牌、商家信息展示图的设计，商品消费者评价提醒信息图的设计。这一系列的商品信息展示图的设计不能完全隔开，必须进行整体的规划设计，才能处理好有效的商品信息展示图。

9.1　商品主图的设计

　　商品主图是买家搜索商品时显示出的商品图片，消费者无论是通过关键词搜索，还是通过类目搜索，搜索结果中显示在消费者眼前的都是由一组相关商品或类似商品主图组成的搜索页面，消费者通过选择其中的某一张商品主图进入商品详情页或者网店店铺，从而产生有效流量。商品主图作为首先进入消费者视角的第一组概略性商品图像信息图，对商品的促销起到关键性的作用。不同的电子商务平台对商品主图有不同的要求与规范，入驻平台的商家必须遵守平台的规定要求。一组商品主图中第一张图为首图，这张图非常重要。

　　各类网络零售平台系统设定的，允许商家发布的主图最多是五幅，有些平台要求五幅图全部上传，有些没有严格的要求，但对于正规的商家来说，用于销售的商品的五幅主图一般是要做全的；除了首图以外，其他主图的作用与首图比相对要轻一些，但也是非常重要的。一般主图需要展现商品各个视角的外观，也可以用于展现同款但不同颜色的几个商品图。下面是一款鞋类商品的主图设计方法。

　　（1）根据商品的颜色来设计主图，主图的大小为 800 像素×800 像素，具体如图 9.1～图 9.5 所示。

图 9.1　主图（1）

图 9.2　主图（2）

图 9.3　主图（3）

图 9.4　主图（4）

图 9.5　主图（5）

（2）根据同一款商品的不同视角与细节设计主图，具体如图 9.6～图 9.10 所示。

图 9.6　主图（1）

图 9.8　主图（3）

图 9.7　主图（2）

图 9.9　主图（4）

图 9.10　主图（5）

（3）根据不同颜色的组合进行主图的设计，具体如图 9.11～图 9.15 所示。

图 9.11　主图（1）

图 9.12　主图（2）

图 9.13　主图（3）

图 9.14　主图（4）

图 9.15　主图（5）

9.2　商品引导促销广告视觉设计

商品引导促销广告图一般都是在商品详图前面，其作用是一步一步引导消费者对商品产生兴趣，引导消费者进一步去详细了解商品的属性与特征，所以在商品详情页上的商品引导促销广告图也是非常重要的。不同的商家对商品促销广告图的重视程度不一样，有些商家设计了多张商品引导促销广告图，有些商家就设计了一张商品引导促销广告图，有些甚至没有。当然商品引导促销广告图的设计要看商家的整体规划，而且对于不同品类的商品、不同用途的商品，甚至不同的销售平台，其商品引导促销广告图的设计方式与风格也是不一样的，需要具体情况具体分析，要符合整体的设计与布局，下面为本款鞋类商品的促销引导设计具体方法。

9.2.1　商品促销广告视觉设计（一）

（1）在计算机中启动 Photoshop 软件，执行 Ctrl+N 命令或者在"文件"菜单中选择"新建"命令，创建一个新的图像文件，在弹出的对话框中设置图像文件的宽度为 790 像素，高度为 751 像素，分辨率为 72 像素/英寸。颜色模式为 RGB 颜色，具体如图 9.16 所示。

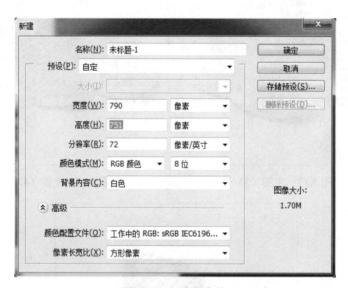

图 9.16　创建新文件

（2）在软件的工具箱中单击前景色按钮，在弹出的对话框中设置颜色，设置 RGB 的数值为（0、74、110）。

（3）在图层面板的底部，单击"创建新图层"按钮，创建一个新的图层，然后执行 Alt+Delete 命令将上一步设置的前景色填充到新的图层中，如图 9.17 所示。

（4）在软件的工具箱中选择渐变填充工具，在工具属性栏中点取"径向渐变"的渐变方式，混合模式为"正常"，其他参数默认设置，如图 9.18 所示。

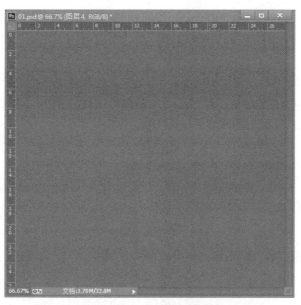

图 9.17　前景色填充

图 9.18　渐变工具设置

（5）单击渐变工具选项上的渐变颜色设置选项，设置类型为"前景色到背景色"，设置前景色 RGB 为（15、128、190），设置背景色 RGB 为（39、244、250）。

（6）在软件的图层面板，创建一个新图层，设置图层的不透明度为 35%，运用前面几步设置好的渐变工具在新图层进行填充，效果如图 9.19 所示。

（7）打开"01 sucai 1.psd"素材图像文件，在 Photoshop 软件的工具箱中选取移动工具，将素材图像文件中的"云纹"图像移到目标图像中，运用 Ctrl+T 命令，对"云纹"图像的大小与位置进行调整，如图 9.20 所示。

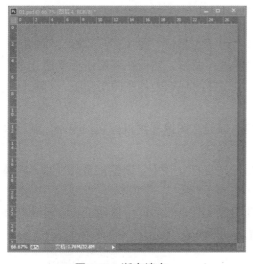

图 9.19　渐变填充

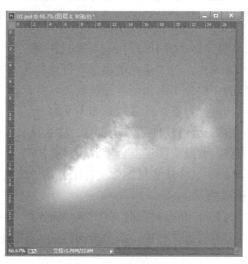

图 9.20　设置云纹素材图像

（8）继续运用移动工具，将"01 sucai 1.psd"素材图像文件中的"运动的晶体"图像移到目标文件中，运用 Ctrl+T 命令，对"运动的晶体"图像的大小与位置进行调整，如图 9.21所示。

（9）继续运用移动工具，将"01 sucai 1.psd"素材图像文件中的"运动的晶体"图像移到目标文件中，运用 Ctrl+T 命令，对"运动的晶体"图像的大小与位置进行调整，然后再选取部分图像进行调整，效果如图 9.22 所示。

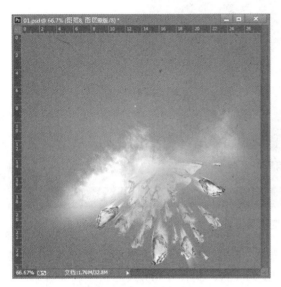
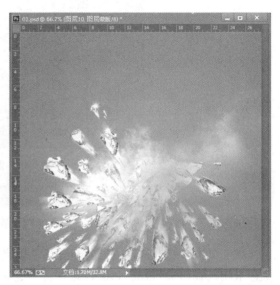

图 9.21　设置素材图像　　　　　　　　图 9.22　编辑素材图像

（10）在工具面板选取毛笔工具，设置笔刷大小为 106 像素，硬度为 0，模式为正常，流量为 43%，具体如图 9.23 所示。

图 9.23　画笔选项设置

（11）将"01 sucai 1.psd"素材图像文件中的"运动的晶体"图像移到目标文件中，运用 Ctrl+T 命令，对"运动的晶体"图像的大小与位置进行调整，然后在图层面板将这几个素材图像的图层分别添加图层蒙版效果，并运用上一步设置的画笔工具在图层蒙版上对素材图像的结构进行调整，具体效果如图 9.24 所示。

（12）运用软件的移动工具，将素材文件中的"炫光"图像移到目标文件中来，调整大小与位置，并设置图层混合模式为"叠加"。具体如图 9.25 所示。

（13）继续从素材图像文件中移动"炫光"图像到目标文件中，调整位置与大小，具体如图 9.26 所示。

（14）打开素材图像文件"01 sycai 2"运动鞋图像文件，然后运用移动工具将运动鞋图像移到目标图像文件中，调整运动鞋的大小与位置，如图 9.27 所示。

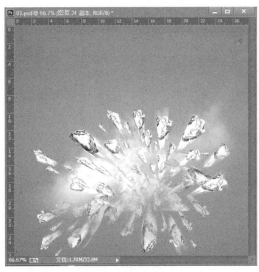

图 9.24　调整素材图像

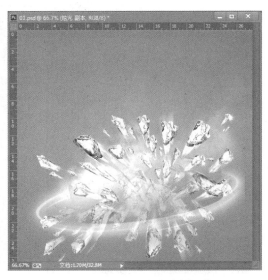

图 9.25　设置炫光素材图像

（15）选取工具箱中的文本工具，设置文本字体为"方正兰亭粗黑"，颜色为白色，具体参数如图 9.28 所示。

（16）在目标图像文件的左上方输入"足够清爽"文字，如果"引号"因位置关系无法编辑，文字可以分开输入并调整好位置，如图 9.29 所示。

（17）选取工具箱中的自定义形状工具，在图层面板创建一个新图层，选择自定义形状工具的"填充"选项，描边为"无"，宽度为 3 个点，绘制一个圆形线条，然后用橡皮擦工具，擦除圆形线条的上面一部分形成一个开放的圆环，自定义形状工具设置如图 9.30 所示。

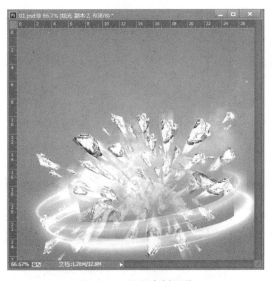

图 9.26　设置素材图像

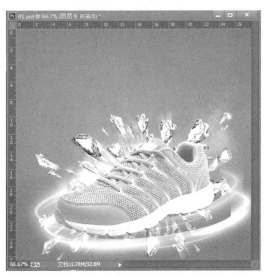

图 9.27　图像素材设置

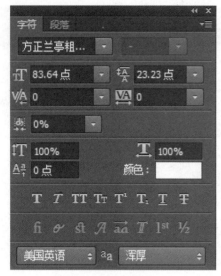

图 9.28 字体设置

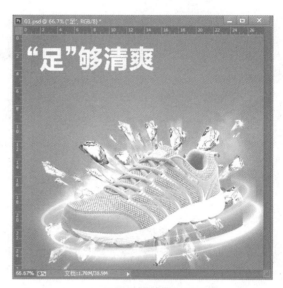

图 9.29 输入文本

图 9.30 自定义形状设置

（18）继续运用自定义形状工具，在图层面板重新创建一个新图层，然后用自定义形成工具绘制一个三角形形状。

（19）在绘制好上面的两个形状后，用移动工具进行调整，使箭头的位置放置恰当，并调整整体的大小与位置，如图 9.31 所示。

（20）选取软件工具箱中的文本工具，设置字体为"楷体"，字体大小为 42.06 点，颜色为白色，选择"加粗"选项，如图 9.32 所示。

图 9.31 绘制形状并调整

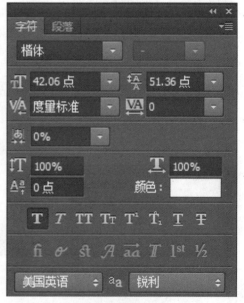

图 9.32 字体设置

（21）在目标图像文件中输入"360"文字，用移动工具放置合适的位置，如图9.33所示。

图9.33　输入文字

（22）继续运用文字工具，设置字体均为"方正大黑简体"，文字颜色均为白色，设置字体大小输入相关文字，其中文字要左对齐，字体设置如图9.34与图9.35所示。

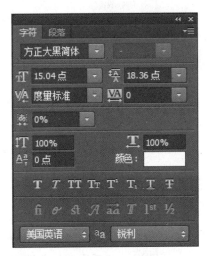

图9.34　文字设置

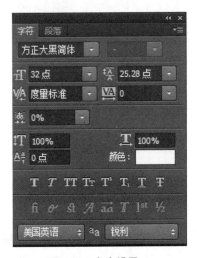

图9.35　文字设置

（23）输入相关文字以后，最后的图像效果如图9.36所示，并保存文件。

图 9.36　最后图像效果

9.2.2　商品促销广告视觉设计（二）

（1）启动计算机运行 Photoshop 软件，创建一个新的图像文件，设置图像大小宽度为 790 像素，高度为 1 207 像素，分辨率为 72 像素/英寸，具体如图 9.37 所示。

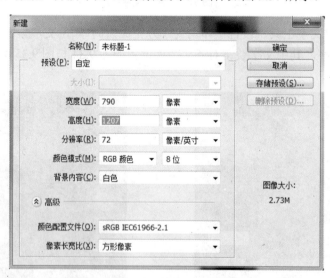

图 9.37　创建新文件

（2）在软件的工具箱中单击前景色按钮，设置前景色 RGB 为（25、171、200）。

（3）在新创建的图像文件中，在图层面板创建一个新图层，然后用前景色填充，效果如图 9.38 所示。

（4）在软件中打开 "02sucai 1.jpg" 图像文件，然后用软件工具箱中的移动工具将素材图像移到目标文件中，执行 Ctrl+T 命令，对素材图像进行大小与位置调整，具体如图 9.39 所示。

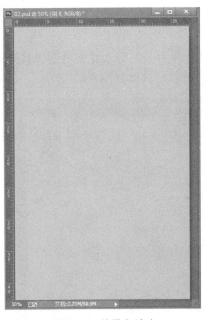

图 9.38　前景色填充

图 9.39　编辑素材图像

（5）在软件中打开"02sucai 2.jpg"图像文件，然后用软件工具箱中的移动工具将素材图像移到目标文件中，执行 Ctrl+T 命令，对素材图像进行大小与位置调整，具体如图 9.40 所示。

（6）在图层面板中将上面两步放入的素材所在的图层不透明度分别设置为 50%左右（或者也可以运用添加图层蒙版，再运用渐变工具调整图像蒙版的方式实现素材图像的显示与隐藏部分），具体效果如图 9.41 所示。

图 9.40　编辑素材图像

图 9.41　编辑素材

（7）在软件中打开"02sucai 3.psd"图像文件，然后用软件工具箱中的移动工具将部分水花素材图像移到目标文件中，执行 Ctrl+T 命令，对素材图像进行大小与位置调整，具体如图 9.42 所示。

（8）继续运用移动工具将"02sucai 3.psd"图像文件中的部分水花素材图像移到目标文件中，执行 Ctrl+T 命令，对素材图像进行大小与位置调整，具体如图 9.43 所示。

图 9.42　设置素材图像　　　　　　　　　图 9.43　设置素材图像

（9）在软件中打开"02sucai 4.psd"图像文件，然后用软件工具箱中的移动工具将运动鞋素材图像移到目标文件中，执行 Ctrl+T 命令，对素材图像进行大小与位置调整，具体如图 9.44 所示。

（10）继续运用移动工具将"02sucai 3.psd"图像文件中的大型水花素材图像移到目标文件中，执行 Ctrl+T 命令，对素材图像进行大小与位置调整，具体如图 9.45 所示。

图 9.44　设置运动鞋素材　　　　　　　　图 9.45　设置素材图像

（11）继续运用移动工具将"02sucai 3.psd"图像文件中的大型水花素材图像移到目标文件中，执行 Ctrl+T 命令，对素材图像进行大小与位置调整，然后用橡皮擦工具擦除部分多余的图像，具体如图 9.46 所示。

（12）运用软件工具箱中的文本工具，设置字体为微软雅黑，分别设置字体大小为 71.11 点与 25.47 点，颜色分别为白色与 RGB（124、75、56），具体设置如图 9.47 与图 9.48 所示。

（13）设置好字符属性后，分别在图像中输入文本，并用移动工具调整文字的位置，具体如图 9.49 所示。

（14）继续运用文字工具，设置字体为华文中宋，文字大小为 50.37 点，字符间距为-29，颜色为 RGB（124、75、56），如图 9.50 所示。

图 9.46　编辑素材图像

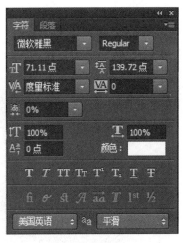

图 9.47　设置字体

图 9.48　设置字体

（15）在图像中输入文本"极致柔软、乐享舒适"文字，并用移动工具将文字与上面的文字左对齐，具体如图 9.51 所示。

（16）继续运用文字工具，设置字体为微软雅黑，大小为 24.45 点，颜色调整为黑色，如图 9.52 所示。

（17）如图 9.53 所示，输入文字后，运用矩形选择工具沿着文字周围绘制一个矩形选区，在图层面板创建一个新图层后，对选区用黑色描边 1 个像素，取消选择后如图 9.53 所示。

图 9.49 编辑文本

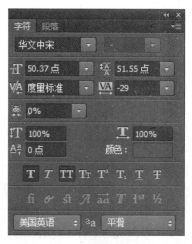

图 9.50 设置字符属性

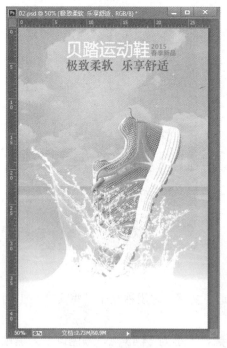

图 9.51 文字设置

图 9.52 文本属性设置

（18）继续运用文字工具，设置字体为微软雅黑，大小为 24.45 点，颜色调整为白色，如图 9.54 所示输入文字，然后在文字图层的下方创建新图层，运用矩形选择工具沿着文字的周围分别绘制相同大小的矩形选区，并用黑色填充，最后效果如图 9.54 所示。

图 9.53　编辑文字　　　　　　　　　　图 9.54　最后图像效果

9.3　商品规格参数图的视觉设计

在商品引导促销广告图之后，一般的情况下是接着向消费者展现商品的具体参数，通过主图、商品促销广告图的引导，消费者对商品的性能已经有初步的了解，接下来一般的消费者想了解的是商品的参数，所以很多商家特别是销售服装类与鞋类的商家，一般把商品的具体参数规格放在商品促销广告图之后。商品参数展示图主要是较为全面地描述商品的参数，一般包含商品的品牌、标识，本商品的型号、尺码大小，商品的材质，商品所具备的颜色系列，商品流行元素，商品的版型，等等，最重要的是要展现商品的规格，即整体大小尺寸与部位大小尺寸。设计形式多样，但风格要符合整体设计规划。其中长宽高的标注可以用软件中的形状工具进行选型，也可以根据图像自行绘制，具体如下所述。

（1）启动计算机运行 Photoshop 软件，执行命令创建一个新的图像文件，设置图像大小宽度为 790 像素，高度为 579 像素，分辨率为 72 像素/英寸，具体如图 9.55 所示。

（2）在软件的工具箱中单击前景色按钮，在弹出的拾色器面板中设置前景色，其 RGB 值为（42、70、89）。

（3）在软件的工具箱中点选矩形选择工具，设置羽化值为 0 像素，如图 9.56 所示。

（4）在新建立的图像文件中执行 Ctrl+R 命令使图像边缘显示标尺，然后在图像的顶部区域创建一个长方形，在图层面板创建一个新图层，执行 Ctrl+Delete 命令用前景色填充，效果如图 9.57 所示。

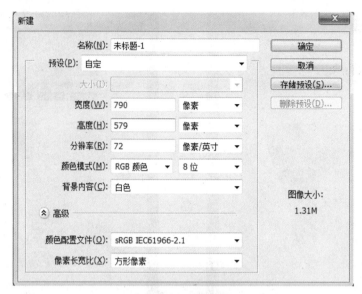

图 9.55　创建新文件

图 9.56　设置矩形选择工具

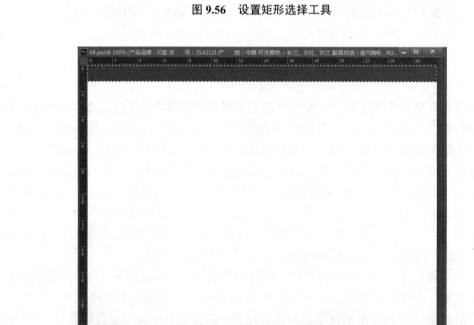

图 9.57　绘制长方形填充

　　（5）在软件的工具箱中单击前景色按钮，在弹出的拾色器面板中设置颜色 RGB 为（230、230、230）的一种灰色。

　　（6）执行 Ctrl+D 命令先取消上一步创建的长方形选区，在图层面板长方形填充所在的图层下方，创建一个新图层，执行 Ctrl+Delete 命令用前景色进行填充，具体如图 9.58 所示。

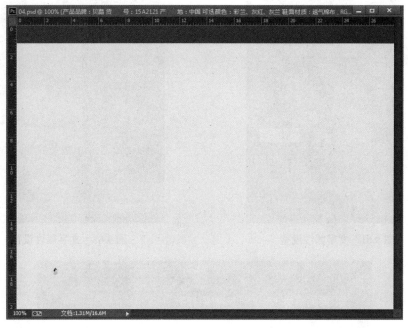

图 9.58　填充前景色

（7）在软件的工具箱中选取自由形状工具，设置绘图方式为形状，填充选项设置为白色，具体如图 9.59 所示。

图 9.59　设置形状工具

（8）在图层面板首先于长方形填充所在的图层上方创建一个新图层，然后用形状工具绘制一个颜色 RGB 为（230、230、230）的圆点，如图 9.60 所示。

图 9.60　绘制圆点

（9）在软件的工具箱中选取文本工具，设置文本属性，其中文本字体为微软雅黑，大小为 18.51 点，颜色为 RGB（230、230、230），设置加粗选项，输入文字"商品信息"；在设置字体为 Arial 字体，大小为 12 点，字间距为 9，字体颜色为 RGB（230、230、230），设置加粗选项，输入英文文字，具体字体设置如图 9.61 与图 9.62 所示。

（10）在软件的工具箱中选取移动工具，将输入的文字对象以及圆点进行对齐设置，具体如图 9.63 所示。

图 9.61　文字属性设置　　　　　　　　　图 9.62　文字属性设置

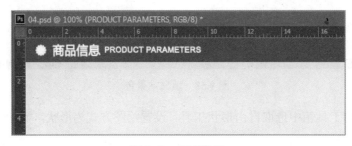

图 9.63　对齐设置

（11）在软件的工具箱中选取文本工具，设置文字字体为方正大黑简体，文字大小为 20 点，字体颜色为黑色，选择大写选项。

（12）在图像文件中分别输入"SIZE"与"尺码推荐"文字，并用移动工具调整文字的位置，使它们左对齐，如图 9.64 所示。

图 9.64　输入文字

（13）继续运用文本工具，设置字体为微软雅黑，字体大小为 13 点，行间距为 20 点，字体颜色为黑色，具体如图 9.65 所示。

（14）在"尺码推荐"文字下方输入中文段落，并使段落文本左对齐，如图 9.66 所示。

图 9.65　字体设置

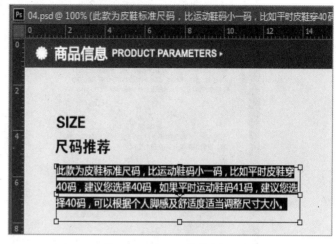

图 9.66　输入段落文本

（15）在软件的工具箱中选取自由形状工具，设置绘制方式为形状，设置颜色为 RGB（101、183、11），具体如图 9.67 所示。

图 9.67　设置工具属性

（16）在软件的形状库中选取不同的形状，在分别创建一个新图层的同时，绘制三个形状，然后用移动工具进行对齐排列，具体如图 9.68 所示。

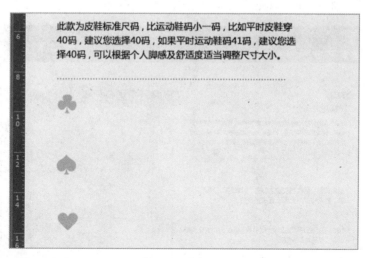

图 9.68　绘制形状

（17）选取软件中的文本工具，设置字体为微软雅黑，字体大小为 15 点，行间距为 20 点，颜色为黑色。

（18）分别输入段落文字，并进行左右对齐，具体效果如图 9.69 所示。

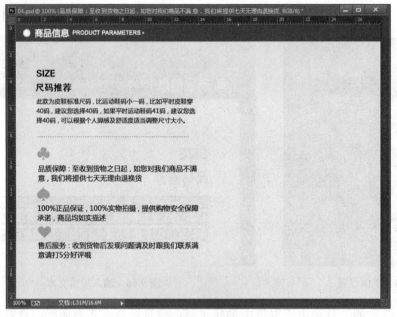

图 9.69　输入段落文本

（19）在软件的工具箱中选取矩形选择工具，设置羽化值为 0，具体如图 9.70 所示。

图 9.70　设置工具属性

（20）前景色设置为 RGB（101、183、11），在图像文件的右边绘制一个长方形选区，创建一个新图层以后，将前景色填充，具体效果如图 9.71 所示。

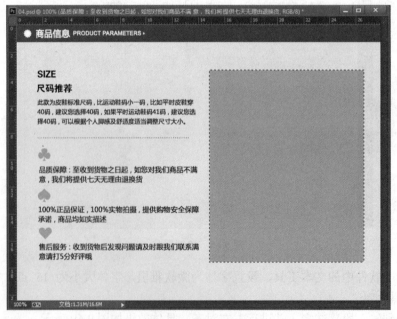

图 9.71　填充矩形

（21）运用文本工具，设置字体为微软雅黑，选择 Regular 选项，字体大小为 16 点，行间距为 30 点，字符间距为 0，颜色为白色。

（22）在右边的长方形填充区域输入白色的段落文字，设置对齐方式为左对齐，并把文字放置于合适的位置，最后效果如图 9.72 所示。

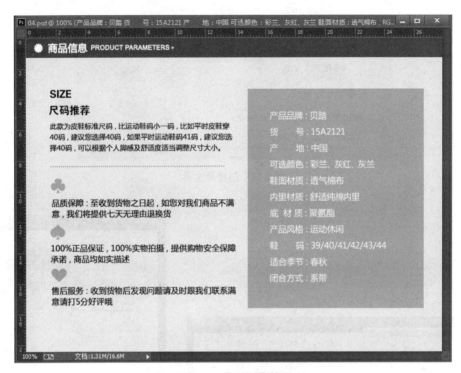

图 9.72　最后图像效果

9.4　商品色码属性图的视觉设计

商品色码属性展示图主要是用来描述本款商品所具有的商品颜色种类，以满足不同消费者对颜色的偏好，设计人员一定要把同一款商品的所有颜色款项全部展示给消费者，提供给消费者选择。商品色码属性展示图的设计是有难度的，特别是要针对不同品类的、不同品牌的商品开展不同风格的设计。

9.4.1　商品颜色分类展示图的设计

（1）运行 Photoshop 软件，创建一个新的图像文件，设置文件尺寸，其中宽度为 790 像素，高度为 1 020 像素，分辨率为 72 像素/英寸，具体如图 9.73 所示。

（2）在软件中打开素材文件"04-sucai 1.psd"，如图 9.74 所示。

（3）将素材文件用软件的移动工具移到目标图像中，执行 Ctrl+T 命令，对素材图像的大小进行适当的调整，并放置合适的位置，如图 9.75 所示。

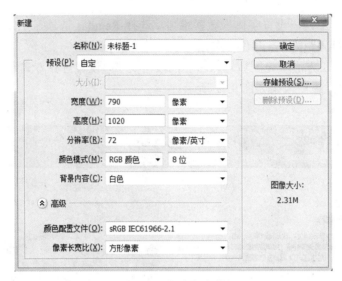

图 **9.73** 创建新文件

图 **9.74** 素材文件　　　　　　　　图 **9.75** 放置素材图像

（4）运用软件的文本工具，设置字体为微软雅黑，选择 Regular 选项，字体大小为 14 点，行间距为 30 点，字符间距为 50，字体颜色为黑色。

（5）运用上一步设置完成的文字工具，分别输入两列如图 9.76 所示的文字，注意对齐方式与文字的位置。

（6）运用软件的文本工具，设置字体为微软雅黑，选择 Regular 选项，大小为 14 点，行间距为 30 点，字符间距为 50，字体颜色为 RGB（4、123、220）。

（7）运用上一步设置完成的文字工具，分别输入两列如图 9.77 所示的文字，注意对齐方式与文字的位置。

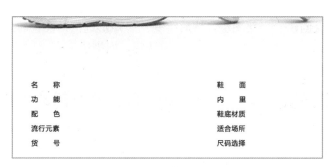

图 9.76　输入文字

图 9.77　输入文字

（8）运用软件的文本工具，设置字体为方正粗宋简体，大小为 24 点，行间距为 16.81 点，字符间距为 200，字体颜色为黑色，具体如图 9.78 所示。

（9）创建一个新图层，在以上两个步骤输入的文字下方，运用省略号输入文本，形成一条虚线，如图 9.79 所示。

图 9.78　设置文字属性

图 9.79　输入文字

（10）在软件的工具箱中选取矩形选择工具，设置羽化值为 0 像素，如图 9.80 所示。

图 9.80　设置矩形选择工具

（11）在图层面板创建一个新图层，然后绘制一个矩形选区，设置前景色为黑色，执行编辑菜单下面的描边命令，将选区描边，最后取消选择，把描边形成的矩形放置于合适的位置，如图 9.81 所示。

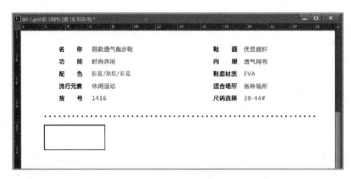

图 9.81　绘制矩形

（12）运用文字工具设置字体为方正粗宋简体，大小设置为 24 点，字符间距为 200，颜色为黑色。

（13）在描边的长方形内输入文字，英文文字的大小运用 Ctrl+T 命令进行调整，具体如图 9.82 所示。

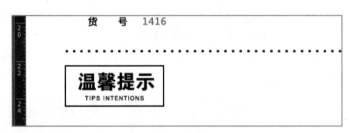

图 9.82　输入文字

（14）运用文字工具设置字体为微软雅黑，大小设置为 14 点，选择 Regular 选项，字符间距为 50，行间距为 20 点，颜色为 RGB（137、137、137）。

（15）输入灰色文字，文字设置为左对齐，并移到合适的位置，如图 9.83 所示。

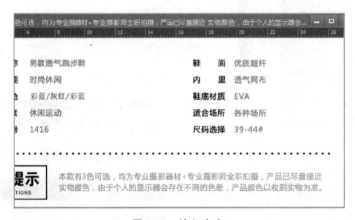

图 9.83　输入文字

（16）在软件中打开素材文件"04-sucai 2.psd"，将素材逐个移到目标图像文件中，用移动工具进行位置排列，如图 9.84 所示。

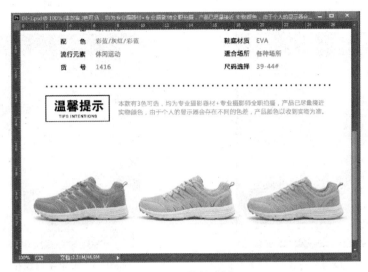

图 9.84　编辑素材

（17）选取矩形选择工具，设置羽化值为 0 像素，如图 9.85 所示。

图 9.85　矩形选择工具

（18）绘制一个大小合适的正方形选区，创建一个新图层以后用 RGB 为（33、118、171）的颜色填充，接着继续创建图层，用矩形选择工具移动平行移动选区后，用 RGB 为（145、4、5）的颜色填充；继续相同的操作，用 RGB 为（33、118、171）的颜色填充。效果如图 9.86 所示。

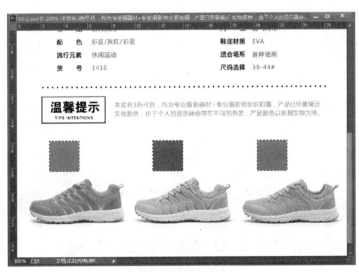

图 9.86　绘制正方形填充

（19）取消选择，运用文字工具，设置中文文字的字体为方正兰亭粗体，大小为 24 点，字符间距为 24，颜色为白色；设置英文文字的字体为 Arial，大小为 19 点，颜色为白色，大写，具体如图 9.87 与图 9.88 所示。

图 9.87　设置字符属性（1）

图 9.88　设置字符属性（2）

（20）将文字输入并移到合适的位置，最后效果如图 9.89 所示。

图 9.89　最后图像效果

9.4.2　商品尺码对照展示图的设计

（1）运行软件创建一个新文件，设置文件大小为宽度 790 像素，高度 434 像素，分辨率为 72 像素/英寸，RGB 色彩模式，具体如图 9.90 所示。

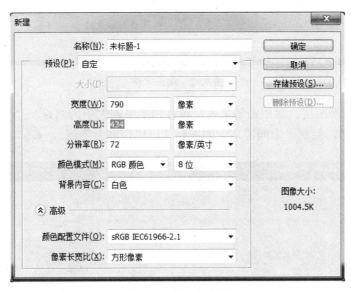

图 9.90　创建新文件

（2）运用矩形选择工具，设置羽化值为 0 像素，单击前景色按钮设置前景色 RGB 为（230、230、230）的一种灰色。

（3）在文件中预留顶部的一长方形区域，绘制一个矩形选区，创建一个新图层后，用前景色填充选区，效果如图 9.91 所示。

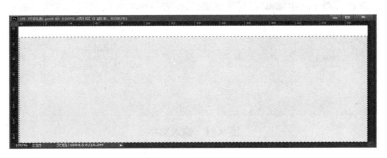

图 9.91　填充图层

（4）选取文字工具，设置字体为微软雅黑，字体属性为 Regular，字体大小为 16 点，字符间距为 50 点，颜色为黑色。

（5）在图像上部预留的长方形中间，运用设置好的文字工具输入省略号，形成一条点状直线，具体如图 9.92 所示。

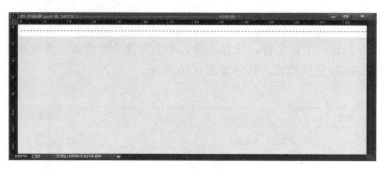

图 9.92　输入字符

（6）创建一个新图层，运用铅笔工具，设置铅笔笔刷大小为圆点一个像素，不透明度为 100%，模式为正常，绘制一个间隔均匀的表格（可以借助参考线），具体如图 9.93 所示。

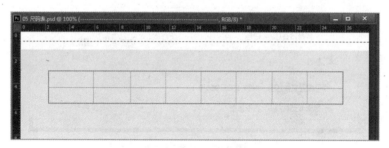

图 9.93　绘制表格

（7）选取文字工具，设置字体为微软雅黑，字体属性为 Regular，字体大小为 15 点，字符间距为 50 点，行间距自动，颜色为黑色。

（8）分别根据表格的大小输入文字，并使文字上下水平对齐，具体如图 9.94 所示。

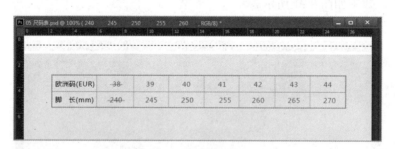

图 9.94　输入文字

（9）运用矩形选择工具，创建一个新图层以后绘制一个选区，用深灰色填充，使图层位于表格与文字所在图层的下方；打开素材文件，将素材移到文件中，调整素材图像的大小与位置，具体效果如图 9.95 所示。

（10）选取文字工具，设置字体为微软雅黑，字体属性为 Regular，字符间距为 50 点，行间距自动，颜色为黑色。

（11）根据不同的字体大小分别输入文字，调整字符间距与段间距，使文字对齐，具体如图 9.96 所示。

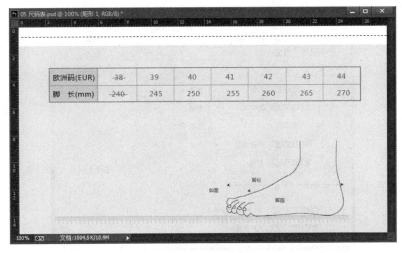

图 9.95 编辑素材

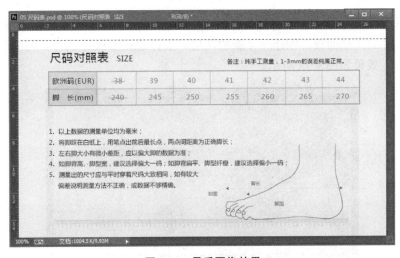

图 9.96 最后图像效果

9.5 商品设计理念展示图的设计

　　商品设计理念风格展示图对于服装类商品、鞋类商品，以及手表等时尚类商品来说是必不可少的，其展现的是设计的风格、流行的元素、制作的工艺水准、设计理念、品牌的内涵，等等，有些还专门表明设计师的形象等，其中商品设计理念风格展示图中的文案设计也比较重要。下面这一商品设计理念风格展示图制作上并不复杂，左边直接采用现场照片图像排列，右边为一幅设计线描草稿，简介、明快、生动。文案设计能突出设计风格，字体设计活泼，文字左对齐排列显得整齐，软件操作上也比较容易实现。具体操作过程如下所示。

　　（1）运行 Photoshop 软件，执行菜单命令创建一个新的图像文件，设置图像的宽度为 790 像素，高度为 389 像素，分辨率为 72 像素/英寸，具体如图 9.97 所示。

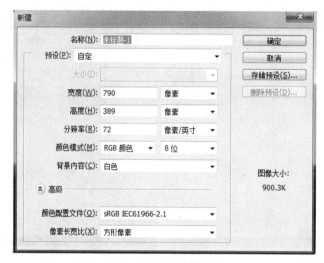

图 9.97 创建新文件

（2）在软件的工具箱中，单击前景色按钮，设置前景色 RGB 为（188、188、188）。

（3）在软件的图层面板，创建一个新的图层，执行 Ctrl+Delete 命令，将前景色填充在新创建的图层中，效果如图 9.98 所示。

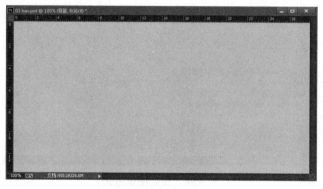

图 9.98 填充图像

（4）在软件中打开"03 sucai.psd"图像文件，将素材图像用移动工具拖到文件中，并执行 Ctrl+T 命令对素材图像进行调整，效果如图 9.99 所示。

图 9.99 编辑素材

（5）运用文字工具设置字体为微软雅黑，大小为 36 点，颜色为 RGB（70、22、22），输入"感受更精致的品质"文字；运用文字工具，设置字体为 Arial，大小为 14 点，颜色为 RGB（70、22、22），输入一行英文文字，字体属性设置如图 9.100 与图 9.101 所示。

图 9.100　字体属性设置

图 9.101　字体属性设置

（6）运用移动工具，将上面输入的两条文字移到文件中合适的位置，并使之中间对齐，如图 9.102 所示。

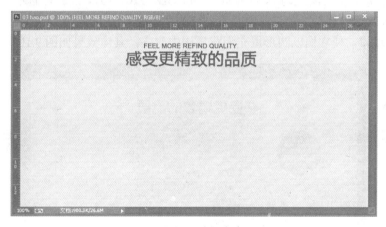

图 9.102　编辑文本

（7）在软件的工具箱中单击前景色按钮，在弹出的拾色器对话框中设置前景色 RGB（56、60、91）。

（8）在软件的工具箱中选取椭圆选择工具，在图像文件的左边创建一个圆形选区（同时按住 Shift 键），在图层面板创建一个新图层，执行 Ctrl+Delete 命令将前景色填充，效果如图 9.103 所示。

（9）执行 Ctrl+D 命令，取消前面创建的圆形选区，然后在软件的工具箱中选取钢笔工具，设置绘制方式为形状，描边方式为直线 2 个点，描边线型为虚线，然后创建一个新图层，在圆形填充区域内绘制一条虚线，具体设置如图 9.104 所示。

（10）在软件的工具箱中选取文本工具，设置文本字体为微软雅黑，显示方式为"Regular"，大小为 18 点，字符间距为 0，行间距为自动，颜色为 RGB（182、185、209），输入文字"运动风尚"。

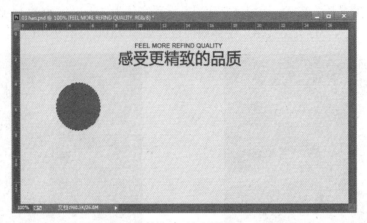

图 9.103　填充选区

图 9.104　钢笔工具设置

　　（11）继续运用文字工具，设置字体为微软雅黑，字体显示方式为 Bold，字体大小为 28 点，行间距为自动，字符间距为 0，字体颜色为 RGB（210、207、226），输入文字"更耐穿"。
　　（12）运用软件的移动工具将前面几步创建的"虚线""运动风尚""更耐穿"三个对象进行位置移动与编辑，使它们以圆形填充为背景居中对齐，具体效果如图 9.105 所示。

图 9.105　编辑图像

　　（13）在软件的图层面板，将"圆形填充""虚线""运动风尚""更耐穿"四个图形对象所在的图层同时选中，并进行复制，复制成 5 份，使复制出来的图像水平对齐，然后双击需要更改的文字所在的图层，编辑更改相关的文字，如图 9.106 所示。
　　（14）在软件的工具面板中选取文本工具，设置文字字体为微软雅黑，显示方式为 Bold，字体大小为 14 点，行间距为 18 点，字符间距为 0，颜色为 RGB（39、44、82）。
　　（15）运用段落文本输入三行中文段落，并将文本设置为左对齐，然后将文本放置在合适的位置，如图 9.107 所示。

图 9.106　编辑图像

图 9.107　输入段落文本

（16）继续运用段落文本工具，设置字体为 Arial 字体，选择 Regular 选项，行间距为 10 点，字符间距为 0，颜色为黑色。

（17）在图像的下方输入英文段落，并使文字中间对齐，最后的图像效果如图 9.108 所示。

图 9.108　最后的图像效果

9.6　商品卖点展示图的视觉设计

9.6.1　商品卖点展示图视觉设计（一）

（1）运行软件创建一个新的图像文件，设置文件宽度为 790 像素，高度为 682 像素，分辨率为 72 像素/英寸，具体如图 9.109 所示。

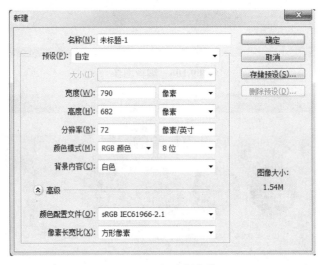

图 9.109　创建新文件

（2）设置前景色 RGB 为（38、65、83），运用矩形选择工具，羽化值为 0 像素，创建一个新图层后，在图像文件的上部绘制一个长方形选区，并用前景色填充，具体如图 9.110 所示。

（3）打开素材文件，将天空素材放入图像文件中，按住 Shift 键的同时调整素材图像的大小确保等比编辑，具体如图 9.111 所示。

图 9.110　填充图层

图 9.111　编辑素材

（4）选取工具箱中的渐变填充工具，设置渐变颜色为从白色到透明，渐变方式为线性渐变，模式为正常，不透明度 100%，具体如图 9.112 所示。

图 9.112　设置渐变填充

（5）创建一个新图层，运用从白色到透明的渐变对图像渐变填充，效果如图 9.113 所示。

图 9.113　渐变填充

（6）选取文字工具，分别设置字体为微软雅黑与一种英文字体（如果计算机中没有字体可以到网络字库中下载），具体设置如图 9.114 与图 9.115 所示。

图 9.114　字符设置（1）　　　　　　图 9.115　字符设置（2）

（7）输入文字"为什么选择我"与"WHY DID YOU CHOOSE ME"，使文字中间对齐居中排列，效果如图 9.116 所示。

图 **9.116** 编辑文字

（8）打开素材文件，将素材移到文件中，执行 Ctrl+T 命令调整素材图像的大小与位置，具体如图 9.117 所示。

图 **9.117** 编辑素材

（9）选取铅笔工具，设置笔刷大小为 3 像素，模式为正常，不透明度为 100%，创建一个新图层，在图像中绘制一直角形状，具体如图 9.118 所示。

图 **9.118** 绘制直角形状

（10）运用文字工具设置字体为华文新魏，大小分别为 30 点与 79 点，颜色为黑色与深灰色，具体如图 9.119 与图 9.120 所示。

图 9.119　设置字体

图 9.120　设置字体

（11）运用设置好的文字工具分别输入"让您健步如"与"飞"两组文字，确定当前图层为"飞"字所在的图层，执行 Ctrl+T 命令转动一个角度，具体效果如图 9.121 所示。

图 9.121　编辑文字

（12）继续运用文字工具，设置字体为 Elephant，选择 Regular 样式，大小为 50 点，字符间距为 0，斜体大写，颜色为一种深蓝色。

（13）将文字放入合适的位置，运用编辑菜单下面的斜切工具对文字进一步地变形，具体如图 9.122 所示。

（14）分别运用方正韵动粗体与微软雅黑，不同的字体大小，设置字体属性如图 9.123 与图 9.124 所示。

（15）分别输入文字，并放到合适的位置，文字为左对齐。具体效果如图 9.125 所示。

图 9.122　编辑文字

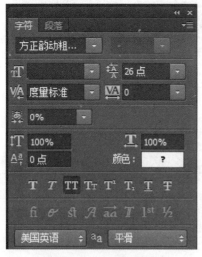

图 9.123　字符设置（1）

图 9.124　字符设置（2）

（16）运用钢笔工具，绘制方式为形状，设置描边为 3 个像素，选择线型为虚线，创建一个新图层以后，用黑色绘制两条平行的虚线，具体效果如图 9.126 所示。

图 9.125　输入文字

图 9.126　最后图像效果

9.6.2 商品卖点展示图视觉设计（二）

（1）运行软件创建新文件，设置文件大小宽度为 790 像素，高度为 773 像素，分辨率为 72 像素/英寸，颜色模式为 RGB，背景内容为白色，具体如图 9.127 所示。

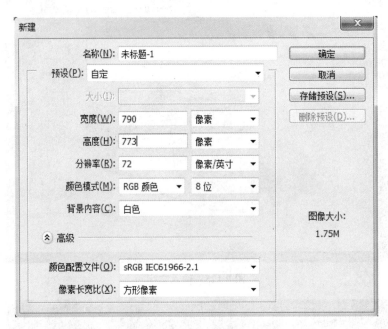

图 9.127 创建文件

图 9.128 设置文字

（2）设置前景色 RGB 为（75、75、75）的一种灰色，运用文字工具，设置字体为 Aparajita 字体，选取 Regular 选项，设置字体大小为 36 点，字符间距为 0，大写加粗，具体如图 9.128 所示。

（3）在图像中输入文字，使文字居中，选取工具箱中的钢笔路径工具，设置绘制方式为形状，填充选项设置为无，描边大小为 0.86 点，线型设置为细线，创建一个新图层后在文字下方绘制一条细线，并与文字中间对齐，具体如图 9.129 所示。

（4）设置前景色 RGB 还是为（75、75、75）的一种灰色，运用文字工具，设置字体为 Aparajita 字体，选取 Regular 选项，设置字体大小为 10 点，行间距为 10 点，字符间距为 0，小写加粗，具体如图 9.130 所示。

（5）输入段落文字，设置文字对齐方式为居中对齐，同时使整体段落文字和上面的文字与细线中心对齐，具体如图 9.131 所示。

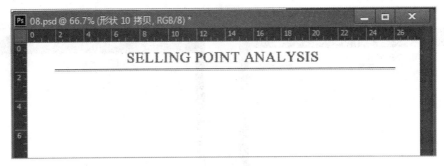

图 9.129　输入文字与绘制细线

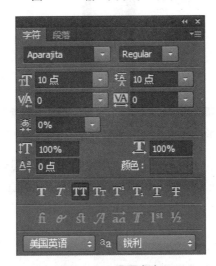

图 9.130　设置文字

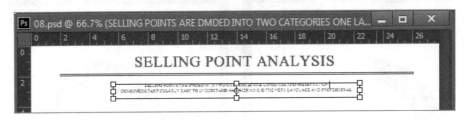

图 9.131　编辑段落文字

（6）首先运用移动工具从标尺边缘拖出纵向与横向两条参考线以图像中心为基准点进行布局，形成一个坐标体，再运用圆形选择工具，设置羽化值为 0 像素，以坐标中心为圆心绘制一个圆形选区，具体如图 9.132 所示。

（7）在不取消选择的条件下，继续运用圆形选择工具，设置为减选模式，继续以坐标中心为圆形绘制一个减选的圆，最后形成一个以坐标中心为圆形的圆环，具体如图 9.133 所示。

（8）在选择菜单中执行保存选区命令，将圆环选区进行保存，再运用矩形选择工具，设置羽化值为 0 像素，设置减选模式，减去第一、三、四象限的圆环选区，保留第二象限的选区，设置前景色 RGB 为（6、3、127），创建一个新图层后对选区进行填充，效果如图 9.134 所示。

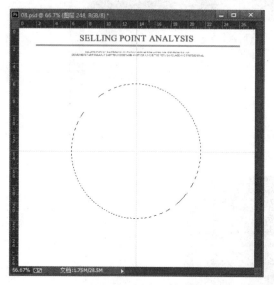

图 9.132　绘制圆形选区

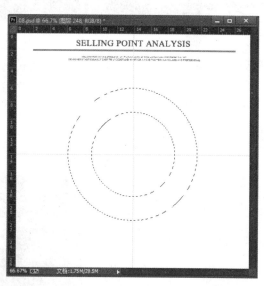

图 9.133　绘制圆环选区

（9）设置前景色 RGB 为（239、25、0），取消第二象限的选区，从选择菜单中执行载入选区命令，将保存的圆环选区重新载入，然后再运用矩形选择工具，设置羽化值为 0 像素，设置减选模式，减去第二、三、四象限的圆环选区，保留第一象限的选区，最好运用前景色填充，效果如图 9.135 所示。

图 9.134　填充编辑好的选区

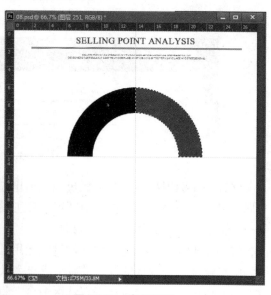

图 9.135　填充选区

（10）运用上面相同的方法，分别通过编辑绘制第三、第四象限的选区，用 RGB（3、95、127）与 RGB（14、115、20）两种颜色填充选区，取消选择后效果如图 9.136 所示。

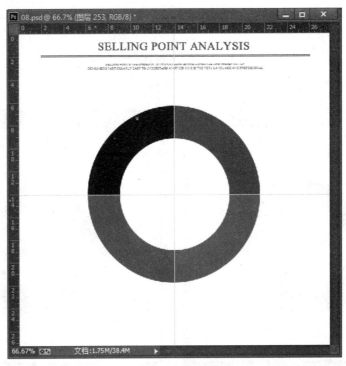

图 9.136 绘制圆环

（11）双击圆环所在的图层，设置图层样式，勾选投影选项，设置混合模式为正片叠底，颜色为黑色，不透明度为 75%，角度为 120 度，投影距离为 5 个像素，扩展值为 6%，大小为 16 个像素，具体如图 9.137 所示。

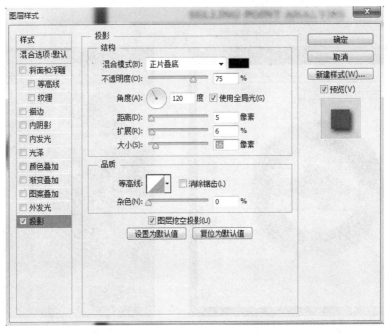

图 9.137 设置投影样式

（12）设置投影样式以后，执行 Ctrl+分号命令隐藏参考线，取消所有选择，效果如图 9.138 所示。

（13）打开运动鞋的素材文件，将运动鞋图像移到目标图像文件中，执行变换编辑命令，调整运动鞋图像大小，并放置合适的位置，具体效果如图 9.139 所示。

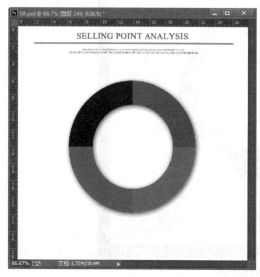

图 9.138　图像效果　　　　　　　图 9.139　编辑素材

（14）运用文字工具，设置字体为方正大黑简体，文字大小为 31 点，字符间距为 100，颜色为 RGB（75、75、75）的灰色，输入文字并放置合适的位置，具体如图 9.140 所示。

（15）继续运用文字工具，设置字体为方正大黑简体，大小为 17 点，字符间距为 519，颜色为白色，具体如图 9.141 所示。

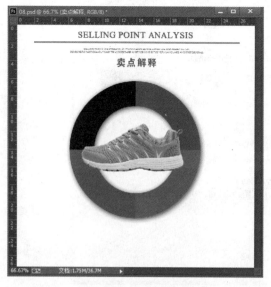

图 9.140　设置文字

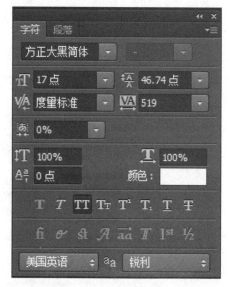

图 9.141　设置字符属性

（16）在图像文件中输入"舒适透气布面"文字，单击变形文字按钮，设置变形样式为扇形，勾选水平变形方式，设置弯曲值为 26%，其他值为 0，具体如图 9.142 所示。

（17）运用移动工具将文字移到合适的位置，可以执行转动编辑将文字的弧度适合圆的弧度，具体效果如图 9.143 所示。

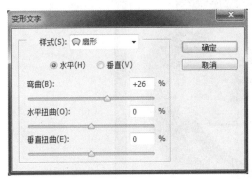

图 9.142　变形文字　　　　　　　　　　图 9.143　编辑文字

（18）双击弯曲变形文字所在的图层，设置图层样式，勾选投影选项，设置混合模式为正片叠底，颜色为黑色，不透明度 75%，角度为 120 度，使用全局光，投影距离为 5 个像素，扩展值为 6%，大小为 1 个像素，具体如图 9.144 所示。

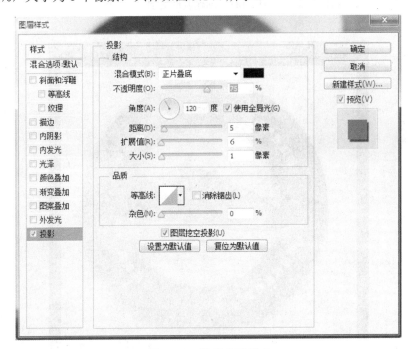

图 9.144　设置投影样式

（19）用与上面同样的方法制作"意式手工缝线"变形文字，然后制作"除菌棉麻鞋垫""注压鞋底"文字，其中文字变形弯曲度为 −27%，具体效果如图 9.145 所示。

（20）运用椭圆形状工具，设置绘制方式为形状，创建一个新图层后，分别用黑色与红色绘制 4 个圆点，具体效果如图 9.146 所示。

图 **9.145**　制作变形文字

图 **9.146**　绘制圆点

　　（21）运用钢笔路径工具，设置绘制方式为形状，填充颜色为黑色，在图层面板创建一个新图层以后，绘制线条，注意一段与圆点连接并平齐，具体如图 9.147 所示。

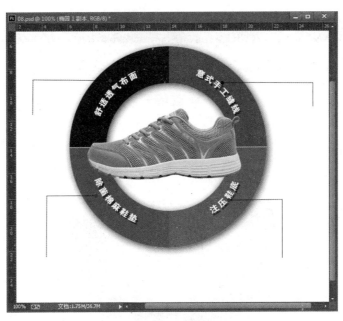

图 9.147　绘制线条

（22）继续运用椭圆形状工具，设置绘制方式为形状，创建一个新图层后，分别用黑色与红色在线条的末端绘制 4 个圆点，具体效果如图 9.148 所示。

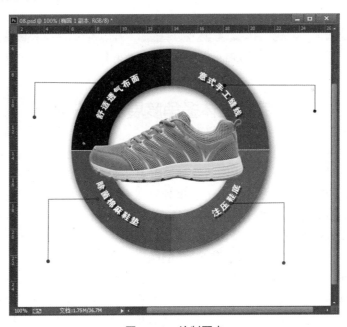

图 9.148　绘制圆点

（23）选取文字工具，设置字体为方正大黑简体，文字大小为 13 个点，行间距为 18 个点，字符间距为 0，颜色为深灰色。

（24）分别在线条末端的 4 个圆点下方输入段落文字，要求文字设置为左对齐，最后效果如图 9.149 所示。

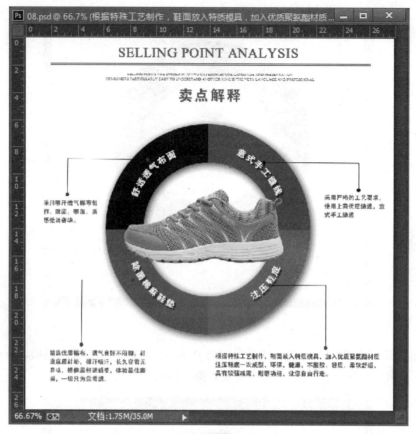

图 9.149　图像最后效果

9.7　商品主体多角度展示图的设计

　　商品主体多角度展示图是让消费者对商品的外观属性进行全面了解的一个环节，一般情况下消费者在这里对商品的了解要求深入细致。商品主体多角度展示图应尽可能全面地描述商品的外观特征，应从前后、左右、上下、里外等多个角度来充分展示商品。商品主体多角度展示图在设计上相对较为简单，多直接采用拍摄好的图片，但尺寸上、颜色上要进行调整。商品主体多角度展示图的设计重心是图文并排，以图为主。一般的图像照片的排列顺序是根据商品使用的顺序，消费者一般浏览观察商品的顺序编排，即从前到后，从上到下，从左到右，从整体到局部，从外到内的顺序。当然不能千篇一律、照搬照抄，还要在遵守风格统一的基础上，根据具体情况进行设计，下面是一款鞋类的商品展示。这款鞋有三种颜色，应根据三种颜色分别进行格调一致的设计。商品主体多角度展示图的设计均采用了拍摄好的照片图像，拍摄时商品主体组合摆放合理生动，能充分展示商品的外观，制作方法也较为方便。而商品主体多角度展示图应对拍摄好的不同角度的商品图像进行抠图，然后进行排列组合来实现。

　　（1）运行软件创建一个新的图像文件，设置文件大小宽度为 790 像素，高度为 4 391 像素，分辨率为 72 像素/英寸，具体如图 9.150 所示。

（2）与上一讲的案例一样绘制一个蓝色填充的长方形，设置工具参数，先运用形状工具绘制"花型"形状，然后运用文字工具输入白色的文字，最后运用形状工具绘制三角形形状，并转动三角形形状，具体效果如图 9.151 所示。

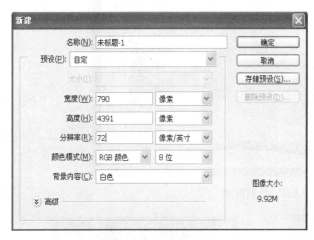

图 9.150　创建新文件

图 9.151　创建标题

（3）打开素材文件，将素材放入图像文件中，并调整素材的大小与位置，具体如图 9.152 所示。

（4）创建一个新图层，运用矩形选择工具，绘制一正方形选区，用蓝色的前景色填充选区，取消选择以后，设置文字属性，具体如图 9.153 所示。

图 9.152　编辑素材

图 9.153　文字属性

（5）输入"彩蓝"文字与"BLUE"文字，用移动工具放置合适的位置并对齐，具体效果如图 9.154 所示。

（6）将彩蓝鞋子的素材全部放入图像中，运用编辑工具设置图像的大小与位置，做到排列整齐，具体如图 9.155 所示。

（7）在图像文件中移动绘图区域，用同样的方式编辑灰红鞋子的图像素材，注意排列整齐，具体效果如图 9.156 所示。

图 9.154 绘制标注

图 9.155 编辑素材

图 9.156 编辑素材

（8）在图像文件中移动绘图区域，用同样的方式编辑彩蓝鞋子的图像素材，注意排列整齐，具体效果如图 9.157 所示。

（9）运用缩放工具，将整体图像文件缩小，最后图像效果如图 9.158 所示。

图 9.157　编辑素材

图 9.158　最后图像效果

9.8　商品使用状态展示图的设计

　　商品使用状态展示图是用来表现商品使用状况的一组图像，这对进一步刺激消费者的购买欲望非常重要，这一组图往往能促进消费者联想自身使用该商品的状况，实际上是一种虚拟的体验，因为网上销售的商品最大的缺点就是无法满足消费者对商品的直接体验，不能直接接触商品，感悟品质，更不能试穿、使用商品体验的效果，只能根据自身的经验，结合商家展示的商品图像信息来判断商品的使用价值，进而做出购买决定。所以商品使用状态展示图的设计是非常重要的。下面的操作实例就是使用直接拍摄的穿着状态的图像，通过软件进行切割，突出鞋与腿为主体，充分展示这款鞋子的使用效果，设计过程中图片上也可以运用红花绿叶等素材加以陪衬来突出主体效果。图像边缘的文字是装饰性的，字体活泼随意，起到关联与统一风格的作用，软件操作上比较容易实现，注意使用段落文本。

　　（1）运行软件创建一个新文件，设置文件的宽度为 790 像素，高度为 3 505 像素，分辨率为 72 像素/英寸，具体如图 9.159 所示。

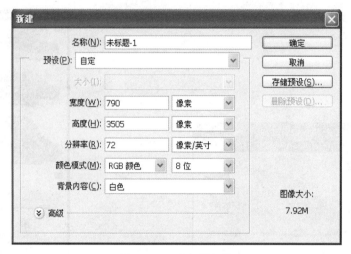

图 9.159　建立新文件

（2）选取工具箱中的矩形选择工具，设置羽化值为 0 像素，在图像文件的上部绘制一长方形选区，设置前景色为 RGB（4、123、220），创建一个新图层后填充选区，效果如图 9.160 所示。

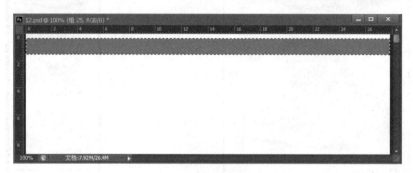

图 9.160　绘制选区并填充

（3）在工具箱中选取自定义形状工具，设置绘制方式为形状，填充颜色为白色，描边为无，从形状库中选择"花 6"形状，具体设置如图 9.161 所示。

图 9.161　设置自定义形状

（4）创建一个新图层，运用设置好的自定义形状工具绘制"花 6"形状，设置"花 6"形状的大小与位置，具体如图 9.162 所示。

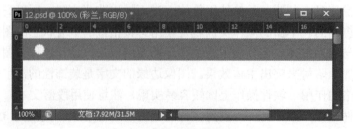

图 9.162　绘制花型形状

（5）运用文字工具，设置字体为微软雅黑，选取 Regular 选项，设置字体大小为 18 点，颜色为白色，字符间距为 0，输入"模特展示"文字；设置字体为 10 点，颜色为白色，字符间距为 0，输入"MODEL SHOWS"大写英文字体，字体设置如图 9.163 与图 9.164 所示。

图 9.163　字体设置（1）

图 9.164　字体设置（2）

（6）运用自定义形状工具，选择形状选项，填充为白色，描边为无，从形状库中选择"三角形"形状，如图 9.165 所示。

图 9.165　自定义形状

（7）创建一个新图层后运用设置好的自定义形状工具绘制一个正立的三角形形状，执行 CTRL+T 变换编辑命令，按住 Shift 键的同时转动 90°，使三角形朝右，然后运用移动工具将"花的形状""模特展示""MODEL SHOWS""朝右的三角形形状"进行有序整齐的排列，具体效果如图 9.166 所示（这实际上是详情页的标题，在下面的章节中还会用到）。

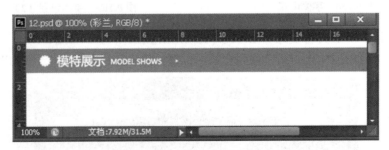
图 9.166　编排形状与文字

（8）打开素材文件并将第一幅素材图像运用移动工具拖入目标文件中，调整其位置与大小，具体效果如图 9.167 所示。

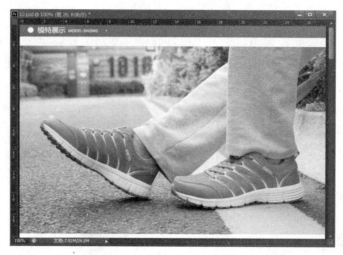

图 9.167　放入素材

（9）选取文字工具，设置字体为方正超粗黑简体，文字大小为 18.42 点，字符间距为 0，颜色为 RGB（159、159、159），输入大写文字"DAYS OF SUMMER"；设置字体为微软雅黑，文字大小为 10 点，字符间距为–100，颜色为 RGB（174、174、174），输入大写加粗的斜体文字"STANFORD UNIVERSITY CUTTING-SDGE TECHNOLOGY"，字体设置如图 9.168 与图 9.169 所示。

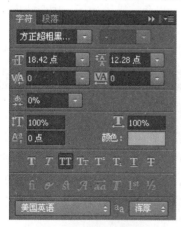

图 9.168　字体设置（1）

图 9.169　字体设置（2）

（10）运用移动工具将文字"DAYS OF SUMMER"与"STANFORD UNIVERSITY CUTTING-SDGE TECHNOLOGY"移到合适的位置，并使左对齐，具体效果如图 9.170 所示。

图 9.170　编辑文字

（11）在打开的素材文件中，继续把素材图像移入文件中，调整大小与位置，具体如图9.171所示。

图 9.171　放入素材图像

（12）运用文字工具，设置字体为微软雅黑，选择 Bold 选项，字体大小为 10 点，行间距为 12 点，字符间距为 0，颜色为黑色，输入大写加粗倾斜的段落英文文字，设置段落对齐方式为居中；设置字体为方正正纤黑简体，大小为 48 点，字符间距为 0，颜色为（174、174、174），输入斜体的"SIMPLE 简约"文字，字体设置如图 9.172 与图 9.173 所示。

图 9.172　字体设置

图 9.173　字体设置

（13）运用移动工具把英文段落文字与"SIMPLE 简约"文字移到合适的文字，并使中间对齐，具体效果如图 9.174 所示。

图 9.174 编辑文字

（14）运用移动工具，从素材文件中把灰蓝颜色的鞋子穿着效果图像移到文件中，调整其大小与位置，具体如图 9.175 所示。

图 9.175 编辑素材

（15）运用移动工具，从素材文件中把其余 2 幅灰蓝颜色的鞋子穿着效果图像移到文件中，调整其大小与位置，具体如图 9.176 所示。

图 9.176 编辑素材

（16）运用文字工具，设置字体为微软雅黑，选择 Regular 选项，字体大小为 30 点，行间距为 12 点，字符间距为 0，颜色为黑色，输入"追逐生活的脚步"文字；设置字体为 Edwardian S...字体，选择 Regular 选项，大小为 24 点，字符间距为 10，行间距为 20 点，颜色为黑色，输入斜体的"The worst way to miss someone is to be shying right beside them knowing you"文字，字体设置如图 9.177 与图 9.178 所示。

 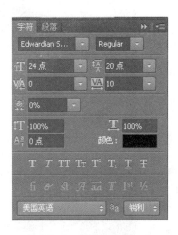

图 9.177　设置文字（1）　　　　　　图 9.178　设置文字（2）

（17）将文字"追逐生活的脚步"与"The worst way to miss someone is to be shying right beside them knowing you"放到合适的位置，具体效果如图 9.179 所示。

图 9.179　编辑文字

（18）运用移动工具，从素材文件中把灰红颜色的鞋子穿着效果图像移到文件中，调整其大小与位置，具体如图 9.180 所示。

（19）运用移动工具，从素材文件中把其余 2 幅灰红颜色的鞋子穿着效果图像移到文件中，调整其大小与位置，具体如图 9.181 所示。

（20）选取工具箱中的矩形选择工具，绘制一个长方形选区，然后运用椭圆选择工具，设置羽化值为 0 像素，设置为减选模式，根据图像的位置减选部分长方形选区，具体如图 9.182 所示。

图 9.180　编辑素材（1）

图 9.181　编辑素材（2）

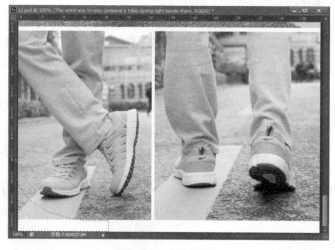

图 9.182　编辑选区

（21）确定当前图层为左边的灰红穿着效果图像，执行删除命令删除部分图像，形成圆弧状（也可用剪切蒙版的方式实现），具体如图 9.183 所示。

图 **9.183**　编辑素材

（22）运用相同的方法删除右边灰红穿着效果图像的部分图像，形成圆弧状，取消选择后效果如图 9.184 所示。

图 **9.184**　编辑素材

（23）设置前景色 RGB 为（33、118、171），运用矩形选择工具绘制一个正方形选区，建立一个新图层以后用前景色填充，具体效果如图 9.185 所示。

（24）运用文字工具，字体为微软雅黑，选取 Regular 选项，大小为 16.91 点，字符间距为 0，颜色为白色，输入"彩蓝"文字，调整大小后输入"BLUE"文字，放置合适的位置，具体效果如图 9.186 所示。

（25）分别运用相同的方法为灰蓝与灰红图像效果设置相同大小、垂直方向位置对齐的标签，最后缩小图像，整体效果如图 9.187 所示。

图 9.185　填充正方形选区

图 9.186　输入文字

图 9.187　最后图像效果

9.9 商品细节展示图的设计

商品细节展示图是指商品整体信息中无法展示的商品局部信息，一般用放大的图像来表示，对鞋类商品主要描述商品材料的质感、工艺的精细程度、局部的装饰效果等，以辅助说明商品的品质与工艺，促进消费者信任感的产生。对于服装类商品，要根据商品的特点来考虑并设计展示的部位，有选择地进行重点展示，消费者通常对服装造型关注的部位有：领口造型、肩部造型、袖口造型、腰部造型、裙摆造型、口袋造型、裤腰造型、蝴蝶结等装饰品造型等；消费者对工艺质量关注的内容有：面料质量、缝纫线痕迹、扣眼工艺、拉链安装工艺、花边工艺、腰带工艺、里料衬托工艺等；消费者一般还会关注品牌信息、质量检测信息、工艺合格证、权威认证信息、配件、赠品、外包装、生产实景等商品相关内容。商品的细节展示主要为消费者提供商品的质量信息、制作工艺信息等，满足消费者对商品的质量、工艺等要求。

下面是一组鞋子的细节展示图，主要采用照片图像放大局部图，通过裁剪工具合理裁剪以后使用，配以文字说明，真实而具体。

（1）运行软件，创建一个新的图像文件，设置图像宽度为 790 像素，高度为 2 184 像素，分辨率为 72 像素/英寸，具体如图 9.188 所示。

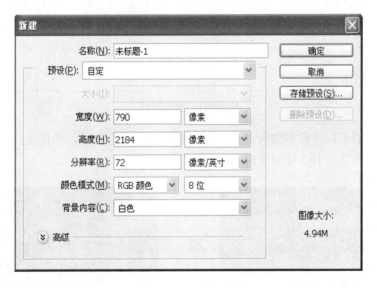

图 9.188　创建新文件

（2）设置前景色 RGB 为（4、123、220），是一种蓝色。选用羽化值为 0 像素的矩形选区工具，在图像文件的上部绘制一个长方形选区，创建一个新图层后用前景色填充，具体如图 9.189 所示。

（3）选择工具箱中的自定义形状路径工具，设置绘制方式为形状，描边为无，从形状库中选择星形形状（或者多边形形状进行多边形设置），如图 9.190 所示。

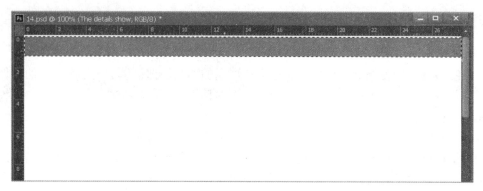

图 9.189　绘制矩形填充

图 9.190　设置形状

（4）创建一个新图层，在蓝色长方形上方绘制一个白色多边形形状，效果如图 9.191 所示。

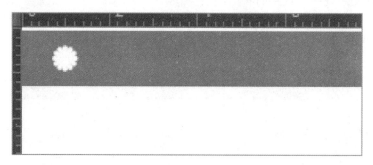

图 9.191　绘制形状

（5）运用文字工具设置字体为方正兰亭粗黑，颜色均为白色，字体大小分别为 18 点与 10 点，具体设置如图 9.192 与图 9.193 所示。

图 9.192　字体设置

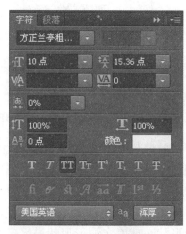

图 9.193　字体设置

（6）在多边形形状后面输入"细节展示"与"THE DETAILS SHOW"文字，使文字放在合适的位置，然后运用形状工具绘制一个三角形，具体如图 9.194 所示。

图 9.194　输入文字

（7）在图像文件中显示标尺，从标尺中用移动工具拖出参考线，如图 9.195 所示，进行参考线布局。

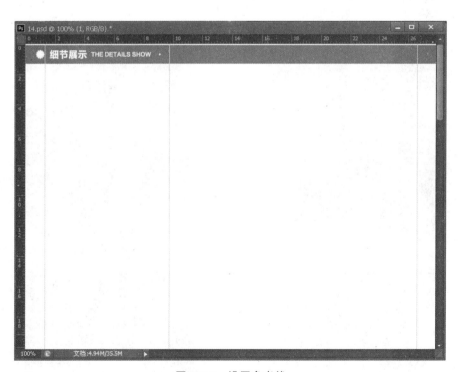

图 9.195　设置参考线

（8）将素材文件在软件中打开，用移动工具将素材拖进图像中，运用编辑命令把素材图像的大小调整到两条参考线之间，如图 9.196 所示。

（9）运用文字工具，设置字体为方正兰亭粗黑、方正兰亭准黑、方正兰亭中黑，颜色为 RGB（4、123、220）的一种蓝色与黑色，分别运用文字属性设置的方式输入文字，具体如图 9.197～图 9.200 所示。

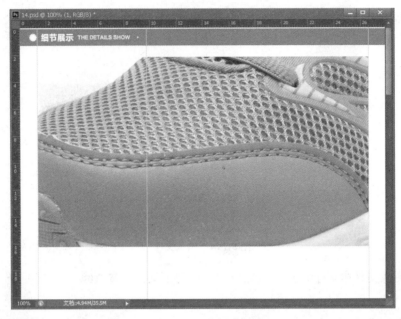

图 9.196　编辑素材

图 9.197　字体设置

图 9.198　字体设置

图 9.199　字体设置

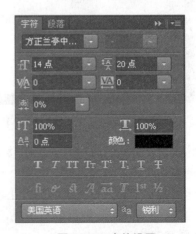

图 9.200　字体设置

（10）在图像中输入文字，并使文字移到合适的位置，左边的文字基本接近右对齐，右边的段落文字为左对齐，具体图像效果如图 9.201 所示。

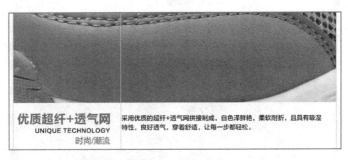

图 9.201　输入文字

（11）将素材文件在软件中打开，用移动工具将素材拖进图像中，运用编辑命令把素材图像的大小调整到两条参考线之间，如图 9.202 所示。

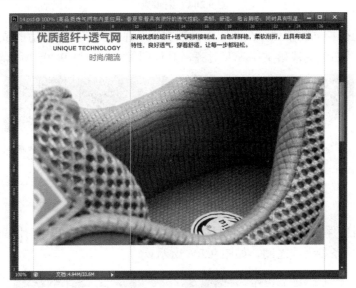

图 9.202　编辑素材

（12）运用上面相同的字体，在图像中输入文字，并使文字移到合适的位置，左边的文字基本接近右对齐，右边的段落文字为左对齐，具体图像效果如图 9.203 所示。

图 9.203　编辑文字

（13）将素材文件在软件中打开，用移动工具将素材拖进图像中，运用编辑命令把素材图像的大小调整到两条参考线之间，如图 9.204 所示。

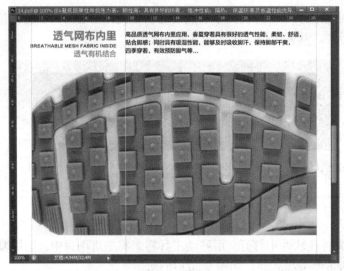

图 9.204　编辑素材

（14）运用上面相同的字体，在图像中输入文字，并使文字移到合适的位置，左边的文字基本接近右对齐，右边的段落文字为左对齐，具体图像效果如图 9.205 所示。

图 9.205　编辑文字

（15）将素材文件在软件中打开，用移动工具将素材拖进图像中，运用编辑命令把素材图像的大小调整到两条参考线之间，如图 9.206 所示。

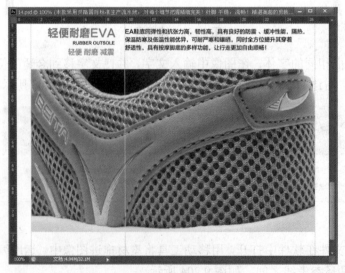

图 9.206　编辑素材

（16）运用上面相同的字体，在图像中输入文字，并使文字移到合适的位置，左边的文字基本接近右对齐，右边的段落文字为左对齐，具体图像效果如图 9.207 所示。

图 9.207　输入文字

（17）运用工具箱中的缩放工具，将整幅图像缩小后图像的最后效果如图 9.208 所示。

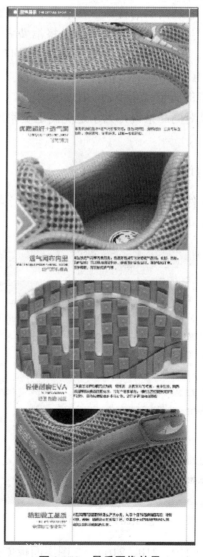

图 9.208　最后图像效果

9.10　商品功能展示图的设计

商品功能展示图是指用来展示商品的特殊使用功能，展示与众不同的设计，提醒适合的人群等，并不是所有的网络销售的商品都必须设计功能性展示图，要根据需要进行设计与安排，有些商家为了节省成本而不进行设计，但对于一些特殊类别的商品，最好是配备商品功能性展示图，以提升流量的转化率。对于服装商品有适合于各种体型的，有用于不同着装场合的，还存在一个穿着的合身度问题。由于网上购物过程无法对服装进行试穿比较，消费者只能根据商家提供的规格信息，结合自身的尺寸进行判断服装商品的合身度与可用性。但是由于个体间体型存在巨大的差距，即便是相同的规格，也存在不同部位上尺寸的差别，比如从身高判断体型一样为中号的消费者，因为存在胸围与腰围的不同，中号规格的服装就不一定都适合这类消费者。因此，服装商品的特殊性使消费者网上购物存在规格上的风险。为了使消费者更好地把握服装型号与尺寸规格，尽可能将消费者在型号规格上的风险与疑虑降到最低，判明服装的功能，一些精明的经销商往往非常详尽地把服装的使用功能、服装的规格型号、尺寸以及试穿报告展现给消费者，以提高其满意度。而鞋类产品与服装类产品类似，由于不同消费者的脚型完全不同，比如脚板宽与窄，使相同的款式与尺码，不一定能满足所有消费者，所以对商品来说，为了避免高退货率的发生，最好配置商品功能性展示图。

9.10.1　商品功能展示图的设计（一）

（1）创建一个新的图像文件，设置文件宽度为 790 像素，高度为 647 像素，分辨率为 72 像素/英寸，背景内容为白色，具体如图 9.209 所示。

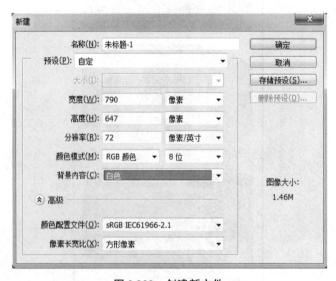

图 9.209　创建新文件

（2）设置前景色为 RGB（210、210、210），在图层面板创建一个新图层，然后用前景色填充，设置图层不透明度为 50%，填充值为 100%，具体如图 9.210 所示。

（3）打开素材文件，将天空素材用移动工具移入图像文件中，运用变换编辑命令设置素材文件的大小，使素材图像完全适合文件的大小，具体如图9.211所示。

图9.210　填充图层　　　　　　　　　　　　图9.211　编辑素材

（4）打开素材文件，将土地的素材放入图像文件中，调整大小与位置，具体效果如图9.212所示。

图9.212　编辑素材

（5）打开石块素材文件，选择魔术棒工具，设置容差为32，在石块素材的白色背景区域点选，使白色背景区域全部选中，然后执行反选命令，效果如图9.213所示。

（6）运用移动工具将选中的石块素材移到目标文件中，运用编辑命令调整石块图像的大小，并放置于合适的位置，如图9.214所示。

（7）打开运动鞋图像素材，选择磁性套索工具，设置宽度为10像素，对比度为10%，频率为57，沿着运动鞋图像周围移动使运动鞋全部选中，具体如图9.215所示。

图 9.213　选择素材

图 9.214　编辑素材

（8）运用移动工具，将选中的运动鞋图像移到目标文件中，运用变换编辑命令调整运动鞋图像的大小与位置，具体如图 9.216 所示。

图 9.215　选择图像

图 9.216　编辑素材

（9）选取工具箱中的缩放工具，将图像显示局部放大，然后选取多边形套索工具，设置羽化值为 0 像素，在运动鞋造型下方绘制一个箭头形状的选区，具体如图 9.217 所示。

（10）设置前景色为 RGB（145、8、251），创建一个新图层后运用前景色填充选区，效果如图 9.218 所示。

（11）运用以上同样的方法，在运动鞋图像上方绘制两个箭头造型并填充，效果如图 9.219 所示。

图 9.217　绘制选区

图 9.218　填充选区

（12）运用文字工具，设置文字字体为方正兰亭粗黑，大小为 52 点，字符间距为 0，颜色为 RGB（254、252、1），输入文字"防撞鞋头设计"，然后双击文字所在的图层，设置图层样式，勾选投影选项，设置混合模式为正片叠底，颜色为黑色，不透明度为 75%，角度为90 度，距离为 1 个像素，扩展值为 0 ，大小为 2 个像素，执行确定按钮完成图层样式设置，最后把文字移到合适的位置，具体如图 9.220 所示。

图 9.219　绘制造型

图 9.220　编辑文字

（13）运用文字工具设置字体为方正大黑简体，大小为 16.5 点，字符间距为 0，行间距为 20.17，颜色为白色与深灰色，输入文字，右对齐，并放置于合适的位置，具体如图 9.221所示。

（14）运用文字工具设置字体为微软雅黑，选择 Regular 选项，大小为 9 点，行间距为 12，颜色为 RGB（123、123、123），设置大写，输入英文段落，设置左对齐，放置于合适的位置，如图 9.222 所示。

（15）选取多边形套索工具，设置羽化值为 5 像素，绘制一个圆弧状的选区，创建一个新图层后用白色填充，具体如图 9.223 所示。

图 9.221 输入文字

图 9.222 编辑文字

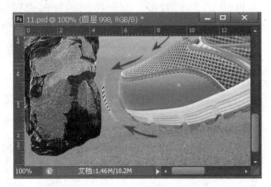

图 9.223 绘制选区并填充

（16）创建一个新图层，羽化值为 0 像素，运用矩形选择工具绘制一矩形选区并用白色填充，设置图层不透明度为 30%，运用多边形选择工具绘制一个多边形选区，运用流量为 20%的橡皮擦工具擦除选区内的部分像素，形成镂空状，然后运用画笔工具，不透明度设置为 42%，流量为 43%，绘制简笔石块造型，最后用微软雅黑大小为 9 点的文字输入"防撞功能"文字，具体效果如图 9.224 所示。

（17）运用软件工具箱中的缩放工具，显示全部的图像文件，最后效果如图 9.225 所示。

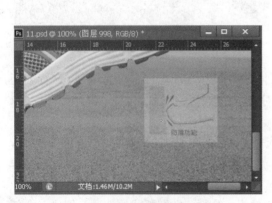

图 9.224 绘制造型

图 9.225 最后图像效果

9.10.2　商品功能展示图的设计（二）

（1）运行软件创建一个新图像文件，设置宽度为 790 像素，高度为 574 像素，分辨率为 72 像素/英寸，背景内容为白色，具体如图 9.226 所示。

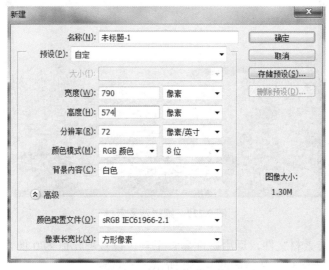

图 9.226　创建新文件

（2）打开背景素材文件，将背景素材用移动工具移入新创建的目标图像文件中，调整其大小与文件大小适合，具体如图 9.227 所示。

图 9.227　设置背景素材

（3）选择工具箱中的橡皮擦工具，设置笔刷为柔软的 113 像素，模式为画笔，不透明度为 100%，流量值设置为 28%，具体如图 9.228 所示。

图 9.228　设置橡皮擦工具

（4）在图像文件中运用橡皮擦工具逐步把背景图像的上半部分擦除，效果如图 9.229 所示。

图 9.229　编辑背景素材

（5）打开运动鞋素材文件，运用磁性套索工具，设置羽化值为 0 像素，宽度为 10 像素，对比度为 10%，频率为 57，具体如图 9.230 所示。

图 9.230　设置磁性套索工具

（6）运用设置好的磁性套索工具，沿着运动鞋图像的边缘移动使图像完全选中，具体如图 9.231 所示。

图 9.231　选择图像

（7）运用移动工具，将选择好的运动鞋图像移到目标图像文件中，执行编辑命令调整运动鞋图像的大小与位置，具体效果如图 9.232 所示。

（8）运用文字工具，设置字体为 Bell MT 字体，选择 Regular 选项，设置大小为 34.08 点，字符间距为 0，字体颜色为 RGB（44、137、184），如图 9.233 所示。

图 9.232　编辑素材图像

图 9.233　设置字体属性

（9）在图像中输入"RUN FREE"文字，用移动工具移到合适的位置，具体如图 9.234 所示。

（10）运用文字工具，设置字体为时尚中黑简体，设置大小为 32 点，字符间距为 0，字体颜色为 RGB（236、75、20），加粗倾斜，如图 9.235 所示。

图 9.234　输入文字

图 9.235　文字设置

（11）输入"透气网面　吸汗内里 让你远离脚臭！"文案以后，双击文字所在的图层设置图层样式，勾选描边选项，设置大小为 3 像素，描边位置为外部，颜色为灰色，具体如图 9.236 所示。

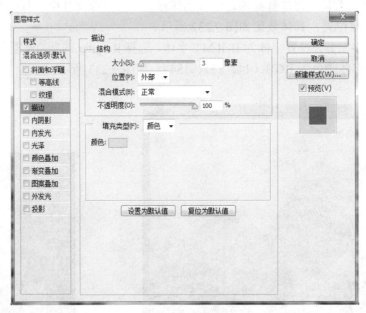

图 9.236 设置描边样式

（12）文字设置为右对齐，运用移动工具，将文字左边与上面的文字对齐，具体如图 9.237 所示。

图 9.237 设置文字

（13）运用文字工具，设置字体为 Bell MT 字体，选择 Regular 选项，设置大小为 11 点，字符间距为 0，行间距为 12 点，字体颜色为黑色，如图 9.238 所示。

（14）输入英文文字，使文字右对齐，同时与上面的文字基本右对齐，具体如图 9.239 所示。

图 9.238　字体属性设置

图 9.239　输入英文文本

（15）在运动鞋图像所在的图层下方创建一个新图层，运用画笔工具，选择柔软笔刷大小为 46 像素，不透明度为 100%，流量为 43%，具体如图 9.240 所示。

图 9.240　设置画笔

（16）在运动鞋图像的下方运用透明的灰色绘制图像，模拟运动鞋的阴影，最后效果如图9.241 所示。

图 9.241　图像最后效果

9.11 商品售后、品牌、商家信息展示图的设计

商品售后、品牌、商家信息展示图主要是为了解除消费者购买商品后产生的一系列顾虑，现在我国商务部已经规定 15 天无理由退货，一些平台也要求商家做出相应的承诺，但是消费者对商家的不信任感总是存在的，所以在销售平台上设计售后问题、物流问题、退换货问题、商品的质保期限问题、售后的维修问题，以及商家的品牌信息问题、商家的生产场景问题等还是有必要的，能提升消费者对商品与商家的信任度。下面就是一组商品售后、品牌、商家信息展示图的设计。

（1）运行 Photoshop 软件，创建一个新的图像文件，设置文件宽度为 790 像素，高度为 660 像素，分辨率为 72 像素/英寸，具体如图 9.242 所示。

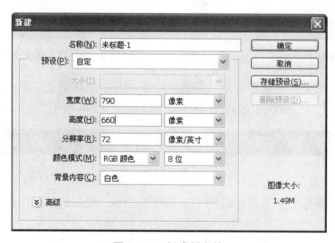

图 9.242 创建新文件

（2）选取软件工具箱中的矩形选择工具，设置羽化值为 0 像素，具体如图 9.243 所示。

图 9.243 设置选择工具

（3）设置前景色为 RGB（252、234、194），在图层面板创建一个新图层，运用矩形选择工具绘制一个长方形选区，然后用前景色填充，效果如图 9.244 所示。

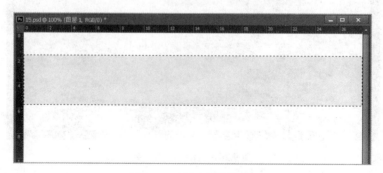

图 9.244 填充矩形选区

（4）设置前景色 RGB 为（29、170、178），创建一个新的图层，选择工具箱中的多边形套索工具，设置羽化值为 0 像素，按住 Alt 键的同时对长方形选区进行减选，形成一个倒梯形选区，然后用前景色填充，效果如图 9.245 所示。

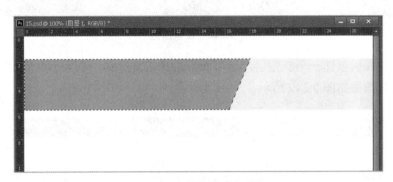

图 9.245　编辑并填充选区

（5）设置前景色 RGB 为（136、127、104）的一种深灰色，在图层面板，单击上一步创建的图层左边的"眼睛"将图层关闭，然后在关闭的图层下方创建一个新图层，用设置好的深灰色填充，效果如图 9.246 所示。

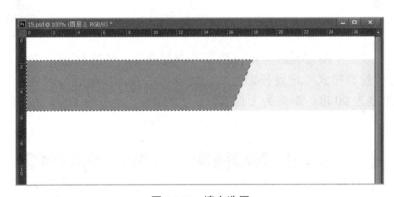

图 9.246　填充选区

（6）重新显示被关闭的图层，确定当前工作的图层为深灰色填充所在的图层，执行编辑菜单下的斜切命令，适当移出一点深灰色填充，具体如图 9.247 所示。

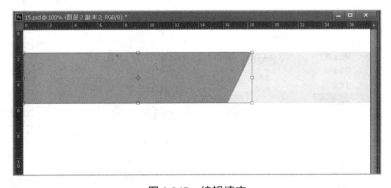

图 9.247　编辑填充

（7）执行 Ctrl+D 命令取消选择，设置前景色 RGB 为（245、122、172），选取工具箱中的圆形选择工具，设置羽化值为 0 像素，具体如图 9.248 所示。

图 9.248 设置选区

（8）在图层面板创建一个新图层，运用圆形选择工具绘制一个大小合适的圆形选区，并用前景色填充，效果如图 9.249 所示。

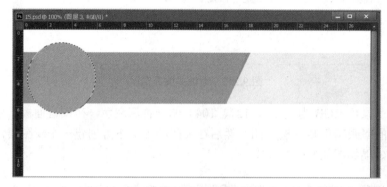

图 9.249 填充选区

（9）确定当前工作图层为圆形填充图层，取消选区，双击圆形填充所在的图层设置图层样式，勾选投影样式，设置投影结构，混合模式为正片叠底，颜色为黑色，不透明度为 100%，角度为 90 度，距离为 1 像素，扩展为 1%，大小为 11 像素，具体如图 9.250 所示。

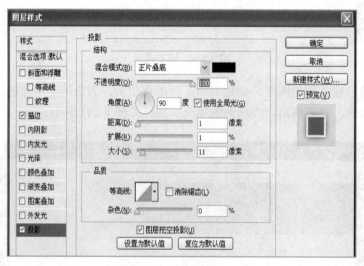

图 9.250 设置投影样式

（10）设置描边样式，勾选描边选项，设大小为 3 像素，位置为居中，混合模式为正常，不透明度为 100%，具体如图 9.251 所示。

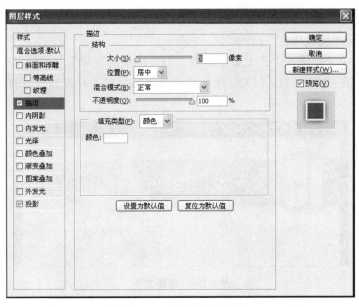

图 9.251　设置描边样式

（11）设置投影样式参数与描边样式参数后，图像效果如图 9.252 所示。

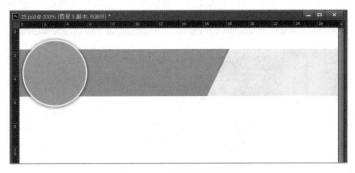

图 9.252　图层样式效果

（12）选取文字工具，设置字体为 Impact，文字大小为 100 点，颜色为白色，选择加粗选项。

（13）输入文字"15"，执行 Ctrl+T 命令对文字进行拉长编辑，然后移到合适的位置，图像效果如图 9.253 所示。

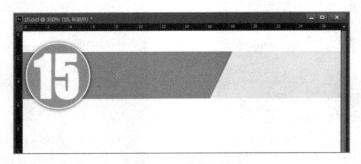

图 9.253　编辑文字

（14）选取文字工具，设置字体为方正兰亭细黑，文字大小为 45.15 点，字符间距为 25，颜色为白色，选择加粗选项。

（15）在图像中分别输入"天无理由退货"与"运费险保障"文字，其中"运费险保障"文字的颜色为 RGB（246、131、177），用移动工具将文字对齐并放到合适的位置，如图 9.254 所示。

图 9.254　编辑文字

（16）选取文字工具，设置字体为方正兰亭特黑，文字大小为 87.25 点，字符间距为 25，颜色为 RGB（29、169、177）。

（17）输入文字"放心购!!"，并将文字放到图像中间位置对齐，具体如图 9.255 所示。

图 9.255　编辑文字

（18）选取文字工具，分别设置字体为方正兰亭特黑与方正兰亭细黑，文字大小分别为 24 点与 18 点，字符间距为 25，颜色为 RGB（29、169、177），具体如图 9.256 与图 9.257 所示。

图 9.256　文字设置

图 9.257　文字设置

（19）运用文字工具分别输入如下文字，并将文字放到合适的位置，中间对齐，如图 9.258 所示。

图 9.258　编辑文字

（20）选取工具箱中的矩形选择工具，设置羽化值为 0 像素，在文字下方创建一个长方形选区，在创建一个新图层后用前景色填充，如图 9.259 所示。

图 9.259　填充选区

（21）运用多边形套索工具，羽化值为 0 像素，首先将长方形选区平移到右边的位置，然后用套索工具减选，形成一个三角形缺口，具体如图 9.260 所示。

图 9.260　编辑选区

（22）在图层面板，创建一个新图层，还是用 RGB 为（29、169、177）的前景色填充，如图 9.261 所示。

图 9.261　填充选区

（23）创建一个新图层，运用自定义形状路径工具，选取形状库中自带的"箭头"形状，绘图方式设置为形状，绘制一水平的箭头形状，如图 9.262 所示。

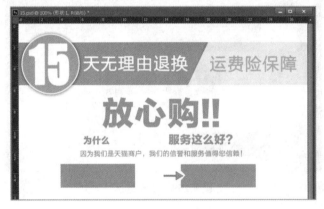

图 9.262　绘制形状

（24）运用矩形选择工具，将箭头形状的尾部选中，执行 Ctrl+T 命令把箭头形状的尾部线条拉长，具体效果如图 9.263 所示。

图 9.263　编辑形状

（25）选取文字工具，分别设置字体为方正兰亭细黑与方正兰亭中黑，文字大小分别为27.09 点与 44.17 点，字符间距为 0，颜色为白色，具体如图 9.264 与图 9.265 所示。

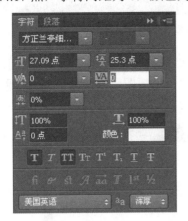

图 9.264　设置文字　　　　　　　　　图 9.265　设置文字

（26）用文字工具分别输入如下文字，将文字放到合适的位置，中间对齐，如图 9.266 所示。

图 9.266　输入文字

（27）选取文字工具，设置字体为方正兰亭特黑，文字大小分别为 19 点，字符间距为 60，颜色为 RGB（29、169、177）。

（28）运用文字工具分别输入如下文字，并将文字放到合适的位置，中间对齐，如图 9.267 所示。

图 9.267　输入文字

（29）运用自定义形状路径工具，设置描边选项为无，选择箭头形状，具体如图 9.268 所示。

图 9.268　设置形状选项

（30）创建一个新图层，绘制一个方向向右的红色箭头，执行 Ctrl+T 命令转动箭头形状方向，将箭头形状放置在图像中间位置；再次创建一个新图层，绘制一个长方形选区并用红色填充，具体如图 9.269 所示。

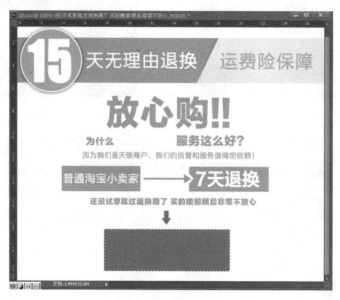

图 9.269　绘制图形

（31）选取文字工具，设置字体为方正兰亭中黑，文字大小分别为 68.51 点与 18 点，字符间距为 0，颜色为 RGB（252、255、9）的黄色与白色，具体如图 9.270 与图 9.271 所示。

图 9.270　设置文字　　　　图 9.271　设置文字

（32）运用文字工具分别输入如下文字，并将文字放到合适的位置，中间对齐，最后图像效果如图 9.272 所示。

图 9.272　最后图像效果

参 考 文 献

［1］http://www.fsbus.com/danfanrumen/12429.html

［2］http://report.iresearch.cn/2153.html

［3］http://wenku.baidu.com/

［4］http://baike.baidu.com/

［5］http://wiki.mbalib.com/wiki/

［6］http://www.paidai.com/

［7］http://wenku.it168.com/

［8］http://jingyan.baidu.com/

［9］http://www.nipic.com/

［10］http://www.fsbus.com/

［11］http://detail.tmall.com/item.htm?spm=a220m.1000858.1000725.191.jJ4D6q&id=26583360163&areaId=330100&cat_id=2&rn=748ded04176a27485a614cc94f8c4107&user_id=832745003&is_b=1

［12］张枝军，等. 图形图像处理技术实训教程［M］. 北京：北京大学出版社，2012.

［13］张枝军，等. 图形与图像处理技术［M］. 北京：清华大学出版社，2014.

［14］刘建堤. 视觉营销及其演进探析［J］. 经济研究导刊，2013（3）.

［15］张文文. 基于网络视觉营销下的消费者购买行为分析［J］. 营销策略，2012（6）.

［16］陈琳琳. 视觉营销下的网店页面设计研究［D］. 湖南师范大学，2013（3）.

［17］刘喜咏. 视觉营销在网店装修中的应用［J］. 商业经济，2011（11）.

［18］戎姝霖. 网络视觉营销下的消费者购买行为分析［J］. 人民论坛，2011（7）.

［19］中国电子商务研究中心. 2013 年度中国电子商务市场数据监测报告［R］. 2014（3）.

［20］张枝军. 基于网络消费者视角的商品数字化展示研究［M］. 北京：北京理工大学出版社，2013.

［21］张枝军. 商品图像信息与网店视觉设计［M］. 北京：北京理工大学出版社，2014.

［22］张枝军. 网店视觉营销［M］. 北京：北京理工大学出版社，2015.